数＋学＝(女×孩)⁵

伽罗瓦理论

Galois Theory

［日］结城 浩 ◇著

陈冠贵 ◇译

人民邮电出版社

北京

图书在版编目（ＣＩＰ）数据

数学女孩. 5，伽罗瓦理论 /（日）结城浩著；陈冠
贵译. -- 北京：人民邮电出版社，2021.4
（图灵新知）
ISBN 978-7-115-55962-3

Ⅰ．①数… Ⅱ．①结… ②陈… Ⅲ．①数学—普及读
物 Ⅳ．①O1-49

中国版本图书馆CIP数据核字(2021)第018954号

内 容 提 要

《数学女孩》系列以小说的形式展开，重点描述一群年轻人探寻数学中的美。
内容由浅入深，数学讲解部分十分精妙，被称为"绝赞的数学科普书"。

《数学女孩 5：伽罗瓦理论》从鬼脚图讲起，结合二次方程的求根公式、尺
规作图、群和域等知识，最终带领读者进入伽罗瓦理论的世界，还原伽罗瓦短
暂的一生中璀璨不朽的数学成就。整本书一气呵成，非常适合对数学感兴趣的
初高中生以及成人阅读。

◆ 著　　　　[日] 结城浩
　　译　　　　陈冠贵
　　责任编辑　高宇涵
　　责任印制　周昇亮
◆ 人民邮电出版社出版发行　北京市丰台区成寿寺路 11 号
　　邮编 100164　电子邮件 315@ptpress.com.cn
　　网址　https://www.ptpress.com.cn
　　固安县铭成印刷有限公司印刷
◆ 开本：880×1230　1/32
　　印张：14.75　　　　　　　2021年4月第 1 版
　　字数：381千字　　　　　　2025 年 7 月河北第 16 次印刷
　　著作权合同登记号　图字：01-2019-7531号

定价：69.00元
读者服务热线：(010)84084456-6009　印装质量热线：(010)81055316
反盗版热线：(010)81055315

致读者

本书涵盖了形形色色的数学题，从小学生都能明白的简单问题，到大学生也难以理解的难题。

本书通过语言、图形以及数学公式表达登场人物的思路。

如果你不太明白数学公式的含义，姑且看看故事，公式可以一眼带过。泰朵拉和尤里会跟你一同前行。

擅长数学的读者，请不要仅仅阅读故事，务必一同探究数学公式。如此一来，也许还能够发现隐藏其中的谜题。

主页通知

关于本书的最新信息，可查阅以下网址。

ituring.cn/book/2787

目　录
C O N T E N T S

序 言

我有无法忘怀的夜晚。

繁星点点的夜晚，狂风骤雨的夜晚。

有很多人的夜晚，两人独处的夜晚。

孤零零的夜晚。

各式各样的夜晚。

来谈谈她吧。

我遇见数学，又通过数学遇见了她。

然后通过她——我遇见了自己。

　　对我来说，无可替代之物是什么？

　　对我来说，无可替代之人是谁？

无论付出多大的代价，都不愿放手的东西。

不管用什么东西也无法交换的——

到底是什么呢？

她的话语、她的身影、她的笑容。
支撑我一生的，那一瞬间。
无法用言语形容的，那一瞬间。

来谈谈他吧。
他留级后遇见数学。
逞强应试后失败两次。
遇见数学几年之后，解开了最难的问题，
创造了新的数学。

可是——

　　虽然才能得天独厚，却不得命运垂怜。
　　虽然受到师长看重，却不受时代眷顾。

他已不在世上。
英年早逝的他，
度过熊熊燃烧的一生。

决斗前夕，他写着信。
用残余时光传达的话语，
成为新时代的数学。

对他来说，无可替代之物是——
对数学来说无可替代的东西。

来谈谈我吧。

我在这里。

我现在在这里。

过去已逝，而未来还没来临。

既然如此——就活在今天吧！

　　他的一生他挥洒过。

　　我的一生我自己来掌握。

尽管我们所处时代不同，能力也不同。

但我也想像他一样，将无可替代之物，

拼命传达出去。

新的事物总是始于微末之处。

例如，由狂妄表妹提出的谜题——

第 1 章

有趣的鬼脚图

> 诚然，给一些事物命名可以让我们去关注一些谜一般的现象，
> 这是有一定帮助的。
> 但是如果命名让我们以为名字本身让我们更接近真理，
> 那可就有害了。
> ——马文·明斯基[1]

1.1 交错的鬼脚图

两端交换

"哥哥，你会画这种鬼脚图吗？"尤里说。

"什么意思？"我看着她画的图。

---

[1] 出自《心智社会：从细胞到人工智能，人类思维的优雅解读》。任楠译，机械工业出版社 2016 年出版。——编者注

两端交换的鬼脚图[①]

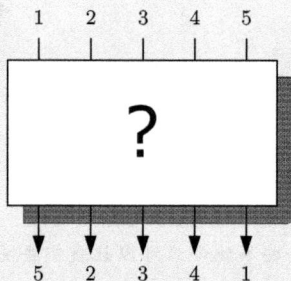

"用竖线与横线填补空白处，使上方的数连接到下方相应的数。"尤
里说。

"呃……"我看着箭头的末端，"最右边的 5 降到最左边；2、3、4
笔直从上降下来；最左边的 1 降到最右边…… 左右两端的数交换，中间
的 3 个数降到正下方，你要我画的是这种'鬼脚图'吧？"

"对对对。哥哥，你还知道鬼脚图啊？"

"尤里…… 我都上高三了，你一个初三的学生少瞧不起我。"

"嘿嘿。"

尤里是我的表妹。她上初三，马上要参加中考了，住在我家附近，
周末会来我这边聊天、玩猜谜游戏、读书、解数学题…… 总之是跟我感
情不错的表妹。我们从小像亲兄妹般相处，所以尤里总是叫我"哥哥"。

假期将近。今天是星期六，下周就要期末考试了。

[①] 鬼脚图规则：沿着纵线下降，遇到横线则沿横线走到隔壁的纵线，最终到达下方终
点。——编者注

　　这里是我的房间。我正坐在书桌前学习，尤里砰的一声把自己的笔记本放在了我的书桌上。

　　她穿着衬衫，下面搭配了一条牛仔裤。平常总是绑成马尾的栗色头发，今天被编成了辫子，而且编得很整齐，脑袋左右两边各垂一条。这让她看起来像个小孩子。

　　"尤里，你今天把辫子编起来了呀。"听我说完，她捏起发尾一圈一圈地转。

　　"这是复古风，双马尾三股辫哦。"

　　"双马尾？"

　　"算了，不跟你解释了。话说'两端交换的鬼脚图'要怎么画？"

　　"很简单啊。"我快速地在笔记本上画图。

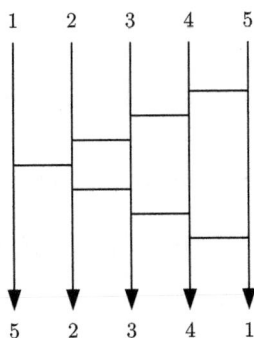

"两端交换的鬼脚图"我的画法

　　"这么快！真没劲喵。"尤里用猫语回答我。

　　"我是这么想的：像朝着左侧下的台阶那样，画 4 条横线，这样最右边的 5 可以到达最左边；接着像朝着右侧下的台阶那样，画 3 条线，把 1 带到最右边，使 1 与 5 交换，但不移动其他数。"

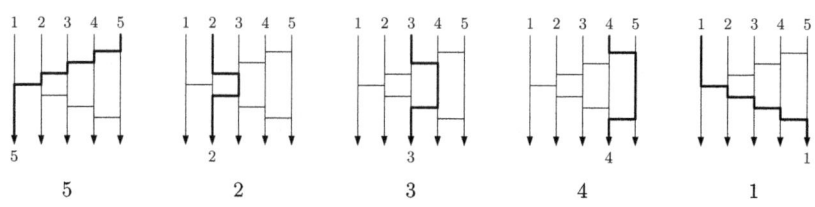

"嗯，没错。不过这和我的画法有点不同。"

尤里说着，给我看了她画的图。

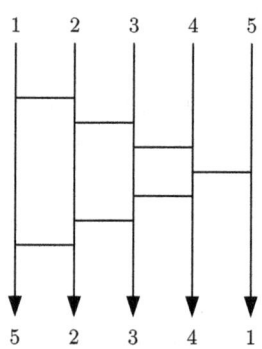

"两端交换的鬼脚图"尤里的画法

"原来如此。"我说，"这的确也是两端交换的鬼脚图。"

"是吧。另外，还可以这么画。"

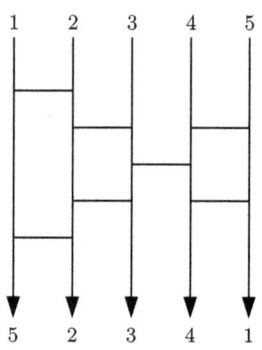

"两端交换的鬼脚图"尤里的其他画法

1.2　溢出的鬼脚图

1.2.1　计算数量

"这次换我来出题。"我说。

鬼脚图的总数

5 条竖线的鬼脚图总共有几种?

"什么意思?"

"计算数量对数学爱好者来说是基本功。既然提到鬼脚图,自然要思考一下它的总数吧。"

"鬼脚图不是有无数种画法吗?因为不管加几条横线都行啊……"

"不不不,尤里。"我苦笑,"你说的没错,但计算横线画法不同结果却相同的鬼脚图没有意义。例如刚才提到的

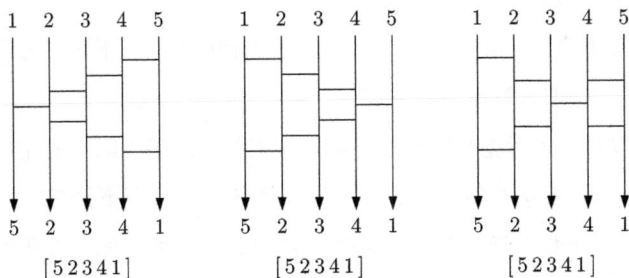

[52341]　　　　[52341]　　　　[52341]

这 3 种鬼脚图。虽然横线的画法不同,但我们要把它们看成一样的鬼脚图。因为不管哪张图,结果都是 5, 2, 3, 4, 1。我们可以把这 3 个鬼脚图命名为 [52341]。"

"这样啊。"

"如果下方结果的排列模式一样，就算成一种。毕竟鬼脚图的本质不是横线的画法，而是结果的排列模式。"

"我懂了！不愧是要考大学的人。"

"别挖苦我。"

我读高三，马上要考大学了。

暑假，应该是高三学生定胜负的关键时期[①]。我一直都很喜欢数学，所以数学考试没什么问题，但这个暑假我得把重点放在其他科目上了。虽然为了准备考试，我不能学习自己喜欢的科目，但为了考上大学也只好如此 —— 不，我仍然很难接受，我想继续钻研数学。

期末考试结束后便是结业仪式，接着是暑假。为了保持学习的节奏，我计划参加面向应届考生的补习班假期课程。一天的课程结束后，我会在学校的图书室努力做练习题，用补习班的模拟测验卷来确认自己的实力。高三的假期要做的事非常多。

"计算鬼脚图的总数，也就是求出情况的数量，对吗？"尤里问。

"没错。"

"这样的话就很简单了，总数为 120！"

"回答正确！5 条竖线的鬼脚图一共有 120 种。了不起。那你可以说说这个数字是怎么算出来的吗？"

"可以呀。思考鬼脚图结果的排列方式就可以了。降到最左边的数有 1、2、3、4、5 这 5 种可能。这 5 种可能各自会有以下情况：排除降到最左边的那个数，降到左数第 2 个位置的数有 4 种可能，以此类推，最后降到最右边的数只有 1 种可能。只要把它们全部乘起来就可以了，也就是 5 的**阶乘**，答案是 5!。"

$$5! = 5 \times 4 \times 3 \times 2 \times 1 = 120$$

[①] 日本新学期一般在每年 4 月开始，来年 3 月左右结束，而高考一般在每年 2 月左右。——编者注

"没错，没想到你还会强调'各自'呢。"

"嘿嘿，这不是你以前教我的嘛。'情况的数量'，因为要注意顺序，所以是**排列**。"

"没错。"

1.2.2 尤里的疑问

"哥哥，等一下！"尤里栗色的头发闪着金色的光芒，"鬼脚图的总数真的是 120 吗？"

"对啊。5 条竖线的鬼脚图，所有情况的总数是 5 的阶乘，120。"

"可是 ——"她说，"我们真的可以画出鬼脚图所有的排列模式吗？没有画不出来的模式吗？"

我略为一惊。

不愧是尤里。她很善于发现条件的欠缺之处和逻辑方面的漏洞。

"原来如此，尤里的疑问我懂了。确实是这样，必须好好思考一下所有模式是否都能画出来。鬼脚图有一个限制条件 —— 只能在相邻的两条竖线之间画横线。加上这个限制条件后还能画出 120 种鬼脚图才算正确。"

"对对对，虽然我觉得所有的排列模式都能画出来，但还是要确认一下。是我表达得不够清楚。"

"要回答你的疑问其实并不难。"

"是吗？可是我完全不懂。"

"我知道，我们一起想想看吧。"

"嗯！"尤里戴上眼镜。

"孩子们！要喝凉的吗？"厨房传来妈妈的呼喊声。

"我要喝！"尤里迅速起身，拉着我的手说，"哥哥，我们一边喝果汁一边画吧！"

1.3　理所当然的鬼脚图

1.3.1　冰沙

我们来到客厅后，妈妈端来色彩鲜艳的饮料。装满饮料的大玻璃杯里插着粗吸管。

"这是什么？"

"冰沙呀。"妈妈回答，"把冻着的香蕉、蓝莓、覆盆子和草莓放进榨汁机，再加上酸奶和少许冰块一起搅拌。很好吃的！"

"好凉，好好吃！"尤里说。

"好孩子。"

"啊，确实。"这冰沙冰冷微甜，我也觉得真好吃。

"决定好考哪所学校了吗？"妈妈问道。她问的是尤里考高中的事。

"决定了，就去哥哥就读的高中。"

"是吗？尤里那么优秀，我是不担心的。"

"哪里哪里，没这回事。"

"你要好好教尤里。"妈妈对我说。

"我知道。"

"那就好。"说着，妈妈就又回厨房了。

1.3.2　无可替代之物

"话说，你那个男朋友要上哪所高中？"我问。

尤里有位男朋友，和她不在同一所学校。

"他？呃……"她说了一所高中的名字。

"咦？你男朋友不来我们高中读啊。"

"随便他。还有，他不是我男朋友！"

"你们还在交换数学题吗？"我问。

交换数学题指的是两个人互相出数学题给对方解。我并不清楚他们具体是如何操作的，好像是两个人之间传递两本笔记本，互相提问，然后对照各自的答案，对对方的答案发表感想或吐槽。尤里以前是这么告诉我的。

"偶尔吧。"尤里用吸管戳着剩下的碎冰块说，"哥哥，你知道无可替代之物是什么意思吗？"

"知道啊，是重要到无法和其他东西交换的意思。"

"那哥哥的无可替代之物是什么？"

"时间吧，时间很宝贵。"

确实如此。对应试的学生来说，时间的流逝非常可怕。任何人都没有办法挽回逝去的时间 —— 不管付出怎样的代价。所谓无可替代的价值，指的就是时间的价值。

"重要到无法和其他东西交换……"

尤里一脸认真地思考着。

1.3.3　可以画出鬼脚图所有的排列模式吗？

"对了哥哥，我们来解刚才的问题吧。"

"嗯，先来明确一下问题。"

可以画出来的鬼脚图的排列模式

　5 条竖线的鬼脚图，真的有 120 种排列模式吗？

"即使明确了问题，不懂的还是不懂啊。"

"无论哪种排列模式的鬼脚图，只要能画出来就行。"

"我觉得所有排列模式的鬼脚图都能画出来，比如将 1, 2, 3, 4, 5 变成 3, 5, 1, 4, 2 的鬼脚图等。可是，总共有 120 种吧？一个一个试也太麻烦了。"

"的确很麻烦，要是泰朵拉的话应该会去试。"

"不要拿我和泰朵拉比。"

"不需要实际画出那么多种鬼脚图。我的意思是，所有鬼脚图都能画出来，我们只要思考具体做法就可以了。"

"你已经知道怎么做了？"

"嗯，大概知道。你刚才给了我提示。"

1、2、3、4、5 这 5 个数中的一个会降到最左边。

"这是提示？"

"首先，5 个数中的一个会降到最左边才行。任意的数都可以降到最左边吗？"

"你是说从 1 到 5 的任意数都可以降到最左边吗？啊，可以！"

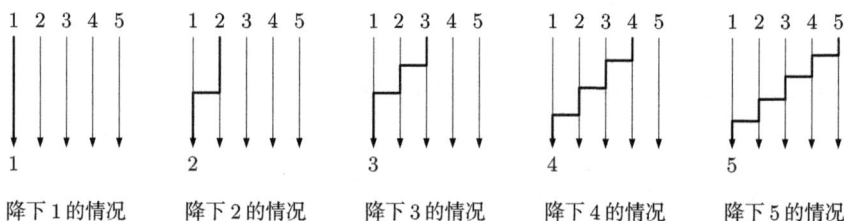

| 降下 1 的情况 | 降下 2 的情况 | 降下 3 的情况 | 降下 4 的情况 | 降下 5 的情况 |

任意的数都可以降到最左边

"嗯，可以。只要画'朝左下的台阶'就可以了。"

"嗯，然后呢？"

"然后重复相同的操作即可。之后在避免影响已经降到最左边的数的情况下，把任意的数降到左数第 2 个位置。你能做到吗？"

"啊！只要画朝左下的台阶就行吗？可以啊！"

"没错，我们试着画一下 [35142] 吧。"

我拿起自动铅笔，按照顺序画图。

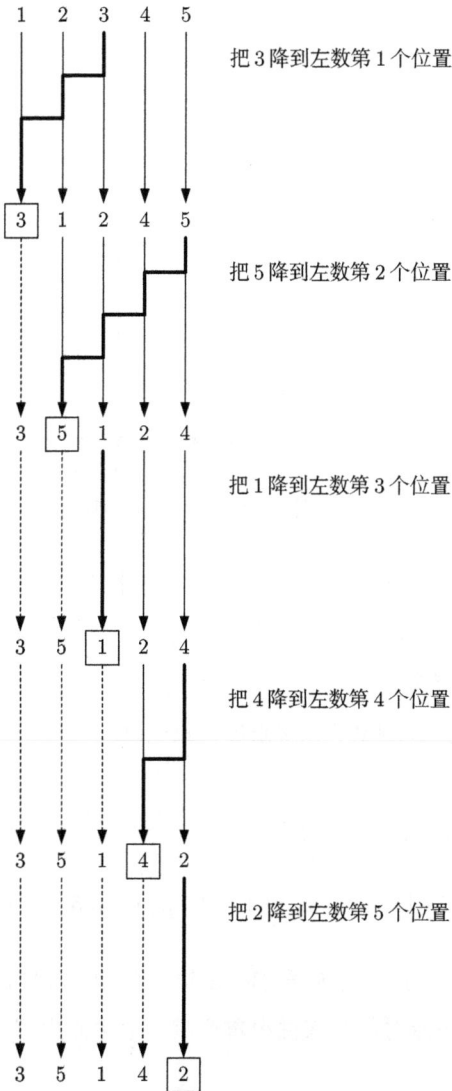

制作排列模式为 [35142] 的鬼脚图

"排列模式为 [35142] 的鬼脚图完成了！"

"仔细看刚才的做法，你会发现有 3 个鬼脚图连接在一起。将排列模式为 [31245][15234][12354] 的鬼脚图连接起来，就能完成排列模式为 [35142] 的鬼脚图。"

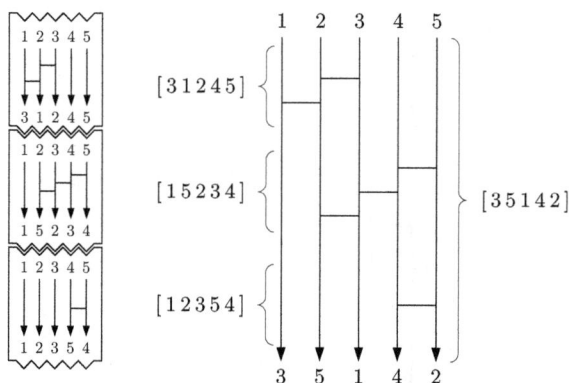

制作排列模式为[35142]的鬼脚图

"呃……也就是说，将 3 个'朝左下的台阶'的鬼脚图连接起来，就会得到 [35142]，是这个意思吗？"

"没错。"我点头。

"不对，不是 3 个吧？"尤里嬉皮笑脸地说。

"咦？"

"按照你的说明，是 5 个！"

[3 1 2 4 5], [1 5 2 3 4], [1 2 3 4 5], [1 2 3 5 4], [1 2 3 4 5]

"啊，没错。要把没有画任何横线的鬼脚图 [12345] 算进来。"

"对对对！严谨对数学来说很重要哦，华生先生。"尤里摆出名侦探的架子。

"的确，福尔摩斯。"我附和她，"但不管放进几个 [12345]，结果都一样。"

"排列模式为 [12345] 的鬼脚图是**扑通向下**的鬼脚图吧？"尤里说。

"扑通向下？"

"对！我们把 [12345] 的排列模式叫作'扑通向下'吧！"

"好吧，总之就是这样。"我下结论，"所以，只要不断交换相邻的数，就能得到所有的排列模式。"

此时，我有了新的发现。

"怎么了，哥哥？"

"尤里！这个是与冒泡排序相反的情况！"

"冒泡排序？"

"冒泡排序是泰朵拉教给我的排序算法。比较相邻的数，要是数的排序不正确，就反复交换数。"我兴奋地说，"冒泡排序是交换相邻的数，将按照任意顺序排列的数按照从小到大的顺序排列的算法。鬼脚图的制作方法和冒泡排序相反。也就是说，交换相邻的数，将从小到大排列的数按任意顺序排列！"

冒泡排序　　将按照任意顺序排列的数按照从小到大的顺序排列

鬼脚图　　　将从小到大排列的数按任意顺序排列

"泰朵拉教你的？哼！"尤里无视我的兴奋，一脸冷淡，"不说这个了，鬼脚图比我想的要复杂许多，我想多尝试一下。不过，5 条竖线就能画出 120 种鬼脚图……"

"我们可以减少竖线。具体来玩玩看吧。"

"对呀，我们来试试 3 条竖线吧！"

1.4 有趣的鬼脚图

1.4.1 3条竖线

"你完成3条竖线的鬼脚图了吗？"我问。

"嗯！哥哥，一共有6种吧？"

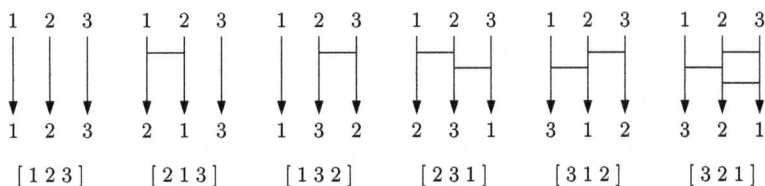

3条竖线的鬼脚图

"对，因为 $3!=3\times2\times1=6$。"

"把这些鬼脚图排在一起很有趣呢。好像可以用横线的数量来分组。"

"分组？"

"计算数量对数学爱好者来说是基本功！计算一下横线的数量就会发现

- 有0条横线的是 [123]
- 有1条横线的是 [213] 与 [132]
- 有2条横线的是 [231] 与 [312]
- 有3条横线的是 [321]

这好像蕴含着某种秘密！你会怎么分析呢？华生先生。"

"别扮演福尔摩斯了。尤里，我觉得与其将 [321] 单独分成一组，不如将它与 [213] 和 [132] 分成一组。"

"把画了3条横线的与画了1条横线的放到一组吗？"

"看来你很在意横线的数量呀。你用心看一下结构。

- [213] 是 1 与 2 交换
- [132] 是 2 与 3 交换
- [321] 是 3 与 1 交换

这些都交换了两个数，所以干脆把 [213][132][321] 分成一组。"

"哦！原来如此喵~"尤里点头，"它们是'**迅速转换**'组！"

"迅速转换？"

"就是忍者家中迅速变换场景的装置。两个位置交换！"

"原来如此。交换两个数就是迅速转换呀。那剩下的 [231] 与 [312] 呢？"我笑着问。

"嗯……叫'**绕圈圈**'喵。你看，这不是 3 个数按顺序旋转变换位置吗？"

"绕圈圈……"我苦笑。

"嗯！所以 3 条竖线的鬼脚图是这样的。"

- [123] 是"扑通向下"，即各数排序不变的鬼脚图
- [213][132][321] 是"迅速转换"，即各数两相交换的鬼脚图
- [231][312] 是"绕圈圈"，即各数按顺序旋转变换位置的鬼脚图

"'扑通向下''迅速转换'和'绕圈圈'。原来如此。既然这样，我们就不要按照鬼脚图那种方式画横线了，改成画交叉曲线吧。这样就不会被横线的数量迷惑了。"

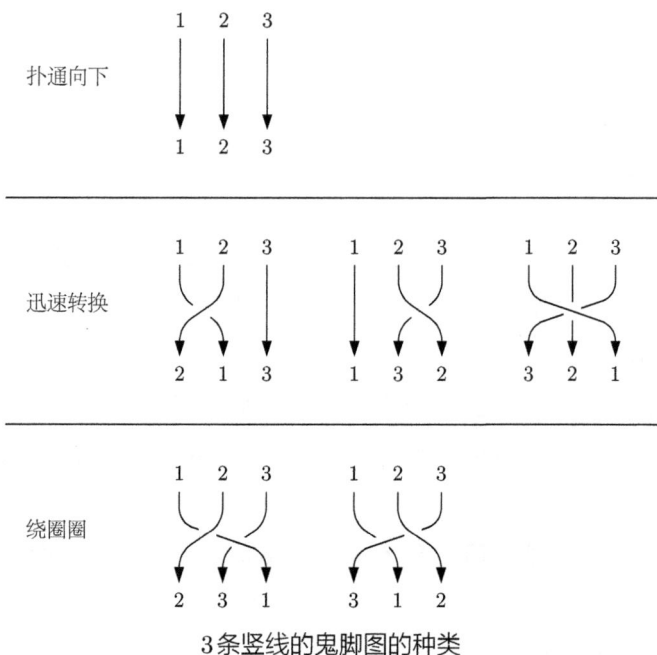

3 条竖线的鬼脚图的种类

1.4.2　鬼脚图的 2 次方

尤里取了有趣的名字，这令我冒出一个想法。

"尤里，把交换两个数字的鬼脚图——"

"是'迅速转换'。"

"嗯，试着连接两个'迅速转换'。我们把连接两个相同鬼脚图的形式称为 2 次方。"

"2 次方？"

"如此一来，'迅速转换'的 2 次方就会变成'扑通向下'！"

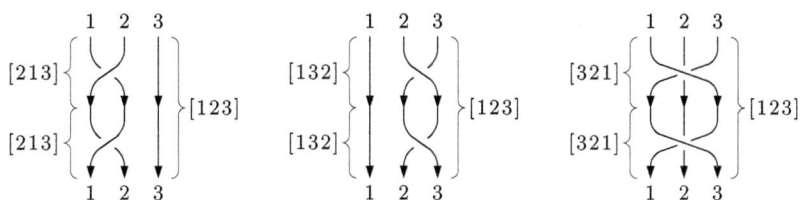

"迅速转换"的 2 次方是"扑通向下"

- [213] 连接 [213] 后变为 [123]
- [132] 连接 [132] 后变为 [123]
- [321] 连接 [321] 后变为 [123]

"好厉害！啊，这不是理所当然的嘛！交换过的东西再次交换，就会恢复原样！"

"好吧，是理所当然的。我只是觉得它可以写成算式。我们把连接两个相同的鬼脚图的形式写成**鬼脚图**^{2}，也就是鬼脚图的 2 次方。"

$$[213]^2 = [123]$$

$$[132]^2 = [123]$$

$$[321]^2 = [123]$$

"模式相同的鬼脚图用'='连接。这样写就清爽多了。"

"算式狂热者现身了！"

"除了'迅速转换'，其他鬼脚图的 2 次方是什么样的呢？"

"感觉很有趣！"

尤里迅速在笔记本上作图。

"哇！'绕圈圈'的 2 次方会变成另一个'绕圈圈'！"

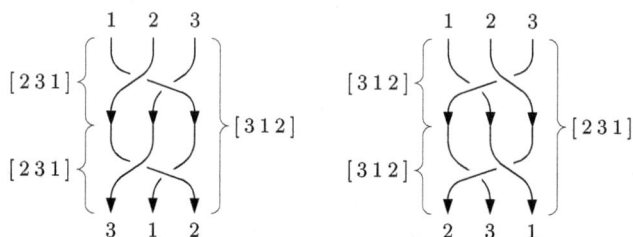

"绕圈圈"的2次方会变成另一个"绕圈圈"

"的确,绕圈圈 [231] 的 2 次方会变成另一个绕圈圈 [312]。"我说。

"对!反之,[312] 的 2 次方会变成 [231]。"

$$[231]^2 = [312]$$

$$[312]^2 = [231]$$

"'迅速转换'的 2 次方会变成'扑通向下','绕圈圈'的 2 次方会变成另一个'绕圈圈'。"尤里一边拨弄头发一边思考,"啊!好厉害!"

"怎么了?"

"'绕圈圈'的 3 次方 ——"

1.4.3 鬼脚图的3次方

"'绕圈圈'的 3 次方是'扑通向下'!"尤里大叫。

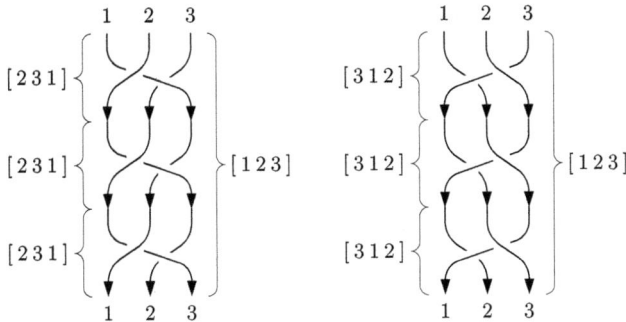

"绕圈圈"的3次方是"扑通向下"

$$[231]^3 = [123]$$
$$[312]^3 = [123]$$

"的确。原来如此，有的鬼脚图2次方后会变成'扑通向下'，有的鬼脚图3次方后会变成'扑通向下'。"我说，"'扑通向下'的鬼脚图 [123] 的1次方自然还是'扑通向下'。"

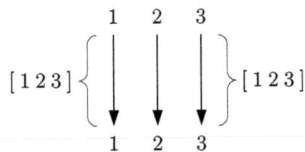

"扑通向下"的1次方是"扑通向下"

$$[123]^1 = [123]$$

"啊! 哥哥，等一下，我想做一件事! "

尤里说着，开始在笔记本上画图。

我想偷看笔记本，她却遮住，要我等她完成后再看。

我等了好一阵子，她还沉迷在自己的世界中。我静静地收拾玻璃杯，决定坐在桌前读世界史。

当人陷入沉思时，还是不要贸然出声打扰。

因为人在沉思时，需要得到"沉默的尊重"。

1.4.4　绘图

"完成！"

将近一小时后，尤里终于回到现实世界。

"欢迎回来。"我放下参考书。

"你看！'扑通向下''迅速转换'以及'绕圈圈'可以画在一张图上！好棒！"

尤里给我看笔记本，笔记本上画着奇特的图案。

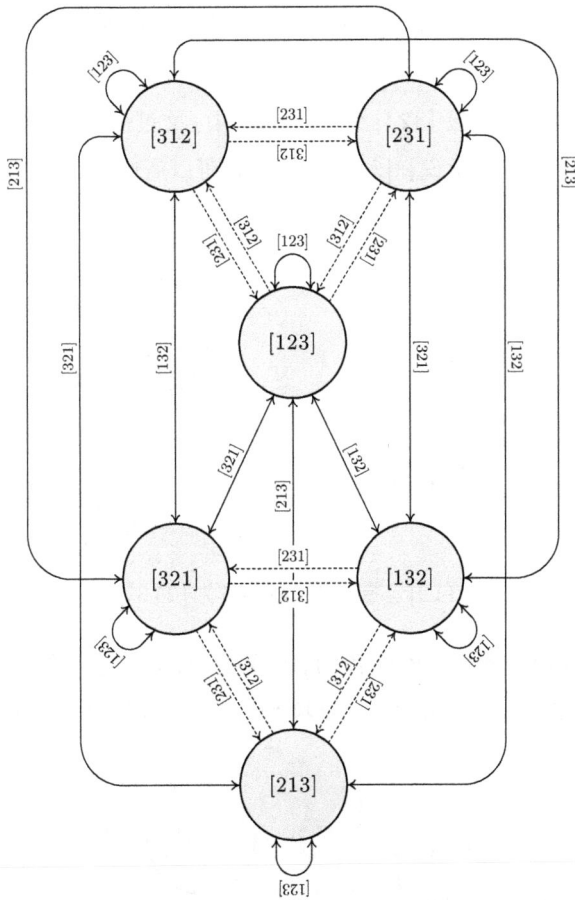

一张图表示3条竖线的鬼脚图

"尤里,这是什么?"

"你看,这个是'迅速转换',这两个是'绕圈圈'!好兴奋!对了,把这个当成假期作业的报告吧。"

"这是什么图?"

"咦,看不懂吗?"

　　这些圆形也是鬼脚图。把鬼脚图与鬼脚图用线连接起来，会形成另一个鬼脚图。

　　例如，[312] 连接 [321] 会变成 [213]。反过来，[213] 连接 [321] 会变成 [312]。换句话说，[312] 和 [213] 可以通过 [321] 往返。交缠很多条线会让人难以看懂，所以我把它们合成了一条线。

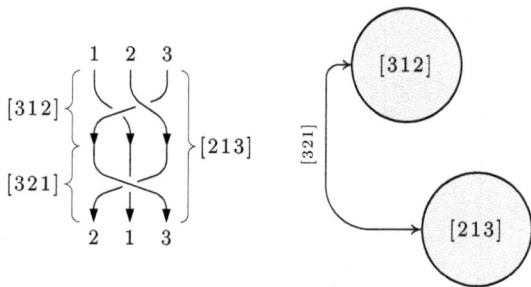

[312]连接[321]后会变为[213]

　　接着，[321] 连接绕圈圈 [231] 会变成 [213]，这个过程用虚线来表示。连接"迅速转换"时用实线，连接"绕圈圈"时用虚线，以此进行区别。

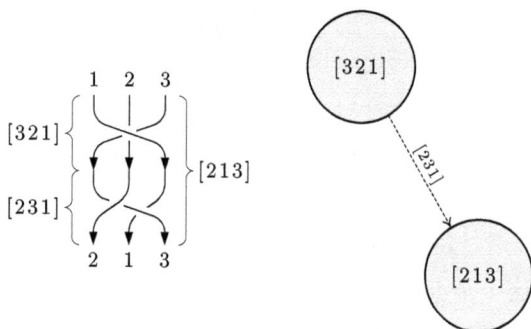

[321]连接[231]后会变为[213]

　　在"绕圈圈"的情况下，连接 3 个相同的鬼脚图会回到最初的排列模式，也就是能画成一个三角形！你看，这是绕圈圈 [231] 形成的三角形！

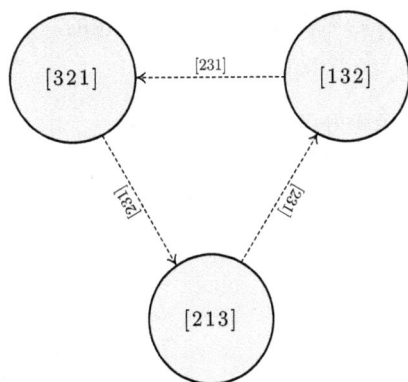

绕圈圈 [231] 形成的三角形

1.4.5 解开深层谜题

"哥哥！这张图很有趣吧？"

我真心佩服尤里画的图。

"尤里，这张图很有趣，真的很有趣。"

"画图是数学爱好者的基本功！嘿嘿。"

"泰朵拉的话，会说'感觉自己懂了'。"

"又是泰朵拉，够了。"

"这张图非常有趣，你看 ——"

"啊！"尤里打断我的话，"哥哥！3 条竖线的鬼脚图，不管是 1 次方、2 次方还是 3 次方都能得到'扑通向下'，那 5 条竖线的鬼脚图呢？1 次方、2 次方、3 次方、4 次方、5 次方也都能得到'扑通向下'吗？"

"我们画画看吧。"

"可是有 120 种呢。"

"4 条竖线的鬼脚图应该没问题吧。4! = 24，只有 24 种。"

"24 种也很多啊，真麻烦。"

"要是泰朵拉，就会耐心地去试。"

"哥哥！从刚才开始你就满嘴泰朵拉泰朵拉的。"

尤里嘟起嘴。

"我干脆叫你泰朵哥好了！"

"什么啊，什么泰朵哥啊……"

因此，我们可以从所有有序的元素开始，

然后交换适当的邻接元素对，

类似于冒泡排序，

可以回溯并获得任何期望的排列。

—— 高德纳 [1]

---

[1]《计算机程序设计艺术·卷4A：组合算法（一）》。高德纳著，李伯民、贾洪峰译，
人民邮电出版社2019年6月出版。——编者注

第 2 章
睡美人的二次方程

百年间，

公主殿下一直陷入沉睡。

直到第一百年，王子殿下现身，

唤醒了公主。

——《睡美人》

2.1 2次方根

2.1.1 尤里

"哥哥，你回来啦！"

"尤里，怎么了？"

我从学校回到家，表妹尤里立刻跑到门口迎接我。为什么尤里会在我家，还穿着围裙呢？

现在是星期四的傍晚。今天期末考试结束，明天是结业仪式。

"嘿嘿。"尤里笑嘻嘻地说，"我爸妈参加法事[①]去了。可爱的小尤里无家可归，要在这里住一晚。我正帮阿姨做晚餐呢。"

"还无家可归……你也太夸张了。"

[①] 纪念去世的亲人的一种仪式。——译者注

"事实如此嘛!"

"尤里,这边不需要帮忙了,谢谢。"妈妈来到门口,"等你姨夫回来再开饭吧。你们可以先休息一下。"

"好的! 对了,哥哥,我有问题要问你!"

2.1.2 负数 × 负数

尤里直接穿着围裙跑到我的房间。

"哥哥,i 的 2 次方是 -1 吧?"

"对啊,**虚数单位** i,$i^2 = -1$。"

"-3 的 2 次方是 9,对吧?"

"没错。$(-3)^2 = (-3) \times (-3) = 9$。"

"负数 × 负数变成正数,正数 × 正数还是正数。这样的话,2 次方的结果不可能为负数,不是吗? 但是 i 的 2 次方变成了 -1。这是怎么回事? 我从前就想问你了。"

我缓缓点头:"就像你说的那样,正数 × 正数是正数,负数 × 负数是正数。所以,2 次方的结果一定是正数。但是,这只发生在**非零实数**的情况下。"

"实数?"

"对。与其说没有 2 次方的结果为负的数,不如说没有 2 次方的结果为负的实数更加准确。"

"也就是说,虚数单位 i 不是实数!"

"没错,尤里。实数的 2 次方都是非负数,因此才把拥有'2 次方等于 -1'这一性质的实数以外的数定义为虚数单位 i。"

"也就是假设 2 次方等于 -1 的数存在?"

"没错,而且即使存在这样的数也不会发生矛盾。实数加上虚数单位 i 产生的数叫作**复数**。"

"复数这个名字我知道。"

"实数加上 i 所产生的数是复数。复数与实数一样可以进行加减乘除运算。只添加一个新的数 i, 数的世界就会变广。"

"变广?"

"例如, i + i 是 2i, 与实数相加可以变成 3 + 2i 之类的数。虚数单位也可以和实数进行乘法、除法等运算。这样一来, 就会产生许多数。通过这种方式产生的数叫作复数。"

"实数的集合写成 $\mathbb{R}$, 复数的集合写成 $\mathbb{C}$, 只要落下一滴 i 这个新的数, $\mathbb{R}$ 就会变成 $\mathbb{C}$。只要在加减乘除运算中掺进 i, 数就会迅速扩张。"

"一滴新的数……"尤里嘟囔着。她穿着围裙, 认真地思考着。尤里笑着或绷着脸的时候很可爱, 但她认真思考的表情我也挺喜欢的。

"尤里, 为了进一步了解复数, 我们来讨论一下复平面吧!"

"复平面?"

2.1.3 复平面

为了进一步了解复数, 我们来讨论一下复平面吧。

尤里, 你知道实直线吧? 所有实数都可以用实直线上的一点来表示。以直线上的一个点为 0, 0 的左侧是负的实数(负数), 右侧是正的实数(正数)。这条实直线叫作**实轴**。

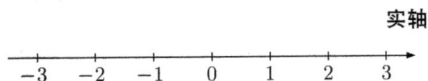

实轴

$$
\begin{array}{ccccccc}
-3 & -2 & -1 & 0 & 1 & 2 & 3
\end{array}
$$

纵向标示虚数的轴叫作**虚轴**。

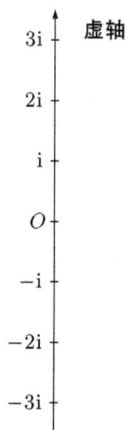

实轴与虚轴交叉形成的平面叫作**复平面**。

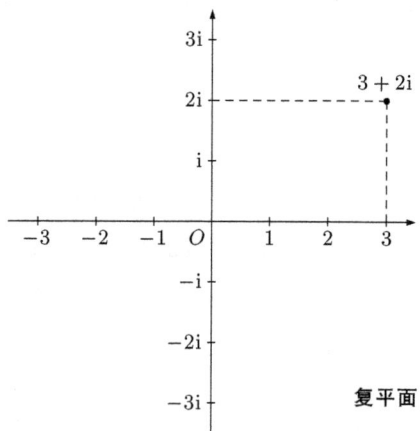

"所有实数都可以用实直线上的一点来表示。同样,所有复数也可以用复平面上的一点来表示。"

"实数是实直线上的一点,复数是复平面上的一点……"

"复数的集合 ℂ 是一个非常厉害的集合。你知道二次方程吧?解二次方程时如果仅在实数的范围内思考,就会出现无解的情况。"

"无解的意思是没有解？"

"对。不过二次方程无解指实数中不存在解，若将范围扩大到复数，情况就不一样了。无论多么复杂的二次方程，都是有解的。这多棒啊！尤里，解数学题的时候，注意数的范围非常重要。"

"数的范围……"

"孩子们！我们可以开饭啦！"

2.2 求根公式

2.2.1 二次方程

用餐结束，爸爸窝进书房。

我洗完澡，在客厅舒服地坐着。期末考试结束了，我放松了许多，但我还是一名高三学生。我在桌子前看着英文单词卡：abandon、ancient、determined、individual……

这时，尤里穿着睡衣过来了。

"洗澡真舒服呀！"

"尤里，要喝大麦茶吗？"妈妈问。

"要！"尤里用毛巾擦拭头发，"哥哥，快继续刚才的话题。我们来说说二次方程吧。"

我在桌上摊开笔记本。尤里坐到了我的身边，她的身上散发着刚洗完澡的香气。

"二次方程是这种形式。"我开始说。

$$ax^2 + bx + c = 0 \qquad (a \neq 0)$$

"$a \neq 0$ 这个条件是必要条件吗？"

"是必要条件。因为如果 $a = 0$，x^2 那一项就会消失，这就不是二次方程了。"

"只有这个条件?"

"只有这个条件。你知道 a、b、c 是**系数**吧?"

"知道。"

"$ax^2 + bx + c = 0$ 是关于 x 的二次方程，x 是**未知数**，也是解方程所求得的数，在函数中称为**变量**。"

"明白。"尤里擦完头发，托着腮听我解释。

"所谓解二次方程，就是求满足

$$ax^2 + bx + c = 0$$

这个式子的 x 的值。"

"嗯嗯。"

"假设 α 满足此二次方程，我们就把这个 α 称为二次方程的**解** [1]。"

"我知道。这个 α 是数吧?"

"没错。若有具体的二次方程，就会产生具体的解，例如 3 或者 7.5 等。但我们现在说的是一般情况，不存在具体的解，因此我用了 α 来说明。"

"好 —— 的 ——"

"你应该知道'满足方程'这句话的意思吧? 数 α 满足方程 $ax^2 + bx + c = 0$，就是指把 α 代入 x，

$$a\alpha^2 + b\alpha + c = 0$$

成立。"

---

[1] 也称为"根"。——编者注

"没问题,我懂的。"

"二次方程的解有两个,通常使用 α 和 β 表示。不过,也有 $\alpha = \beta$ 这种重根的情况。"

"这个 β 也是数吧?"

"没错,a、b、c 是数,解 α 和 β 也是数。解 β 也满足方程 $ax^2 + bx + c = 0$,所以式子

$$a\beta^2 + b\beta + c = 0$$

成立。"

"β 是解,当然会满足这个式子!"

2.2.2 方程与多项式

"我给你出一道题。"

$x^2 - 3x + 2$ 是 ——

"我知道!这个二次方程很好解!"

"哔哔 ——"我发出猜谜节目中回答错误时的音效。

"咦?"

"我还没说完问题你就回答,这样不行哦。$x^2 - 3x + 2$ 是方程吗?这个才是你要回答的问题。"

"咦?啊,这根本就不是方程。"

"没错。$x^2 - 3x + 2$ 不是方程,而是多项式。"

"这个问题有陷阱!"尤里满脸不高兴,"真讨厌!"

"抱歉抱歉,我只是希望你能注意多项式与方程的差异。多项式 $x^2 - 3x + 2$ 与主张此多项式等于 0 的方程不同。"

$$x^2 - 3x + 2 \qquad\qquad \text{关于 } x \text{ 的\underline{多项式}}$$
$$x^2 - 3x + 2 = 0 \qquad \text{关于 } x \text{ 的\underline{方程}}$$

"这个我知道。"

"下一个问题。你来解一下这个方程。"

$$x^2 - 3x + 2 = 0$$

尤里沉默，迟迟没有反应。

"怎么了？"

"我在想你的问题有没有问完。"尤里冷笑了一下。

"问完了。"

"很简单，$x = 1, 2$。"

"好快！你是怎么解出来的？"

"$x^2 - 3x + 2$ 可以因式分解！

$$x^2 - 3x + 2 = (x - 1)(x - 2)$$

然后解 $(x - 1)(x - 2) = 0$，就能得到 x 等于 1 或 2。"

"很好。$x = 1, 2$ 表示 $x = 1$ 或 $x = 2$。如果是简单的二次方程，可以用你刚才的方法，对左边的多项式进行因式分解，从而得出答案。但有时候我们并不知道该如何因式分解。在这种情况下 ——"

"使用求根公式。"

"没错！"

"哎呀！我又抢在你说完之前回答了。"

2.2.3　推导二次方程的求根公式

"我们来推导二次方程的求根公式吧。你会吗？"

"不会。"尤里很干脆地说,"上课时老师在黑板上推导过,很乱我看不懂,但我把求根公式背下来了。"

尤里以非常快的速度背诵。

$2a$ 分之负 b 加减根号下 b 平方减 $4ac$

"舌头都打结了!"

"你不用讲得那么急。"我笑着说。

"别笑了,根号那块有点绕口。"

"既然是二次方程,不管怎样都会出现 $\sqrt{}$ 吧。在推导求根公式时,如何处理根号很重要。你仔细看,在推导求根公式时,我们的目标是让公式以这种形式展现出来。"

$$(含有 x 的式子)^2 = 不含 x 的式子 \qquad 目标形式$$

"嗯?"尤里挺直身子,"左边是'含有 x 的式子'的 2 次方,右边是'不含 x 的式子'?"

"没错,你先记住这个目标形式。推导成这个形式以后,取 2 次方根,剩下的你自己就能理解。来,我们一起推导求根公式吧!"

"好的!"

"给定的二次方程是这个。"

$$ax^2 + bx + c = 0 \qquad 给定的二次方程(a \neq 0)$$

"嗯。"

"把含有 x 的项留在左边,不含 x 的项移到右边。"

$$ax^2 + bx = -c \qquad 把 c 移到右边$$

"嗯?"

"两边同时乘以 $4a$，x^2 的那一项就是 $4a^2x^2$，也就是 $(2ax)^2$。"

$$4a^2x^2 + 4abx = -4ac \qquad\qquad 两边乘以 4a$$
$$(2ax)^2 + 4abx = -4ac \qquad\qquad 因为 4a^2x^2=(2ax)^2$$

"哥哥……"

"两边加上 b^2 的话，只差一步就能将公式变为目标形式了。"

$$(2ax)^2 + 4abx + b^2 = b^2 - 4ac \qquad 两边加上 b^2，差一步便能达到目标$$

"等一下，哥哥！又是乘以 $4a$ 又是加上 b^2 的，你这么自顾自地讲下去，我还是不懂啊。"

"尤里，你仔细看左边。"我说。

$$\underline{(2ax)^2 + 4abx + b^2} = b^2 - 4ac \qquad 差一步便能达到目标$$

"什么意思？"

"你还记得目标形式吗？"

"目标形式？（含有 x 的式子 $)^2$ ＝不含 x 的式子？"

"对，我正想办法让左边的项变成含有 x 的式子的 2 次方。如此一来，左边的 $(2ax)^2 + 4abx + b^2$ 就能因式分解了！"

"因式分解 $(2ax)^2 + 4abx + b^2$……"

"$A^2 + 2AB + B^2 = (A + B)^2$ 的形式。"我说。

"啊，原来如此。变成 $(2ax + b)^2$！"

"对对对。这样，就能推导出目标形式了。"

$$(2ax)^2 + 4abx + b^2 = b^2 - 4ac \quad \text{差一步便能达到目标}$$

$$(2ax + b)^2 = b^2 - 4ac \quad \text{因式分解左边，形成目标形式}$$

$$\underbrace{(2ax + b)^2}_{\text{(含有 }x\text{ 的式子)}^2} = \underbrace{b^2 - 4ac}_{\text{(不含 }x\text{ 的式子)}}$$

"形成目标形式了！接下来就交给尤里吧！就是求 2 次方根嘛。"

$$(2ax + b)^2 = b^2 - 4ac \qquad \text{目标形式}$$

$$2ax + b = \pm\sqrt{b^2 - 4ac} \qquad \text{求 2 次方根}$$

$$2ax = -b \pm \sqrt{b^2 - 4ac} \qquad \text{把 }b\text{ 项移到右边}$$

$$x = \frac{-b \pm \sqrt{b^2 - 4ac}}{2a} \qquad \text{两边除以 }2a\text{（因为 }a \neq 0\text{，所以可以将 }2a\text{ 用作除数）}$$

"完成了？"

"我成功推导出二次方程的求根公式了！"

二次方程的求根公式

二次方程 $ax^2 + bx + c = 0$ 的解可通过以下式子得到。

$$x = \frac{-b \pm \sqrt{b^2 - 4ac}}{2a}$$

"很好。做得不错嘛，尤里。"

"嘿嘿。可是，一般人很难看出来如何因式分解成 $(2ax + b)^2$ 吧。这种变形方法不容易记住啊。"

"是啊，如果没学过，我也不会发现。不过，只要记住求根公式中的 $b^2 - 4ac$，就不会忘了。取 2 次方根时，右边应该会有 $b^2 - 4ac$，把它当成目标来变形就可以了，乘以 $4a$ 然后加上 b^2。"

"原来如此！记住 $b^2 - 4ac$ 就不用背求根公式了！"

"那不行，必须把它记住。"

"不是只要会推导就行吗？"

"好好理解之后才能推导出求根公式，这点很重要。不过我们常常需要求二次方程的解，所以记住求根公式也没什么损失。"

说完，我打了一个喷嚏。

"嘿，是谁在背后说哥哥喵？"

"是冷气太强了！"

2.2.4　传达心情

夜已深。

我还在桌前翻英文单词卡。permanent、significant、traditional……

"哥哥。"尤里出声。

"嗯？"

她不知何时坐在了沙发上，盘着腿发呆。

"向他人传达自己的心情好难呀。"

"什么意思？"

"为什么我做不到呢？明明是那么珍贵的时光……见面的时间越短，应该越珍惜才对，可我在这种时候偏偏无法好好说话，真是笨蛋。"

"尤里？"

这时，妈妈走过来了。

"哎呀，你们还没睡啊！时间不早了，赶紧去睡吧。"

"好——"

"已经给你铺好被子了。"

"啊！真不好意思，谢谢阿姨。"

"你很久没来我们家过夜了呢。"妈妈高兴地说，"你上小学的时候经常来我们家办'住宿会'。"

"隔天早上你还会哭着说不要回家。"我说。

"我才没哭呢!"尤里鼓起脸颊。

2.3 根与系数的关系

2.3.1 泰朵拉

第二天。

"……昨晚尤里和我谈论了这些。"我说。

"这样啊。真好,真让人羡慕。"

这里是我们学校的图书室。结业仪式结束,现在已经放学了。

泰朵拉是我的学妹,比我小一届。她有一双大眼睛,一头短发,个子娇小,迈着小步跟过来的模样令人联想到松鼠这种小动物。

泰朵拉入学时很不擅长数学,但在和我以及米尔嘉一起享受数学的过程中,逐渐喜欢上了数学。她是个活泼的少女,总是精力旺盛地埋头研究数学。我会教泰朵拉数学,经常和她讨论学习方法。

"教尤里数学还挺有趣的。"我说。

"真让人羡慕……能在学长身边。"

"你说什么?"

"没事!没事没事,什么都没说!"

泰朵拉用力摆动双手,极力否定着。

图书室空荡荡的,透过窗可以看见梧桐树。不远处传来体育部的练习声。

明天是假期的第一天。

2.3.2　根与系数的关系

"你们谈了二次方程的内容呀。"

"对啊。虚数单位、复平面,还有求根公式的推导过程。"

"我能理解这些内容,但是我没办法像学长一样从零开始说明。能理解和能说明之间有很大差距。"

泰朵拉用双手比出一大段距离。

"是啊,给别人讲解能帮助自己确认知识的掌握情况,所以教尤里和泰朵拉对我来说也是一种学习。"

"很高兴学长能这么说!"

"昨天我们没有谈到根与系数的关系。"

"根与系数的关系吗?"

"对,你应该知道吧。"

"我好像知道。为了检验自己的学习成果,现在由我来说明吧!嗯……"

泰朵拉一边写算式,一边说明。

◎　◎　◎

嗯……接下来由我来说明二次方程"根与系数的关系"。假设给定一个关于 x 的二次方程

$$ax^2 + bx + c = 0 \qquad (a \neq 0)$$

这个二次方程有两个解,我们分别称它们为 α 和 β。

这时,系数 a、b、c 与解 α 和解 β 之间的关系为

$$\alpha + \beta = -\frac{b}{a}, \quad \alpha\beta = \frac{c}{a}$$

这两个式子表示的就是二次方程"根与系数的关系"。

学长，我讲得怎么样？

◎　　◎　　◎

"学长，我讲得怎么样？"

"不错啊。"我回答，"泰朵拉，你可以分别用一句话来说明'求根公式'和'根与系数的关系'吗？"

"一句话？求根公式是用来求解的公式，根与系数的关系就是表示根与系数的关系的式子……这样讲是不是不太好？"

"不，没有不好。不过，整理一下会更简洁。"

- 求根公式是用系数表示<u>解</u>
- 根与系数的关系是用系数表示<u>解的和与积</u>

"咦？对呀！用求根公式可以这样表示解——"

$$\alpha = \frac{-b + \sqrt{b^2 - 4ac}}{2a}, \quad \beta = \frac{-b - \sqrt{b^2 - 4ac}}{2a}$$

所以，我们可以用系数 a、b、c 表示解 α 和解 β！"

"对啊。"

"而根与系数的关系是——"

$$\alpha + \beta = -\frac{b}{a}, \quad \alpha\beta = \frac{c}{a}$$

所以，我们可以用系数 a、b、c 表示解的和 $\alpha + \beta$ 与积 $\alpha\beta$！"

"没错。"

"用系数表示解是求根公式，用系数表示解的和与积是根与系数的关系。这么一说就明白了。"

"刚才你写了表示根与系数的关系的式子，那你知道如何推导出根与系数的关系吗？"

"嗯……我没什么自信。"

"不难的。二次方程 $ax^2 + bx + c = 0$ 的解是 $x = \alpha, \beta$，也就是说 $x = \alpha$ 或 $x = \beta$，所以……"

$$
\begin{aligned}
& x = \alpha, \beta \\
\iff\ & x = \alpha \lor x = \beta \\
\iff\ & x - \alpha = 0 \lor x - \beta = 0 \\
\iff\ & (x - \alpha)(x - \beta) = 0 \\
\iff\ & a(x - \alpha)(x - \beta) = 0 \\
\iff\ & a(x^2 - (\alpha + \beta)x + \alpha\beta) = 0 \\
\iff\ & ax^2 - a(\alpha + \beta)x + a\alpha\beta = 0
\end{aligned}
$$

"因此以下式子成立。"

$$
ax^2 - a(\alpha + \beta)x + a\alpha\beta = 0 \quad \iff \quad ax^2 + bx + c = 0
$$

"接着比较系数，这样就能推导出根与系数的关系了。"

二次方程的根与系数的关系

假设二次方程 $ax^2 + bx + c = 0$ 的两个解是 α 和 β，以下式子成立。

$$
\alpha + \beta = -\frac{b}{a}, \quad \alpha\beta = \frac{c}{a}
$$

"当然，通过求根公式可以求出两个解，我们也可以直接计算和与积。"我说。

$$\alpha + \beta = \frac{-b + \sqrt{b^2 - 4ac}}{2a} + \frac{-b - \sqrt{b^2 - 4ac}}{2a}$$

$$= \frac{(-b + \sqrt{b^2 - 4ac}) + (-b - \sqrt{b^2 - 4ac})}{2a}$$

$$= -\frac{2b}{2a}$$

$$= -\frac{b}{a}$$

$$\alpha\beta = \frac{-b + \sqrt{b^2 - 4ac}}{2a} \cdot \frac{-b - \sqrt{b^2 - 4ac}}{2a}$$

$$= \frac{(-b)^2 - (\sqrt{b^2 - 4ac})^2}{(2a)^2}$$

$$= \frac{b^2 - (b^2 - 4ac)}{4a^2}$$

$$= \frac{4ac}{4a^2}$$

$$= \frac{c}{a}$$

"原来如此!"泰朵拉说。

2.3.3 整理思绪

"听学长说完,我感觉自己原本糊成一团的脑袋立刻清楚了。"

"是吗?"

"没错!课上学过求根公式以及根与系数的关系,也会解题,但我总是无法彻底搞清楚。按照刚才学长说的那样整理 ——

- 求根公式是用系数表示<u>解</u>
- 根与系数的关系是用系数表示<u>解的和与积</u>

我一下子就弄清楚了,因为学长有强调哪些地方很重要。"泰朵拉迷人的大眼睛闪闪发光，"要是有本书能在我不懂的地方咻地冒出一根手指，告诉我这里是重点、这里很重要就好了！"

"这有点可怕吧。"

我们相视而笑。

"对了学长，解的和与积是 $\alpha + \beta$ 与 $\alpha\beta$ 吧，它们为什么很重要呢？"

"咦？"

面对泰朵拉的提问，我哑口无言。

为什么解的和与积很重要呢？

"根与系数的关系？"

背后响起的声音中透着一丝严肃的感觉。

是米尔嘉。

2.4　对称多项式与域的观点

2.4.1　米尔嘉

关于米尔嘉有很多可以说的。

米尔嘉读高三，和我是同班同学。她拥有一头乌黑的长发，身上散发着柑橘的香味，站姿优雅。数学能力出众，是一个会给我们讲课的能言善道的才女，但稍微有一些攻击性。

米尔嘉喜欢数学、书和巧克力，还喜欢转笔。

米尔嘉讨厌胆小鬼。

不过，这只是表象，并不能展现她的真面目。这和无法用语言描述香味是同样的道理。

放学后，我与米尔嘉在图书室环游数学世界。

即使是高大的巨龙，米尔嘉也毫不畏惧；即使是深邃的森林，米尔嘉也不会迷失。不，她反而会深入森林，发现宝物。

我对这样的米尔嘉……

2.4.2　再探根与系数的关系

"根与系数的关系?"

米尔嘉看着我和泰朵拉写的算式。

"没错!"泰朵拉精神抖擞地回答，"求根公式是用系数表示解，根与系数的关系是用系数表示解的和与积。我们刚刚在谈这些。"

"我们把式子也推导出来了。"我说。

"哦?"米尔嘉发出煞有介事的声音，"解的和与积……"

米尔嘉轻轻闭上眼睛，脸稍微朝上。她的黑发微微晃动，露出了美丽的下颚线。

我与泰朵拉保持沉默。

三秒后，能言善道的才女宣布:

"我们来聊聊对称多项式吧。"

◎　　◎　　◎

我们来聊聊对称多项式吧。

α 与 β 的对称多项式是指调换 α 与 β 后结果不会发生改变的式子。

比如，$\alpha + \beta$ 就是对称多项式，因为调换 α 与 β 后，$\alpha + \beta$ 会变成 $\beta + \alpha$，与原本的式子 $\alpha + \beta$ 结果相同。也就是说，结果没有发生改变。

$$\alpha + \beta \quad （\alpha 与 \beta 的对称多项式）$$

而 $\alpha - \beta$ 就不是对称多项式了，因为 $\beta - \alpha$ 不一定等于 $\alpha - \beta$。也就是说，结果会发生改变。

$$\alpha - \beta \qquad (\text{不是}\,\alpha\,\text{与}\,\beta\,\text{的对称多项式})$$

不过，$\alpha - \beta$ 在 2 次方后会变为对称多项式，因为 $(\beta - \alpha)^2 = (\alpha - \beta)^2$，调换 α 与 β 后，结果维持不变。

$$(\alpha - \beta)^2 \qquad (\alpha\,\text{与}\,\beta\,\text{的对称多项式})$$

还有更复杂的例子。比如以下式子是对称多项式。

$$\alpha\beta + (\alpha - \beta)^2 + 2\alpha^3\beta^2 + 2\alpha^2\beta^3 \qquad (\alpha\,\text{与}\,\beta\,\text{的对称多项式})$$

"根与系数的关系"中出现的 $\alpha + \beta$ 与 $\alpha\beta$，都是 α 与 β 的对称多项式。这两个对称多项式称为**基本对称多项式**。

$$\alpha + \beta,\ \alpha\beta \qquad (\alpha\,\text{与}\,\beta\,\text{的基本对称多项式})$$

所以，我们可以这样说。

- 根与系数的关系是用系数表示解的基本对称多项式

泰朵拉，怎么了？

◎　◎　◎

"泰朵拉，怎么了？"米尔嘉问。

泰朵拉举手提问。

"为什么要用'对称'这个词呢？我以为对称是针对图形而言的，就像点对称或线对称那样。我不懂对称与调换 α 和 β 之间的关系。"

"泰朵拉很在意叫法呢。"米尔嘉微笑，"就像你说的那样，对称这个词针对的是有形状的东西，但算式也有形状，所以使用对称一词并不奇怪。"

"这样吗……形状？"泰朵拉诧异地说。

"说得更详细一些 ——" 米尔嘉继续说，"对称性是不发生变化的性质，与不变性有关。可以说对称性是不变性的一种类型。"

"这样啊。我还是不太懂。对称性应该用在左右两边形状相同等情况下，而不变性是不发生变化的意思吧？这两个一样？"

"你来想一下左右对称的图形吧，比如等腰三角形

左右是对称的。调换这个图形的左右两侧后，形状完全没有发生改变。对称性是不变性的一种类型说的就是这个意思。"

"啊…… 我懂一点了。对称的图形，是调换后形状维持不变的图形，是这个意思吧？"

"对。"米尔嘉点头，"不限于调换位置，置换、旋转…… 在某些作用下形状不变就称为对称。多用于图形的对称一词也可以用于其他情况。"

"原来如此。"泰朵拉一边点头一边记笔记，"调换 $\alpha + \beta$ 中的 α 与 β，式子会变成 $\beta + \alpha$，和 $\alpha + \beta$ 一样，结果不变。是这个意思吧？"

$$\alpha + \beta \xrightarrow{\text{调换 } \alpha \text{ 与 } \beta} \beta + \alpha$$

"没错。"米尔嘉轻轻点头。

听着两人的对话，我的内心深处燃起一团火焰。对称性是不变性的一种类型。米尔嘉的这句话好像有更深的含义。

"我们回到对称多项式的话题上吧。"米尔嘉一边挥动着食指，一边继续"讲课"。

◎　　◎　　◎

我们回到对称多项式的话题上吧。

对称多项式通常可以用基本对称多项式来表示。例如，对称多项式 $(\alpha - \beta)^2$ 就能用以下基本对称多项式表示。

$$\underbrace{(\alpha - \beta)^2}_{\text{对称多项式}} = (\underbrace{\alpha + \beta}_{\text{基本对称多项式}})^2 - 4 \underbrace{\alpha\beta}_{\text{基本对称多项式}}$$

通过以下内容可以确认这个式子的变形过程。

$$
\begin{aligned}
(\alpha - \beta)^2 &= \alpha^2 - 2\alpha\beta + \beta^2 && \text{展开} \\
&= \alpha^2 + 2\alpha\beta + \beta^2 - 4\alpha\beta && \text{准备变成 2 次方的形式} \\
&= (\alpha^2 + 2\alpha\beta + \beta^2) - 4\alpha\beta && \text{把要变成 2 次方的式子的部分括起来} \\
&= (\alpha + \beta)^2 - 4\alpha\beta && \text{整理成 2 次方的式子}
\end{aligned}
$$

"对称多项式可以用基本对称多项式表示"是**对称多项式的基本定理**。由此可知，只要是解的对称多项式，不管怎样的式子都可以用解的基本对称多项式 $\alpha + \beta$ 和 $\alpha\beta$ 来表示。

解的对称多项式可以用解的基本对称多项式表示。（根据对称多项式的基本定理）

我们从根与系数的关系得知，解的基本对称多项式可以用系数表示。

解的基本对称多项式可以用系数表示。（根据根与系数的关系）

因此，

解的对称多项式可以用系数表示。

而且，由于二次方程的解的对称多项式在调换解的情况下，结果仍维持不变，所以

在调换解的情况下结果仍维持不变的式子可以用系数来表示。

泰朵拉，你又有什么问题？

◎　　◎　　◎

"泰朵拉，你又有什么问题？"米尔嘉说。

"抱、抱歉。"泰朵拉大声说，"关于在调换解的情况下结果仍维持不变的式子可以用系数来表示，我完全不懂。可以举个例子吗？"

"你问他。"米尔嘉指着我说。

"是这个意思，泰朵拉。"我回答，"假设二次方程 $ax^2 + bx + c = 0$ 的解是 α 和 β，我们来思考一下它的对称多项式。就用刚才米尔嘉举的例子吧。

$$\alpha\beta + (\alpha - \beta)^2 + 2\alpha^3\beta^2 + 2\alpha^2\beta^3 \qquad （\alpha 与 \beta 的对称多项式）$$

米尔嘉说这个对称多项式可以用系数 a、b、c 来表示。我们实际来试试看。"

$$
\begin{aligned}
& \alpha\beta + (\alpha - \beta)^2 + 2\alpha^3\beta^2 + 2\alpha^2\beta^3 && \text{对称多项式的示例} \\
&= \alpha\beta + \alpha^2 - 2\alpha\beta + \beta^2 + 2\alpha^3\beta^2 + 2\alpha^2\beta^3 && \text{展开} \\
&= \alpha\beta + (\alpha^2 + 2\alpha\beta + \beta^2) - 4\alpha\beta + 2\alpha^3\beta^2 + 2\alpha^2\beta^3 && \text{准备变成 2 次方的形式} \\
&= \alpha\beta + (\alpha + \beta)^2 - 4\alpha\beta + 2\alpha^3\beta^2 + 2\alpha^2\beta^3 && \text{用 } \alpha + \beta \text{ 与 } \alpha\beta \text{ 来表示} \\
&= (\alpha + \beta)^2 - 3\alpha\beta + 2\alpha^3\beta^2 + 2\alpha^2\beta^3 && \text{整理 } \alpha\beta \text{ 项} \\
&= (\alpha + \beta)^2 - 3\alpha\beta + 2(\alpha\beta)^2(\alpha + \beta) && \text{提取 } 2(\alpha\beta)^2 \\
&= \left(-\frac{b}{a}\right)^2 - 3\left(\frac{c}{a}\right) + 2\left(\frac{c}{a}\right)^2\left(-\frac{b}{a}\right) && \text{利用根与系数的关系，代入系数}
\end{aligned}
$$

"原来如此！对称多项式的确可以用系数来表示。"泰朵拉确认式子后说，"无论何时，对称多项式都可以用系数来表示。说起来，对式子这样变形让我恍然大悟，但靠我自己是想不出这种方式的。怎样才能做到呢？"

"练习。"米尔嘉立刻回答。

"这样啊。"泰朵拉说，"尤其是把 $\alpha^2 - 2\alpha\beta + \beta^2$ 变成 $(\alpha^2 + 2\alpha\beta + \beta^2) - 4\alpha\beta$，这种变形方式我想不到。"

"重点在于看出式子变形的方向。"我补充道，"在刚才举的例子中，整理式子，使之变成基本对称多项式，尝试用系数表示对称多项式，就是式子变形的方向。"

"式子变形的方向。"泰朵拉一边记笔记一边说。

"更重要的是 ——"我有点着急。

我到底在着急什么？

配合着米尔嘉晃动的食指，凌乱的数学概念似乎形成了一种新的旋律，而我仍然觉得有些模糊。

解方程与调换解有什么关系？

"急死我了。"我不自觉说了出来。

"方程 —— 系数 —— 解 —— 对称多项式。"米尔嘉吟唱般地说着，"它们相互联结在一起。数学家拉格朗日详细研究了求根公式，看透了解方程与调换解的密切联系。然后，学习拉格朗日研究成果的伽罗瓦解开了方程的谜团。"

"伽罗瓦吗？"

"方程和'域'这个概念有关，可是域研究起来很难。"米尔嘉的语速逐渐加快，"伽罗瓦发现，艰深的域可以和浅显的群对应，这就是伽罗瓦对应。"

米尔嘉站起来，把手轻轻放在我和泰朵拉的肩上。

"伽罗瓦在域的世界和群的世界之间,架起了伽罗瓦对应这座桥梁,完成了数学中最美的理论之一 —— **伽罗瓦理论**。"

2.4.3 再探求根公式

"域是什么?"泰朵拉问,"我以前好像听说过。"

"请把域想成可以进行四则运算的数的集合。这里说的四则运算就是加减乘除运算。例如有理数的集合是域,实数的集合是域,复数的集合也是域。"

"把域看作可以计算的数的集合就行吗?"

"对。不过,必须准确理解'计算'这个词的意思才行。域的定义中说的是加减乘除四则运算,而开根号的运算不在其中。虽然包含开根号的运算也没什么不好,但它与域没有关系。"

"开根号的意思是?"

"求 2 次方根,例如计算 $+\sqrt{9}$ 与 $-\sqrt{9}$,得到 ± 3。"米尔嘉回答,"开根号也会在二次方程的求根公式中出现。"

二次方程的求根公式

二次方程 $ax^2 + bx + c = 0$ 的解可以通过以下式子得出。

$$\frac{-b \pm \sqrt{b^2 - 4ac}}{2a}$$

"呃 —— 没错,$\pm\sqrt{b^2 - 4ac}$ 的部分有开根号。"

"我们来观察一下求根公式的运算吧。"

米尔嘉说着,仔细地写下算式。

$$\left(0 - b \pm \sqrt{b \times b - 4 \times a \times c}\right) \div (2 \times a)$$

　　原来如此。一般写算式，乘号不会写出来，除法则使用分式。但是，米尔嘉用了 × 与 ÷ 来写求根公式，我想一定是为了让人意识到这是在做运算吧。

　　米尔嘉说："二次方程的求根公式的运算是加（＋）、减（－）、乘（×）、除（÷）和开根号 $(\pm\sqrt{\ })$。不管给出怎样的二次方程，只要有加减乘除与开根号，就能通过系数来求出解。"

　　"的确是这样，但这个是……"泰朵拉支支吾吾。

　　"理所当然的事情。"米尔嘉竖起食指说，"对。从求根公式中我们可以明白这个理所当然的事情。那我们就从这个理所当然的事情开始，重新从域的角度来看二次方程吧！"

　　米尔嘉的眼睛发光，似乎非常开心。

　　"我们来解

$$x^2 - 2x - 4 = 0$$

这个二次方程吧。对 $x^2 - 2x - 4 = 0$ 以 $a = 1, b = -2, c = -4$ 套用求根公式，解如下所示。"

$$
\begin{aligned}
x &= \frac{-b \pm \sqrt{b^2 - 4ac}}{2a} \\
&= \left(0 - b \pm \sqrt{b \times b - 4 \times a \times c}\right) \div (2 \times a) \\
&= \left(0 - (-2) \pm \sqrt{(-2) \times (-2) - 4 \times 1 \times (-4)}\right) \div (2 \times 1) \\
&= \left(2 \pm \sqrt{4 + 16}\right) \div 2 \\
&= \left(2 \pm \sqrt{20}\right) \div 2 \\
&= \left(2 \pm \sqrt{2^2 \times 5}\right) \div 2 \\
&= \left(2 \pm 2\sqrt{5}\right) \div 2 \\
&= 1 \pm \sqrt{5}
\end{aligned}
$$

"所以，方程 $x^2 - 2x - 4 = 0$ 的解是 $1 + \sqrt{5}$ 和 $1 - \sqrt{5}$，到这里没有任何问题。"

米尔嘉中断话题，指向泰朵拉。

"泰朵拉，方程 $x^2 - 2x - 4 = 0$ 的系数是？"

"系数是 1、−2 和 −4。"

"没错，你来定出这些系数属于哪种域吧。"

"呃……是整数的域吗？"

"不对，整数的集合不是域。举例来说，$1 \div (-2)$ 的结果就不是整数，所以不是域。"

"这样啊。如果进行四则运算后，结果不是整数就不能算同一个域。"

"对。属于同一个域的数在进行四则运算时，得出的结果也必须属于这个域。域的四则运算为封闭状态。"

"好的。"

"系数 1、−2、−4 所属的最小的域是**有理数域** $\mathbb{Q}$，我们将**系数域**当成有理数域 $\mathbb{Q}$ 来思考吧。"

"系数域是什么？"

"系数域指方程的系数所属的域，系数 1、−2、−4 全部属于有理数域 $\mathbb{Q}$。"

$$1 \in \mathbb{Q}, \quad -2 \in \mathbb{Q}, \quad -4 \in \mathbb{Q} \qquad \text{（系数全部属于有理数域）}$$

"因为 1、−2、−4 属于整数，也属于有理数。"我说。

"方程 $x^2 - 2x - 4 = 0$ 的系数 1、−2、−4 都属于 $\mathbb{Q}$。可是，这个方程的解 $1 + \sqrt{5}$ 和 $1 - \sqrt{5}$ 都不属于 $\mathbb{Q}$。"

$$1 + \sqrt{5} \notin \mathbb{Q}, \quad 1 - \sqrt{5} \notin \mathbb{Q} \qquad \text{（所有的解都不属于有理数域 } \mathbb{Q}\text{）}$$

"也就是说，这个方程的<u>系数是有理数</u>，但<u>解不是有理数</u>。"泰朵拉说。

"换句话说，在 $\mathbb{Q}$ 的范围内，方程 $x^2 - 2x - 4 = 0$ 无解。"

"确实如此。"我说。

"那么，这里 ——"米尔嘉像要公布什么秘密似的忽然放低音量。我们不自觉地把脸凑近这位黑发才女。

◎　　◎　　◎

那么，这里 ——

就在有理数域 $\mathbb{Q}$ 中添加 $\sqrt{5}$，创造出新的域 $\mathbb{Q}(\sqrt{5})$ 吧。

属于 $\mathbb{Q}$ 的元素是有理数，我们用有理数与 $\sqrt{5}$ 来制作数与数之间能加减乘除的集合。这个集合是新的域。我们把这个域记为 $\mathbb{Q}(\sqrt{5})$，表示在有理数域 $\mathbb{Q}$ 中添加了 $\sqrt{5}$ 的域。

$$\mathbb{Q}(\sqrt{5}) \qquad \text{在有理数域 } \mathbb{Q} \text{ 中添加了 } \sqrt{5} \text{ 的域}$$

你能想象出什么样的数属于 $\mathbb{Q}(\sqrt{5})$ 吗？

举几个例子吧。

所有的有理数属于 $\mathbb{Q}(\sqrt{5})$。

例如 1、0、-1、0.5、$\frac{1}{3}$ 等。

有理数与 $\sqrt{5}$ 进行加减乘除运算后得到的结果也属于 $\mathbb{Q}(\sqrt{5})$。

例如 $1+\sqrt{5}$、$1-\sqrt{5}$、$\frac{1}{3}+\sqrt{5}$、$1+3\sqrt{5}$、$2-7\sqrt{5}$、$\frac{1+\sqrt{5}}{3}$、$\frac{1+\sqrt{5}}{1-\sqrt{5}}$ 等。

一般来说，$\mathbb{Q}(\sqrt{5})$ 的元素可以通过有理数 p、q、r、s 写成 $\frac{p+q\sqrt{5}}{r+s\sqrt{5}}$ 的形式，进一步有理化后则可以写成 $P + Q\sqrt{5}$ 的形式。

$$\frac{p + q\sqrt{5}}{r + s\sqrt{5}}$$

$$= \frac{p + q\sqrt{5}}{r + s\sqrt{5}} \cdot \frac{r - s\sqrt{5}}{r - s\sqrt{5}} \qquad \text{为了消掉分母中的 } \sqrt{5} \text{ 乘以 } \frac{r - s\sqrt{5}}{r - s\sqrt{5}}$$

$$= \frac{(p + q\sqrt{5})(r - s\sqrt{5})}{(r + s\sqrt{5})(r - s\sqrt{5})}$$

$$= \frac{pr - ps\sqrt{5} + qr\sqrt{5} - qs\sqrt{5}\sqrt{5}}{r^2 - s^2\sqrt{5}\sqrt{5}} \qquad \text{分别计算分子与分母}$$

$$= \frac{pr - 5qs + (qr - ps)\sqrt{5}}{r^2 - 5s^2} \qquad \text{分母中的 } \sqrt{5} \text{ 消失}$$

$$= \frac{pr - 5qs}{r^2 - 5s^2} + \frac{qr - ps}{r^2 - 5s^2}\sqrt{5} \qquad \text{把 } \sqrt{5} \text{ 提出来进行整理}$$

因为 $\frac{pr-5qs}{r^2-5s^2} \in \mathbb{Q}$，$\frac{qr-ps}{r^2-5s^2} \in \mathbb{Q}$，所以设 $P = \frac{pr-5qs}{r^2-5s^2}$，$Q = \frac{qr-ps}{r^2-5s^2}$，$P$、$Q$ 就都是有理数。

于是，$\mathbb{Q}(\sqrt{5})$ 的元素也可以写成 $P + Q\sqrt{5}$ 的形式（P 与 Q 是有理数）。

有理数域 $\mathbb{Q}$ 包含在添加了 $\sqrt{5}$ 的域 $\mathbb{Q}(\sqrt{5})$ 中。换句话说，$\mathbb{Q} \subset \mathbb{Q}(\sqrt{5})$ 成立，这时，我们把 $\mathbb{Q}(\sqrt{5})$ 称为 $\mathbb{Q}$ 的**扩域**。

回归正题。

方程 $x^2 - 2x - 4 = 0$ 的解是 $1 \pm \sqrt{5}$，不是有理数。也就是说，在有理数域 $\mathbb{Q}$ 的范围内，这个方程无解。

可是，如果在有理数域 $\mathbb{Q}$ 中添加 $\sqrt{5}$，创造出新的域 $\mathbb{Q}(\sqrt{5})$，范围就会发生改变。

在域 $\mathbb{Q}(\sqrt{5})$ 的范围内，二次方程 $x^2 - 2x - 4 = 0$ 就有解了，因为 $1 + \sqrt{5}$ 与 $1 - \sqrt{5}$ 都属于域 $\mathbb{Q}(\sqrt{5})$。

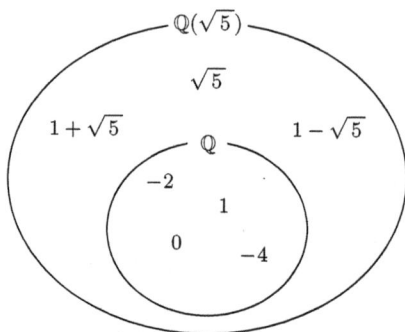

上述内容可以整理成以下形式。

方程 $x^2 - 2x - 4 = 0$

- 在域 $\mathbb{Q}$ 的范围内无解
- 在域 $\mathbb{Q}(\sqrt{5})$ 的范围内有解

也可以这么说。方程 $x^2 - 2x - 4 = 0$

- 在域 $\mathbb{Q}$ 的范围内不能解
- 在域 $\mathbb{Q}(\sqrt{5})$ 的范围内可解

明白如何站在域的角度看方程了吗?

前面,我们都是用具体的方程 $x^2 - 2x - 4 = 0$ 来思考的。

从现在开始,我们用方程的一般形式 $ax^2 + bx + c = 0$ 来思考。

为了避免无解而在 $\mathbb{Q}$ 中添加的 $\sqrt{5}$ 是从哪里来的呢?

没错, $\sqrt{5}$ 是 $\sqrt{b^2 - 4ac}$。

把系数域设为 K。在 K 的范围内,方程 $ax^2 + bx + c = 0$ 可能无解。是否可解,取决于 $\sqrt{b^2 - 4ac}$ 是否属于系数域 K。也就是说,关键点在于"$b^2 - 4ac$ 能否表示成属于系数域的数的 2 次方"。我们把 $b^2 - 4ac$

这个关键的式子称为二次方程的**判别式**。

方程 $ax^2 + bx + c = 0$

- 在域 K 的范围内可能无解
- 在域 $K(\sqrt{b^2 - 4ac})$ 的范围内不会无解

也可以这么说。

- 在域 K 的范围内，方程 $ax^2 + bx + c = 0$ 可能不可解
- 在域 $K(\sqrt{b^2 - 4ac})$ 的范围内，方程 $ax^2 + bx + c = 0$ 可解

二次方程的解一定属于下面这个域。

$$K(\sqrt{判别式})$$

明白方程的解法和域的关系了吗？

◎　◎　◎

"明白方程的解法和域的关系了吗？"
"这是……'一滴新的数'！"我说。
我想起自己对尤里说过的话。

只要在 $\mathbb{R}$ 中落下一滴 i 这个新的数，
$\mathbb{R}$ 就会变成 $\mathbb{C}$。

二次方程的解与其类似。

只要在系数域 K 中落下一滴 $\sqrt{b^2 - 4ac}$ 这个新的数，
系数域 K 就会变成 $K(\sqrt{b^2 - 4ac})$。

在域 $K(\sqrt{b^2 - 4ac})$ 的范围内，二次方程一定能解……

"闭馆时间到。"

图书管理员瑞谷老师说。

我们的数学之旅中断。

2.4.4　回家路上

米尔嘉、泰朵拉与我朝着车站走去。

我的脑袋里想着今天讨论的话题。

我认为根与系数的关系是"用系数表示解的和与积"。这是正确的，但是米尔嘉将其表达为"用系数表示解的基本对称多项式"。好像是用系数表示的东西与"调换解"相联系，然后"调换解"与"解方程"相联系。

我认为求根公式是"用系数表示解"。这并没有错，但米尔嘉用域的观点，重新解读了求根公式。

域 —— 可以进行四则运算的数的集合。

在对系数进行四则运算的情况下，二次方程可能无解，因为无法形成 $\sqrt{b^2-4ac}$。也就是说，要站在

$$\sqrt{b^2-4ac}\text{属于系数域吗}$$

的角度来看。$\sqrt{b^2-4ac}$ 如果属于系数域，解就会属于系数域，这样二次方程才能在系数域的范围内求解。

此外，米尔嘉还谈到在系数域中添加 $\sqrt{b^2-4ac}$。在系数域 K 中添加 $\sqrt{b^2-4ac}$ 得到的域写为 $K(\sqrt{b^2-4ac})$。二次方程的解一定属于域 $K(\sqrt{b^2-4ac})$。也就是说，在域 $K(\sqrt{b^2-4ac})$ 的范围内，二次方程一定能解。

域的角度……我还不太理解。不过，我知道这和强行解方程是不同的。

根与系数的关系。

求根公式。

这两个都是我们处理方程时的基本概念。我原本以为自己已经理解了这些概念，可如今看来却没那么简单。如果我能站在更宏观的角度，或许可以更深入地理解。

"学长!"走在我前面的泰朵拉回头说，"那个……你假期打算做什么呢?"

假期?

对了，明天是假期的第一天。我得用功准备考试，但是我好想尽情学习数学啊。

"呃……努力准备考试吧。我报了补习班的假期课程，上午应该会去上课。下午如果学校开门，我可能会去图书室做题。"

"假期课程……这样啊。"

"你呢?"我转头问米尔嘉，"你假期要做什么?"

"我? 我要做很多事。"

"我!"泰朵拉大叫，"我听了刚才关于域的内容，想重读以前的笔记，再复习一遍域和群。"

我打了一个喷嚏。

"你感冒了吗?"

泰朵拉担心地看着我，我回答:

"没事啦。"

之所以将判别式定义为"差积"的 2 次方，

是因为 2 次方的判别式是对称多项式……

可以用多项式的系数来表示。

——中岛匠一《代数方程与伽罗瓦理论》[24]

No.

Date　　　．　　．

"我"的笔记（配方法）

之前教尤里的"二次方程的求根公式"的推导方法中没有出现分数，所以很容易对式子变形，但我们需要将 $\sqrt{b^2 - 4ac}$ 这个式子牢记在心。

配方法虽然不利于式子变形，但可以自然地导出（含有 x 的式子）^{2} 这一目标形式。

给定的二次方程如下所示。

$$ax^2 + bx + c = 0 \qquad (a \neq 0)$$

为了让 x^2 的系数变成1，两边除以系数 a。

$$x^2 + \frac{b}{a}x + \frac{c}{a} = 0$$

想办法将这个式子的左边变成（含有 x 的式子）^{2} ＋不含 x 的式子。

要达到这个目标，就得让式子变成以下形式。那么，■是什么呢？

$$x^2 + \frac{b}{a}x + \frac{c}{a} = \underbrace{\left(x + \blacksquare\right)^2}_{（含有\ x\ 的式子）^2} + \underbrace{\frac{c}{a} - \blacksquare^2}_{不含\ x\ 的式子}$$

$(x + \blacksquare)^2 = x^2 + 2\blacksquare x + \blacksquare^2$，$x$ 的系数等于 $\frac{b}{a}$，所以 $\blacksquare = \frac{b}{2a}$。

$$x^2 + \frac{b}{a}x + \frac{c}{a} = \left(x + \frac{b}{2a}\right)^2 + \frac{c}{a} - \blacksquare^2$$

No.

Date　　．　．

因为 $\blacksquare = \frac{b}{2a}$，所以我们可以得到最后一项。

$$x^2 + \frac{b}{a}x + \frac{c}{a} = \left(x + \frac{b}{2a}\right)^2 + \frac{c}{a} - \left(\boxed{\frac{b}{2a}}\right)^2$$

接着，计算最后两项。

$$= \left(x + \frac{b}{2a}\right)^2 - \frac{b^2 - 4ac}{4a^2}$$

因为这个式子等于 0，所以我们可以导出以下式子。

$$\left(x + \frac{b}{2a}\right)^2 - \frac{b^2 - 4ac}{4a^2} = 0$$

由此可以得到以下式子。

$$\left(x + \frac{b}{2a}\right)^2 = \frac{b^2 - 4ac}{4a^2}$$

如此一来，即可推导出二次方程的求根公式。

$$x = \frac{-b \pm \sqrt{b^2 - 4ac}}{2a}$$

在使用配方法的情况下，必须先让式子变成 $(x + \blacksquare)^2$ 这个目标形式，展开后再把出现 $\blacksquare^2$ 的项去掉，使左右一致。

第3章
探索形式

生命是什么？

人们解剖了尸体却没有在里面发现生命。

思维又是什么？

人们解剖了大脑却也没有在里面发现思维。

生命和思维远大于"组成它们的部分之和"，

不过是不是大到没有必要去研究它们的组成部分了呢？

—— 马文·明斯基 [1]

3.1 正三角形

3.1.1 医院

我不太舒服。

那天晚上，我发了高烧，紧急住进了医院。持续一天的高烧退掉之后，却因为有肺炎的倾向而无法马上出院。

我在单人病房的床上昏昏沉沉地思考着。

身体健康对高三学生来说非常重要，我却搞砸了。真丢脸。

◎　　◎　　◎

---

[1] 出自《心智社会：从细胞到人工智能，人类思维的优雅解读》。任楠译，机械工业出版社2016年出版。——编者注

"我来看你了 ——"我听到尤里的声音，醒了过来。

"你没事吧？学长。"泰朵拉的声音也传了过来。

"嗯。"我发出迷迷糊糊的声音。眼镜在边桌上，我的视线很模糊，"你们两个是一起来的吗？"

"不是，我先来的！"

"我在医院门口刚好遇到尤里。"泰朵拉说。

"哥哥，之前'扑通向下'的话题，我们谈得很开心呢！"尤里摊开折叠椅坐下。

"'扑通向下'是什么？"泰朵拉隔着床，坐在尤里的另一侧。

我戴上眼镜。尤里和泰朵拉都戴着口罩。

"她说的是鬼脚图。"我起身，"尤里，把那张图拿给泰朵拉看看。反正你也带来了，对吧？"

"哥哥你要躺着才行。"

尤里从包里拿出笔记本，放在我的床上。

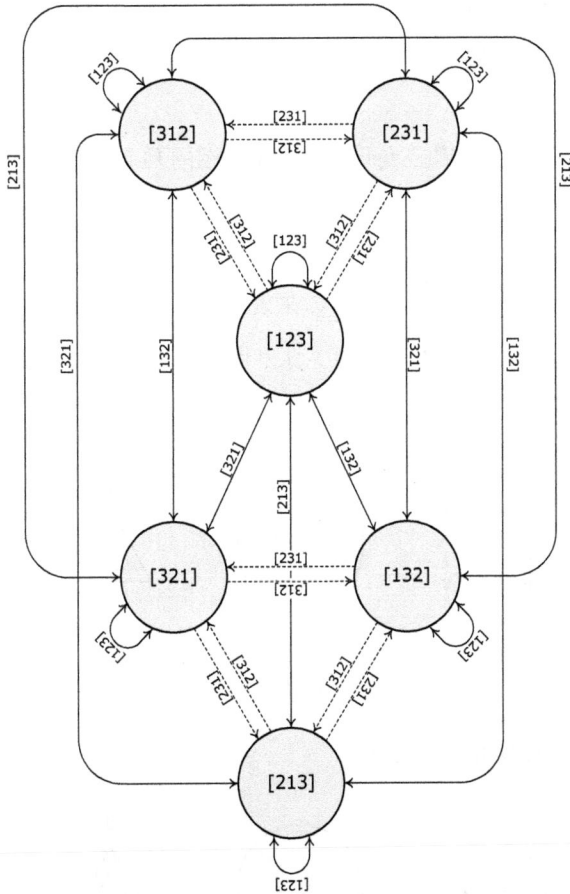

一张图表示3条竖线的鬼脚图（尤里）

尤里隔着我的床，开始向泰朵拉说明这张图。虽然一开始讲得不太流利，但善于倾听的泰朵拉懂得插话助兴，于是气氛逐渐热络起来。

"尤里想要深入研究这个！"

泰朵拉凝视着图。

"尤里，我可以说一下我的发现吗？"

活力少女泰朵拉一面对尤里，就会变成大姐姐，说话变得稳重起来。

"咦?"尤里一脸诧异,"可以啊!"

"我觉得这个看起来像等边三角形。"

"什么意思?"

"首先,我们用等边三角形来表示鬼脚图的 [123] 吧。"

◎　◎　◎

首先,我们用等边三角形 △ 来表示鬼脚图的 [123] 吧。顶点自上而下逆时针排序为 1、2、3。为了让方向更加清楚,我们可以在等边三角形的里面画上 "△"。

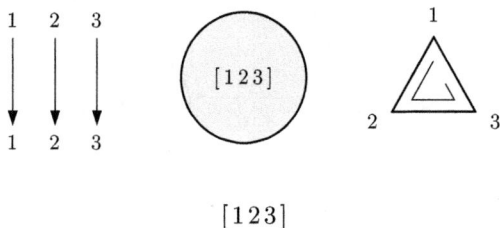

[123]

[231] 的话就是下面这样。

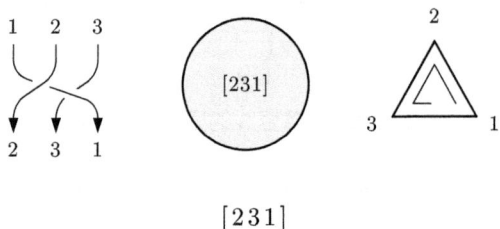

[231]

接着思考如何把 [123] 变成 [231]。当然,只要让等边三角形向右旋转 120° 即可。因此,这里画上旋转记号 ◯。此时,等边三角形的 3 个顶点全部移动。刚刚我听到尤里说"绕圈圈"这个词时,冒出了等边三角形在旋转这样的想法。

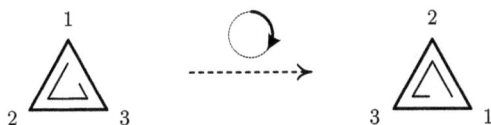

通过"旋转"，将[123]变成[231]

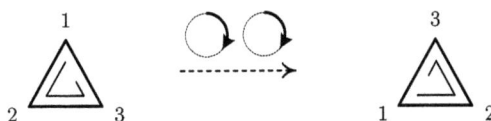

通过2次"旋转"，将[123]变成[312]

不过，旋转[123]能得到的只有[231][312]和[123]。不管怎么旋转[123]，都没有办法得到[132][213]和[321]。要得到它们，必须进行翻转，也就是尤里说的"迅速转换"。翻转时取对称轴的方式有3种，不管哪一种，都会置换2个顶点，对称轴上的顶点不变。

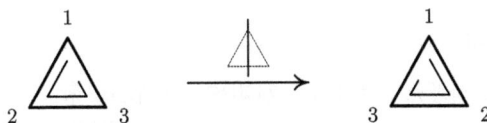

通过"翻转"，将[123]变成[132]

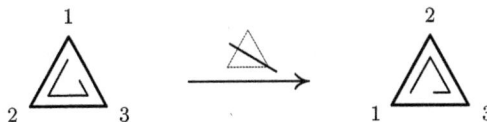

通过"翻转"，将[123]变成[213]

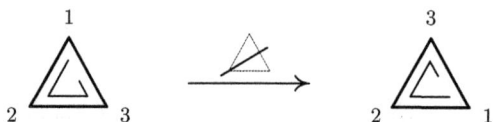

通过"翻转"，将[123]变成[321]

另外，"扑通向下"就是维持原样。等边三角形的 3 个顶点都不动，维持原样。

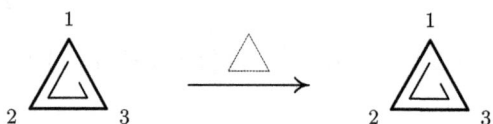

维持原样，[123]依旧是[123]

就是这样，我通过尤里的说明看到了等边三角形。

◎　◎　◎

"尤里，我可以把这个画进去吗？"

得到尤里的同意后，泰朵拉（姐姐模式）画起图来。

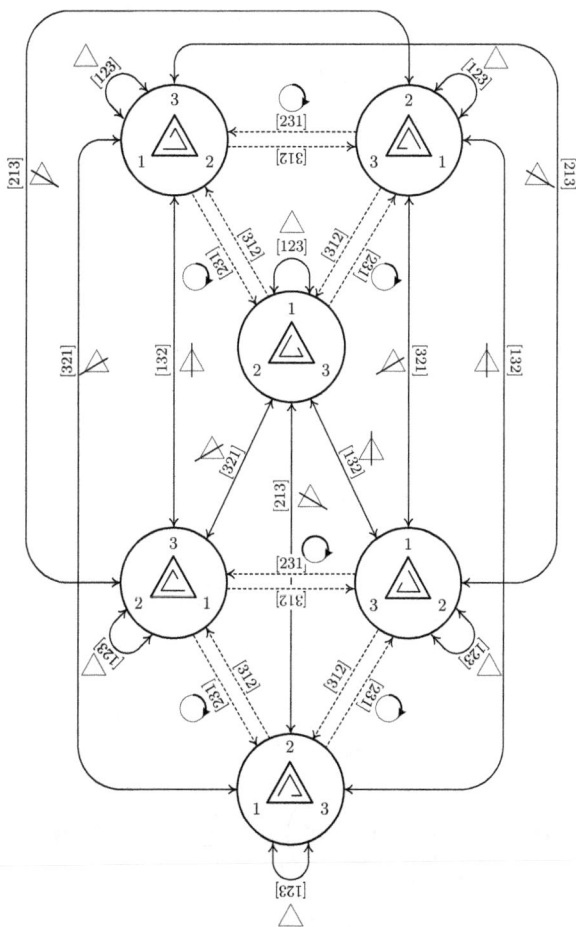

等边三角形的图（泰朵拉）

我看了一眼尤里，暗自觉得她应该很讨厌泰朵拉插手她的"研究"。

梳着栗色马尾的表妹尤里，一脸认真地看着图，然后说："泰朵拉……你好厉害啊！真有趣！"

"谢谢。不过什么真有趣？"泰朵拉侧首，一脸疑惑。

"等边三角形真神奇！完全吻合！"尤里大叫，在图上标明了对应关系，"鬼脚图'扑通向下'与等边三角形的'维持原样'都只有1种；'迅速转换'与'翻转'都有3种；'绕圈圈'与'旋转'都有2种，完全吻合！"

"是啊。"我说："也可以把 [312] 想成逆向旋转。"

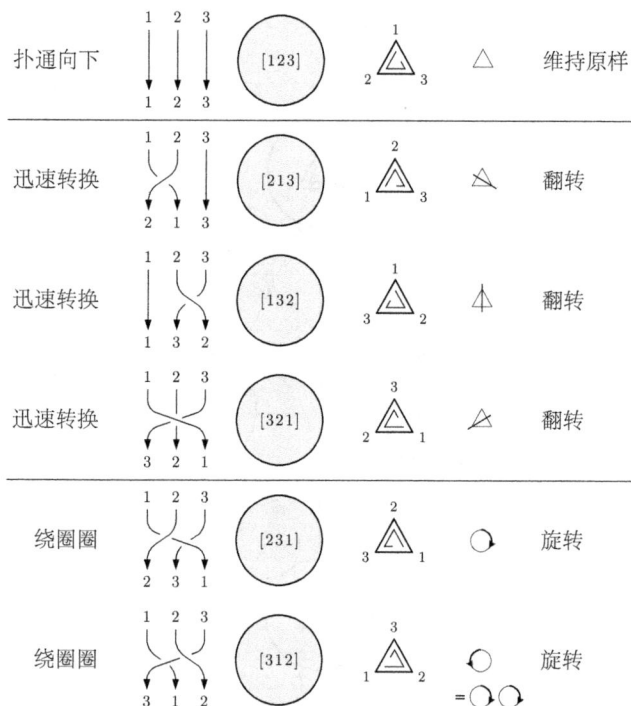

对应的标记

"米尔嘉学姐说过对称性是不变性的一种类型。"泰朵拉缓缓说道，"我好像有点明白对称性与不变性的关系了。在'扑通向下'的情况下，有3个顶点不变；在'迅速转换'的情况下，有1个顶点不变；在'绕圈圈'的情况下，所有顶点发生改变。"

"啊！"我激动到差点忘记自己正在发烧了。的确是这样。对称性与不变性这一对性质到底有什么关系呢？

"'维持原样''翻转''旋转'恰好对应于等边三角形的所有对称关系，也对应于 3 条竖线鬼脚图的'扑通向下''迅速转换'和'绕圈圈'。所以，我才会觉得可以用等边三角形来表示 3 条竖线的鬼脚图。"

我忽然觉得泰朵拉好像一个拿着精巧拼木工艺品的少女。

"泰朵拉……"尤里说，"我想把这个当作假期作业的报告。这张图表示的是 3 条竖线的鬼脚图，3 条竖线的鬼脚图共有 6 种排列模式。我接下来想研究 4 条竖线的鬼脚图，4! = 24，排列模式共有 24 种。我归纳好之后想请你看一下，可以吗？"

"咦？我吗？"泰朵拉指着自己的鼻子说，"可是，你不是有专门的老师教你吗？"

专教尤里的老师指的是我。

"但是哥哥一直说他要考试。"

"哦，我这边倒是没问题啦……"

不久，病房的探视时间结束。

"我还想再待一会儿喵。"尤里说。

"但是学长会累的。"泰朵拉说。

"好吧。再见，哥哥！"

尤里与泰朵拉挥手和我告别，然后伸出手指。

$$1, 1, 2, 3, \cdots$$

这是斐波那契手势[①]。

[①] 首次出现在《数学女孩》中，是泰朵拉想出来的数学爱好者之间的问候语。若看到对方打出这个手势，自己就要做出"石头剪刀布"中"布"的手势去回应。这是因为在斐波那契数列中，1, 1, 2, 3 的后面是 5，与做"布"的手势时伸出的手指数相同。——编者注

它是泰朵拉想出来的数学爱好者之间的问候语。

我将手张开，做出"布"的手势来回应她们。

$$\cdots, 5$$

两名少女离去。

讨论数学让我很开心，但我有点累。

3.1.2　再次发烧

"39.2℃。"护士说，"体温突然升高了。"

发烧好痛苦。喉咙很痛，我在床上翻了几次身，感觉身体好像不是自己的。我很想入睡，却难受到睡不着，也无法完全保持清醒。这种感觉好奇怪。

然后，我做了梦。

我走进森林，树上缠着藤蔓。好多条藤蔓从地面往上攀爬，缠绕树木。藤蔓有多种攀爬与缠绕的方式。不行，我得解开 —— 不对，不解开也没关系，直接计算数量吧。

我不再思考藤蔓，开始思考树木。接着，我又放弃思考树木，改为思考森林。只要知道森林有多大就能知道树木的数量，只要知道树木的数量就能明白模式的数量。啊，只要可以飞到空中，我便能掌握森林的全貌。

松鼠与小猫窜过我的脚旁，爬上一棵挺拔的树。

那棵树对我说："待会再飞到空中。"

"咦?"

"你还发着烧，先休息吧。"

"你是谁?"

"好了，安静。"

随着那道声音逐渐淡去，一阵柔软的触感覆上我的脸颊。

（好温暖）

我被宁静包裹着，陷入沉睡。

3.1.3 梦的结局

"我拿来换洗的衣物了。"

妈妈的声音唤醒了我。

"嗯，退烧了。"

妈妈将手放在我的额头上。她的手凉凉的，感觉好舒服。

"我好多了。"我说，"好像做梦了。"

"哎呀，你住着院还在看数学吗？"妈妈看到床上的笔记本。

"尤里和泰朵拉来过。咦？妈妈，给我看一下笔记本。"

笔记的内容竟然增加了！

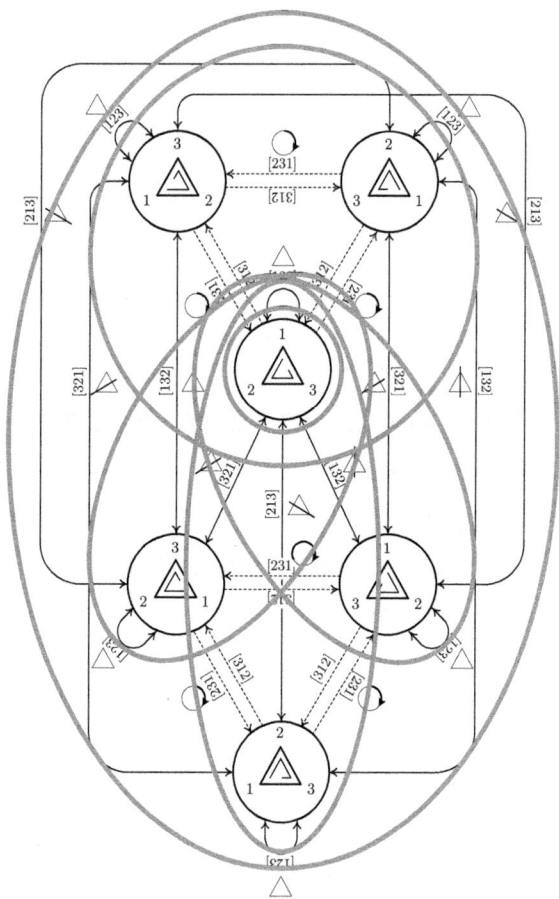

"尤里她们已经来过了？之前有三个人打电话来问候你，那些女孩子真可爱啊。你要喝梅子昆布茶吗？"

这张图是什么？是谁画的？

"等一下，妈妈。你刚刚说的三个人是谁？"

"尤里、泰朵拉，还有米尔嘉。"

3.2 对称群的形式

3.2.1 图书室

"啊，是米尔嘉大人！"尤里挥手。

这里是我们高中的图书室。

尤里央求我带她去我就读的高中。图书室里，米尔嘉正在和泰朵拉聊天。

"身体没事了吗？"泰朵拉问。

"没事了，谢谢。"

出院后又过了四天我才完全康复。

"米尔嘉学姐前几天也在打喷嚏。"泰朵拉说。

"我有吗？"米尔嘉说。

"这件校服好让人怀念。"泰朵拉看着尤里说。

"是吗？"尤里看着自己的校服，"哥哥跟我说绝对不可以穿便服。"

泰朵拉和尤里聊初中时候的事情，我把那张留在病房里的图拿给米尔嘉看。

"这张图是你画的吧？你来医院的时候我是不是睡着了？"

"你不知道吗？"米尔嘉一脸正经地说。

"不知道。我不知道你来过，可能那个时候正在做梦。"

"你知道为什么在这里画上圆圈吗？"

"呃……这里我不太理解。"

"这是子群。"

"子群？"

"米尔嘉大人！"尤里插话，"你总是只和哥哥他们讨论数学！好不容易假期聚在一起，你也讲些我能听得懂的知识吧。"

尤里很崇拜米尔嘉，叫她米尔嘉大人。她今天很期待可以让米尔嘉来教数学。

我们在图书室角落的座位围着米尔嘉坐下。

"我用尤里的鬼脚图来讲群论吧。"

高三的米尔嘉和我，高二的泰朵拉，还有初三的尤里。我们开始了群论的夏季之旅。

3.2.2   群公理

我用尤里的鬼脚图来讲群论吧。

3条竖线的鬼脚图共有6种排列模式。从如何排列1、2、3的角度来看，本质上相异的鬼脚图共有6个。我们将这个集合命名为S_3吧。

$$S_3 = \{[123], [132], [213], [231], [312], [321]\}$$

这很简单。只要排列各个鬼脚图的名称，然后用 { } 括起来即可。S_3是3条竖线的鬼脚图所有排列模式的集合。

这个集合中的6个元素都有自己的特征且相互联系。

尤里将鬼脚图称为"扑通向下""迅速转换""绕圈圈"，是为了表达它们的特征。尤里把图画出来，是为了表达各个鬼脚图之间的关系。

集合S_3拥有数学层面的结构。这个数学层面的结构就是我们想充分理解、把握并描述出来的。

为此，我们需要使用一个基本的数学层面的结构——群。

我们把群的结构加入集合S_3，学习群的定义吧。

◎   ◎   ◎

"米尔嘉学姐，为什么是S_3这个名字呢？"泰朵拉问，"S_3的3是3条竖线的3，那S是什么呢？"

"S 是 Symmetry 的首字母。"米尔嘉回答。

"西米德利?"尤里说。

"['sɪmətri]。"泰朵拉说，"是对称的意思?"

"这个 S_3 叫作 3 次**对称群** [1]，英语是 Symmetric Group。"

"米尔嘉大人，我也能听懂群论吗?"

"能。"米尔嘉说，"不过，第一次接触群论的人会因为抽象而觉得它很难，进而开始害怕群论的基础 —— 群公理 G1、群公理 G2、群公理 G3 和群公理 G4。"

群的定义（群公理）

满足以下公理的集合称为**群**。

G1　**运算** ⋆ 具有封闭性。

G2　对任意的元素而言，**结合律**成立。

G3　存在**单位元**。

G4　对于任意的元素，存在此元素的**逆元素**。

"看起来好难。"尤里小声说。

"没关系，我们有具体的鬼脚图。"米尔嘉说，"鬼脚图排列模式的集合满足群公理，从而构成群。只要通过鬼脚图来理解群论，就能突破第一道难关。群是 ——"

米尔嘉放低声音，把脸凑近尤里。

"群是天才伽罗瓦留给我们的遗产。"

"遗产?"尤里说。

---

[1] n 个元素的所有置换组成的群称为 n 次对称群。——编者注

"对，遗产。为了掌握方程的形式，伽罗瓦创造了群的概念。这个遗产由后来的数学家整理归纳成公理。现在，理解群公理是接收伽罗瓦遗产的关键。你哥哥和泰朵拉已经接收了伽罗瓦的遗产，你要接收吗？"

"要！米尔嘉大人。"尤里郑重其事地说。

群公理 G1（运算 ⋆ 具有封闭性）

首先，我们要定义运算 ⋆。

将"鬼脚图 x 的下面连接鬼脚图 y"表示为

$$x \star y$$

如此一来，$x \star y$ 也会变成鬼脚图。这样我们便定义好了 ⋆。使用 ⋆，就能以算式的形式表示鬼脚图的接合了。

举例来说，$[312]$ 的下面连接 $[321]$ 就会变成 $[213]$ 可以写成下面这样。

$$[312] \star [321] = [213]$$

如果 x 是 3 条竖线的鬼脚图，y 也是 3 条竖线的鬼脚图，连接这两个鬼脚图的 $x \star y$ 就是 3 条竖线的鬼脚图。

换句话说，如果 x 是集合 S_3 的元素，y 也是集合 S_3 的元素，$x \star y$ 就是集合 S_3 的元素。集合的元素也称为集合的**元**，二者意思相同。

用算式表示则为"$x \in S_3$，$y \in S_3$，则 $x \star y \in S_3$ 成立"。

这种特性称为"封闭性"。

3 条竖线的鬼脚图的下面连接 3 条竖线的鬼脚图，仍是 3 条竖线的鬼脚图。不会突然变成 5 条竖线的鬼脚图。S_3 中"运算 ⋆ 具有封闭性"就是这个意思。这是群公理 G1。

群公理 G1 主张"运算 ⋆ 具有封闭性"。

◎　◎　◎

"这是运算 ★ 的运算表。"泰朵拉给我们看笔记本。

		y				
★	[123]	[132]	[213]	[231]	[312]	[321]
[123]	[123]	[132]	[213]	[231]	[312]	[321]
[132]	[132]	[123]	[312]	[321]	[213]	[231]
[213]	[213]	[231]	[123]	[132]	[321]	[312]
[231]	[231]	[213]	[321]	[312]	[123]	[132]
[312]	[312]	[321]	[132]	[123]	[231]	[213]
[321]	[321]	[312]	[231]	[213]	[132]	[123]

$x \star y$ 的运算表（灰色部分表示 $[312] \star [321] = [213]$）

"咦？泰朵拉，这是你刚才写的吗？"尤里问。

"对，我听米尔嘉学姐讲的时候写的。"泰朵拉笑嘻嘻地说。

泰朵拉理解得真快啊，竟然能这么快看透所有运算。

"那个，米尔嘉大人。"尤里一脸乖巧，"可以自己决定使用什么样的记号吗？"

"只要定义了就可以。"米尔嘉立刻回答。

"定义？"

"$x \star y$ 定义为 x 的下面连接 y，定义很明确。只要好好定义，想用什么记号都可以。"

"我明白了。"尤里回答。

"对某个集合定义'满足群公理的运算'，就是在该集合中加入群这个结构。"米尔嘉说，"来做道题吧。"

$$[231] \star [213] = ?$$

"呃……"尤里戴上眼镜，在纸上画鬼脚图。

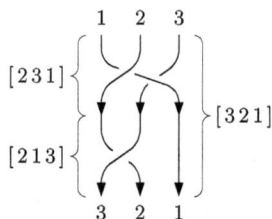

计算$[231] \star [213]$

"是这样吗？"

$$[231] \star [213] = [321]$$

"没错。现在尤里回过头来用鬼脚图进行思考，其实就是回到定义上进行思考，这种做法很正确。"

"米尔嘉大人，定义好有趣！"尤里兴高采烈地说，"自己思考，自己定义，好开心！"

"下一个问题。以下式子成立吗？"米尔嘉淡淡地提问。

$$[231] \star [213] = [213] \star [231] \qquad （?）$$

"不成立！"尤里思考了一会儿回答，"我们知道$[231] \star [213] = [321]$，$[213] \star [231] = [132]$，但是$[321] \neq [132]$。"

"没错。对于运算$\star$，交换律不成立。"

"$x \star y$与$y \star x$总是不相等呢。"泰朵拉说。

"不是这样的。"尤里反驳，"$x \star y$与$y \star x$是不一定相等，不是不相等。"

"啊，对、对啊……"泰朵拉脸红了起来，"$x \star y = y \star x$有时也成立。例如，$x \star [123] = [123] \star x$。"

"而且，如果$x = y$，则$x \star y$永远等于$y \star x$！"尤里说。

感觉泰朵拉与尤里之间的火药味有点重。

"我们进一步探讨群公理吧!"米尔嘉说。

群公理 G2(结合律成立)

结合律,指的是不管 x、y、z 是什么,$(x \star y) \star z = x \star (y \star z)$ 都成立。这个法则在鬼脚图的情况下确实成立,因为不管左边还是右边,x、y、z 这 3 个鬼脚图都是按照顺序连接在一起的。

群公理 G2 主张,结合律对于群成立。

$$(x \star y) \star z = x \star (y \star z)$$

首先是左边,在鬼脚图 $x \star y$ 的下面连接 z,成为 $(x \star y) \star z$。

然后是右边,在鬼脚图 x 的下面连接 $y \star z$,成为 $x \star (y \star z)$。

只要有结合律,$(x \star y) \star z$ 和 $x \star (y \star z)$ 就可以去掉括号,写成 $x \star y \star z$。

群公理 G3(存在单位元)

群公理 G3 主张群"存在单位元"。

单位元的定义如下所示。

> **单位元的定义**
>
> 对集合内的任意元素 a 而言,我们将满足以下式子的元素 e 称为元素 a 在运算 $\star$ 中的单位元。
>
> $$a \star e = e \star a = a$$

用鬼脚图来思考,尤里所说的"扑通向下"的鬼脚图就是单位元,因为对任意的鬼脚图 a 而言,

$$a \star [123] = [123] \star a = a$$

成立。对集合内的鬼脚图 a 而言，在 a 的下面连接在"扑通向下"的鬼脚图是 a，在 a 的上面连接"扑通向下"的鬼脚图依旧是 a。

◎   ◎   ◎

"单位元像加法中的 0，像乘法中的 1。"泰朵拉以一个姐姐的姿态对尤里说。

"什么意思？"

"不管什么加 0 都不变，不管什么乘以 1 都不变，对吧？"

"啊，对呀！不管什么加 0 都不变，不管什么乘以 1 都不变，鬼脚图接上 $[123]$ 也不变！"尤里说。

"我们往下谈群公理 G4 吧！"米尔嘉说。

群公理 G4（存在逆元素）

群公理 G4 主张群的"所有元素都存在逆元素"。逆元素的定义如下所示。

> **逆元素的定义**
>
> 对元素 a 而言，当元素 b 满足以下式子时，b 称为 a 的逆元素。
>
> $$a \star b = b \star a = e$$
>
> e 是单位元。

举例来说，$[231]$ 的逆元素是满足以下式子的鬼脚图 b。也就是说，$[231]$ 的逆元素是只要连接在 $[231]$ 的下面，便能使 $[231]$ 变成单位元 $[123]$ 的鬼脚图。

$$[231] \star b = [123]$$

我们能马上知道满足这个式子的 b 是 $[312]$，因为 $[312]$ 是 $[231]$ 倒转的"绕圈圈"。用式子表示就是以下形式。

$$[231] \star [312] = [123]$$

我们用鬼脚图来思考吧。"鬼脚图的逆元素"是在水平镜面上映照鬼脚图所形成的上下翻转的鬼脚图。调换位置的数刚好会回到原位。

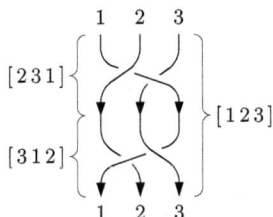

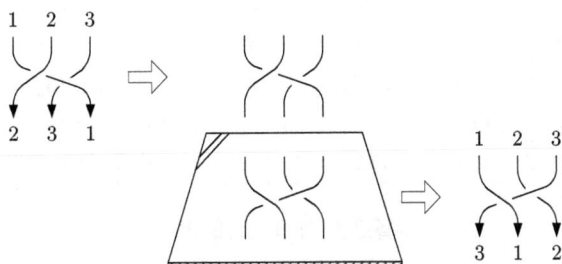

[231]的逆元素是[312]（用镜面上下翻转）

每个元素都有自己的逆元素，不同的元素有不同的逆元素。在 S_3 的情况下，各个元素的逆元素是 ——

◎　　◎　　◎

"在 S_3 的情况下，各个元素的逆元素是 —— "米尔嘉说。

"我画好表了！"泰朵拉立刻给我们看笔记本。

元素	[123]	[132]	[213]	[231]	[312]	[321]
逆元素	[123]	[132]	[213]	[312]	[231]	[321]

"很不错。"米尔嘉说。

"泰朵拉，你好快啊！"我说。

尤里哼了一声。

"看运算表上运算结果为单位元 [123] 的地方，就能马上知道哪个元素和哪个元素互为逆元素了。"泰朵拉说。

				y			
$\star$		[123]	[132]	[213]	[231]	[312]	[321]
	[123]	[123]	[132]	[213]	[231]	[312]	[321]
	[132]	[132]	[123]	[312]	[321]	[213]	[231]
x	[213]	[213]	[231]	[123]	[132]	[321]	[312]
	[231]	[231]	[213]	[321]	[312]	[123]	[132]
	[312]	[312]	[321]	[132]	[123]	[231]	[213]
	[321]	[321]	[312]	[231]	[213]	[132]	[123]

运算结果为 [123] 的地方

米尔嘉看看我们说："到这里为止，关于运算 $\star$，我们确认了 3 条竖线的鬼脚图所有排列模式的集合 S_3 满足所有的群公理。所以 —— "

能言善道的才女，张开双臂宣布：

"3 条竖线的鬼脚图所有排列模式的集合 S_3 构成群。"

3.2.3 公理与定义

"米尔嘉大人，我还是觉得很难。"尤里说，"为什么要思考群公理呢？"

"因为可以同等看待。"米尔嘉说。

"啊？"尤里发出奇怪的声音。

"关于'鬼脚图的接合'与'等边三角形的旋转'，在群的范围内，我们可以同等看待二者。"米尔嘉说，"一个集合只要满足 G1 到 G4 的公理，它就是群。能用 G1 到 G4 的公理证明的定理对所有的群都成立。所有的集合在群这个名称之下都可以被同等看待。"

"我不太懂 。"尤里说。

"我们来看看下面这个问题吧。"

问题 3-1（单位元的个数）

拥有 2 个单位元的群存在吗？

"不存在！"尤里回答。

"为什么？"

"嗯？因为'扑通向下'的鬼脚图只有一个啊。"

"对，在 3 条竖线的鬼脚图的群中，单位元的确只有 [123]。但是，无论什么样的群都只有一个单位元吗？你可以证明吗？"

"米尔嘉大人……不指定一个群的话，是没有办法证明的！"

"那么请尤里的哥哥来证明吧。"

好好好，我就知道会点到我。

"现在开始证明不存在拥有 2 个单位元的群。"我说。

◎　　◎　　◎

现在开始证明不存在拥有 2 个单位元的群。

我们先假定一个群，把它称为 G。

根据群公理 G3，我们可以从群 G 中选出具有单位元性质的元素。

我们选择 e 与 f 作为具有单位元性质的元素。

以下内容能够证明 $e = f$。

因为 e 是单位元，所以对 G 的元素 g 而言，以下式子成立（单位元的定义）。

$$e \star g = g$$

因为 f 是单位元，所以对于元素 g 而言，以下式子成立（单位元的定义）。

$$f \star g = g$$

$e \star g$ 与 $f \star g$ 都等于 g，因此以下式子成立。

$$e \star g = f \star g$$

根据群公理 G4，元素 g 拥有逆元素。

假设元素 g 的逆元素是 h。给上面式子的两边乘以 h，则以下式子成立。

$$(e \star g) \star h = (f \star g) \star h$$

根据群公理 G2，群 G 中结合律成立，所以上面式子的括号的位置可以改成下面这样。

$$e \star (g \star h) = f \star (g \star h)$$

元素 h 是元素 g 的逆元素，所以 $g \star h$ 等于单位元（逆元素的定义）。

因为 $g \star h$ 是单位元，所以左边 $e \star (g \star h)$ 等于 e，右边 $f \star (g \star h)$ 等于 f（单位元的定义）。因此，以下式子成立。

$$e = f$$

根据以上内容，我们证明了从群 G 中选出的 2 个具有单位元性质的元素其实相等。

因此，不存在拥有 2 个单位元的群。

证明结束。

◎　　◎　　◎

"证明结束。"我说。

"好厉害！"尤里赞叹。

"哪里厉害了？"米尔嘉问。

"不用一个个去思考所有的群，就能简洁有力地说明不存在拥有 2 个单位元的群。"

"这就是尤里所喜欢的逻辑的力量吧。"我说，"能简洁有力地下结论，是因为群是由群公理定义的，即公理创造定义。"

"公理创造定义……"尤里皱起眉头思考。

解答 3-1（单位元的个数）

不存在拥有 2 个单位元的群。

3.3 循环群的形式

3.3.1 前往"加库拉"

"要不要稍微休息一下？"

讨论一阵子群论之后，泰朵拉提议。

我们踏出开着冷气的教学楼，站在炙热的阳光下。

"好热！"尤里大叫，"泰朵拉，为什么你能马上理解？"

"马上理解什么？"

"你能快速制作出群的运算表和逆元素的表，看起来像和米尔嘉大人事先讨论过。"

"尤里，我以前听米尔嘉学姐说过群的定义，所以知道群公理。刚才我思考的是如何将群公理运用于集合 S_3，于是我一边听米尔嘉学姐讲，一边制作表。"

"高中会学群论吗？"

"不会。"我说，"你得自学。"

"自学……"

3.3.2 结构

"加库拉"是本校的学生活动中心，学生在课间或放学后会聚在这里打发时间。现在是假期，小卖部停止营业。我们从自动售货机里买了饮料，走到开着冷气的学生餐厅，觉得很放松。

"哇！好凉快！"尤里边说边揪着校服的前襟给自己扇风。

"米尔嘉学姐，结构到底是什么？"泰朵拉边喝饮料边说，"米尔嘉学姐刚才提到了结构。结构的英文是 structure，让我想起了建筑物的结构，有具体的形状和交错的梁柱。"泰朵拉摆弄着手指，努力用手势来表现"结构"。

"我们来想一下有结构的东西和没有结构的东西吧。"米尔嘉一边喝冰咖啡一边说，"正如泰朵拉说的那样，建筑物有结构。此外，机械也有结构。可是，气体和液体没有结构。有结构的东西能分成各个部分，我们可以命名、比较、交换这些部分，或者思考这些部分之间的关系。"

"原来如此。的确，就像建筑物的一楼与二楼。"

"气体与液体也有分子结构吧？"我说。

"没错。"米尔嘉说，"有时只要改变视角，我们就能看清结构。宏观结构和微观结构就是用不同视角所看到的结果。"

"集合和群也可以分成部分吗？"泰朵拉问。

"集合可以分成子集，群可以分成子群。"米尔嘉说。

3.3.3 子群

"子集是集合的其中一部分。若从 S_3 中挑出所有的'迅速转换'，并将它们汇聚成集合 X，这个 X 便是所有'迅速转换'的集合。这个集合也是 S_3 的子集。"

$$S_3 = \{[123], [132], [213], [231], [312], [321]\}$$
$$X = \{\qquad [132], [213], \qquad\qquad [321]\}$$

"集合 X 与集合 S_3 的关系，可以像 $X \subset S_3$ 这样用符号 $\subset$ 来表示[1]，意指'集合 X 包含于集合 S_3'或'X 是 S_3 的子集'。S_3 自身也是 S_3 的子集，没有元素的空集也是 S_3 的子集。"

$$X \subset S_3 \qquad X 是 S_3 的子集$$
$$S_3 \subset S_3 \qquad S_3 自身也是 S_3 的子集$$
$$\{\} \subset S_3 \qquad 空集也是 S_3 的子集$$

---

[1] 关于符号 $\subset$，请参阅《数学女孩3：哥德尔不完备定理》3.1.8节。——编者注

"原来如此。"泰朵拉说。尤里也点头。

"与集合的子集相同，我们可以思考一下群的子群。"

"也就是把子集视为群。"泰朵拉说。

"没错。不过关于子群，有些地方需要我们注意。我们来做道题吧。"

群的一部分还是群吗？

"不是群……不一定是群，米尔嘉大人。"尤里说。

"为什么？"

"因为可能不满足。"尤里说。

"尤里，你可以回答得更确切一些。"米尔嘉立即追问，"什么不满足什么？"

"群的一部分……"尤里一边斟酌用词一边说，"因为群的一部分不一定满足群公理。"

"没错！尤里，不错呀。"米尔嘉把手放在尤里头上，"集合的一部分通常是子集，可是子群不是这样的，群的一部分不一定是子群。举例来说，'迅速转换'的集合 X 不是 S_3 的子群，因为 X 不是群。泰朵拉，这是为什么呢？"

$$X = \{[132], [213], [321]\} \qquad 不是群$$

"因为这个集合 X 没有单位元，不满足群公理 G3，所以不是群。"

"啊，这不是那张图嘛！"我大叫，"米尔嘉画的圆圈是 S_3 所有的子群。所有圆圈里面都有单位元 $[123]$！"

"没错，圆圈共有 6 个。"

米尔嘉开始说明。

◎　　◎　　◎

圆圈共有 6 个，它们是 S_3 所有的子群。

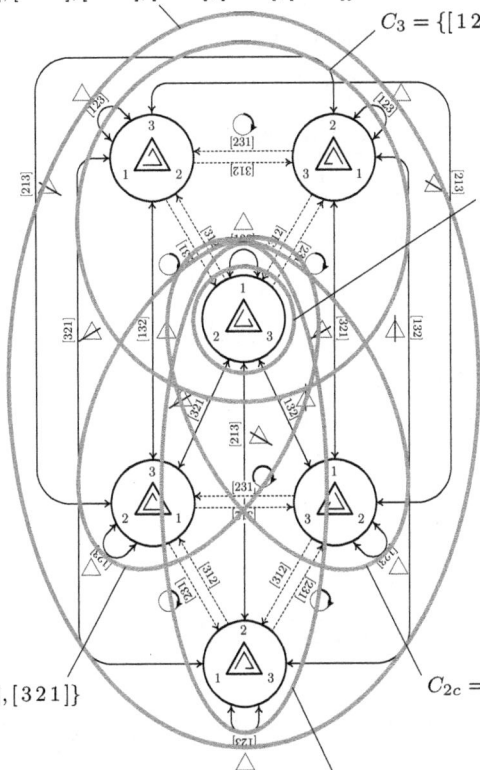

$S_3 = \{[123], [132], [213], [231], [312], [321]\}$

$C_3 = \{[123], [231], [312]\}$

$E_3 = \{[123]\}$

$C_{2b} = \{[123], [321]\}$

$C_{2c} = \{[123], [132]\}$

$C_{2a} = \{[123], [213]\}$

对称群S_3的子群

$$S_3 = \{[123], [132], [213], [231], [312], [321]\}$$

$$C_3 = \{[123], [231], [312]\}$$

$$C_{2a} = \{[123], [213]\}$$

$$C_{2b} = \{[123], [321]\}$$

$$C_{2c} = \{[123], [132]\}$$

$$E_3 = \{[123]\}$$

对称群S_3的子群

S_3 是 S_3 自身的子群，是 3 次对称群。

C_3 是用"绕圈圈"生成的群。它是 S_3 的子群，对应于泰朵拉描绘的等边三角形的"旋转"，只要旋转 3 次 120° 即可恢复原状。逆元素则是旋转 $-120°$。这个群称为 **3 阶循环群** [1]。

C_{2a}、C_{2b}、C_{2c} 是用"迅速转换"生成的群。它们也是 S_3 的子群，对应于等边三角形的"翻转"，只要翻转 2 次即可恢复原状，称为 2 阶循环群。C_{2a}、C_{2b}、C_{2c} 的差异在于翻转时使用的对称轴不同。

E_3 是用"扑通向下"生成的群。该群只有 1 个元素，由单位元组成，是 S_3 的子群，称为**单位群**。

尤里，你有什么问题吗？

◎　　◎　　◎

"尤里，你有什么问题吗？"

"米尔嘉大人，'S_3 是 S_3 自身的子集'和'S_3 是 S_3 自身的子群'很像。"

"所以呢？"

我看着米尔嘉，她已经看穿尤里接下来要说什么了。但是，她好像故意要尤里自己说出来。

"既然这样 ——"尤里左思右想继续发问，"空集是 S_3 的子集，所以空集应该也是 S_3 的子群吧？"

"尤里，空集是 —— 呜！"

"泰朵拉，保持沉默。"米尔嘉用手捂住了泰朵拉的嘴。

米尔嘉维持这个姿势，像歌唱一样地说：

"尤里，尤里，喜欢逻辑的尤里，

空集是 S_3 的子群吗？

---

[1] 有限群的元素的个数称为群的阶。——编者注

这个问题，你能回答吗？"

"咦？"

一瞬间。

尤里好像意识到了什么。

"啊，空集中没有元素！连单位元都没有，所以空集不是群！"

"对。"米尔嘉点头。

"嗯嗯！"被捂住嘴的泰朵拉也点头。

"我们来复习一下吧。"米尔嘉放开泰朵拉，给我们总结说，"我们正在探索对称群 S_3 的结构。S_3 的子群共有 6 个，这是 S_3 的特征之一。"

3.3.4　基数

"嘴巴突然被捂住，吓了我一跳。"被放开的泰朵拉说。

"这个问题如果不让尤里回答会很无趣。"米尔嘉说。

"群论好有趣呀！"尤里说。

"我们再学一个与对称群 S_3 有关的名词吧。"米尔嘉说，"群拥有的元素个数称为基数 [1]。对称群 S_3 的基数是 6。"

"基数用于表示群的大小吧？基数越大群越大，基数越小群越小。"

"从某种意义上来说是这样的。"米尔嘉说，"掌握大小也算探索结构的基本。"

"计算数量对数学爱好者来说是基本功……"尤里自言自语。

"基数是 6 的群只有 S_3 吗？"泰朵拉问。

"问得好。找出概念，定义用语，产生求知欲，便会发现问题。刚才泰朵拉提出问题——

除了对称群 S_3，还有基数是 6 的群吗？

---

[1] 群的基数也称为群的阶。——编者注

像这样，拥有求知欲才能推进数学研究。"

"那个，答案是……"泰朵拉说。

"我马上回答的话不就很无趣了吗？"

问题 3-2（基数是 6 的群）

除了对称群 S_3，基数是 6 的群存在吗？

3.3.5　循环群

我们收拾好饮料罐，觉得回图书室太麻烦了，所以干脆在"加库拉"继续讨论。我们现在需要的并不是陈列在图书室里的书。

"刚才说 C_3 是循环群。循环群是什么？"尤里问。

$$C_3 = \{[123], [231], [312]\}$$

"循环群是绕一圈的群。"泰朵拉说，"循环感觉就是绕一圈回到原点。"

"泰朵拉，你能以数学的方式给出解释吗？"米尔嘉说。

"能。"

"我来出一个题吧。泰朵拉懂循环群吧？请你以数学的方式定义循环群。"

定义循环群吧。

我认为定义的作用是再次确认自己的理解是否准确。这是我们的口号——"示例是理解的试金石"的下一个步骤。前面已经举过循环群的示例了，所以我们初步理解了什么是循环群，接下来该自己定义循环群了。

"因为是循环群，所以元素会绕一圈……"泰朵拉说，"绕一圈……抱歉，我不行。虽然脑袋里浮现出三角形一圈一圈旋转的样子，但我没办法按照数学的方式下定义。我想我还没有完全弄懂。"

"你呢?"

"循环群的定义?"我说,"循环的确是绕一圈回到原点,但我认为在循环群的情况下,循环是重复相同的动作。"

"相同的动作是什么?"尤里问。

"用相同的元素重复运算。例如,元素 [231] 重复运算,会绕一圈恢复原状。"我说。

$$[231] = [231]$$
$$[231] \star [231] = [312]$$
$$[231] \star [231] \star [231] = [123]$$
$$[231] \star [231] \star [231] \star [231] = [231] \quad ←恢复原状!$$
$$[231] \star [231] \star [231] \star [231] \star [231] = [312]$$
$$[231] \star [231] \star [231] \star [231] \star [231] \star [231] = [123]$$
$$[231] \star [231] \star [231] \star [231] \star [231] \star [231] \star [231] = [231] \quad ←再次恢复原状!$$
$$\vdots$$

"这样啊。"

"运算所得的元素只有 [231][312] 和 [123]。"我说,"而且也涵盖了 C_3 的所有元素。"

$$C_3 = \{[123],\ [231],\ [312]\}$$

"你说的虽然正确,但是太啰唆了。"米尔嘉说。

"循环群的定义可以用一句话概括,即循环群是用一个元素生成的群。"

"一个元素生成的群?可以这么说吗?"我说。

"我用 C_3 来说明吧。假设只用一个元素 [231] 重复运算,相乘一次的结果是积,乘方的结果是幂,你刚才就在对 [231] 进行幂运算,也就是1次方、2次方、3次方⋯⋯ 的运算。"

"话说，哥哥！你之前提过鬼脚图的 2 次方。"尤里说。

"是啊。"我说。

"元素通过 4 次方或 7 次方可以恢复原状，这样想没有错。不过注意，在进行 3 次方运算和 6 次方运算时出现了单位元。"

$$[231]^1 = [231]$$
$$[231]^2 = [312]$$
$$[231]^3 = [123] \quad \leftarrow 单位元！$$
$$[231]^4 = [231] \quad \leftarrow 恢复原状！$$
$$[231]^5 = [312]$$
$$[231]^6 = [123] \quad \leftarrow 单位元！$$
$$[231]^7 = [231] \quad \leftarrow 再次恢复原状！$$
$$\vdots$$

"原来如此。因为出现了单位元，所以会恢复原状，从头开始。我抓住循环群的感觉了。"泰朵拉说。

"所以，C_3 也可以写成以下形式。"米尔嘉说。

$$C_3 = \{[231]^1, [231]^2, [231]^3\}$$

"的确，C_3 是由 [231] 这一个元素生成的。"泰朵拉说，"是 [231]。"

"此时，我们把 [231] 称为 C_3 的**生成元**。"米尔嘉说。

"生成元。"尤里复述。

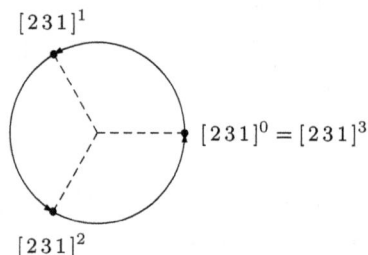

"写成一般形式的话 ——"米尔嘉继续说,"假设生成元是 a,基数等于 n 的循环群就是以下形式。单位元是 a^n。"

$$\{a^1, a^2, a^3, \cdots, a^{n-1}, a^n\}$$

"那个……单位元也可以写成 a^0 吧?"泰朵拉问。

"可以。因为 $a^0 = a^n =$ 单位元,所以循环群也可以写成下面这种形式。"

$$\{a^0, a^1, a^2, a^3, \cdots, a^{n-1}\}$$

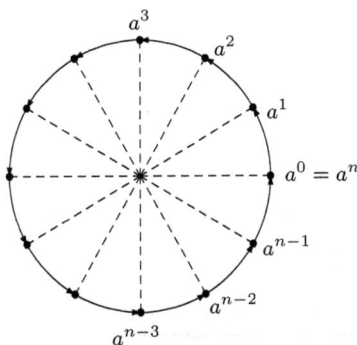

3.3.6 阿贝尔群

"你们来回答一个问题吧!"米尔嘉说。

循环群都是阿贝尔群吗?

"我不懂。"尤里说。

"不对!"米尔嘉用力拍桌,把尤里吓了一跳,"尤里,你要问'阿贝尔群的定义是什么'。"

"啊,对不起,米尔嘉大人。阿贝尔群的定义是什么?"

"**阿贝尔群**是交换律成立的群。阿贝尔是一位数学家的名字。"米尔嘉回答,"如果是一般的群,运算过程中交换律不一定成立,即 $x \star y = y \star x$ 不一定成立。交换律成立的群称为阿贝尔群,也叫**交换群**。"

"也就是可以交换的群。"泰朵拉说。

"要回答'循环群都是阿贝尔群吗'这个问题,只要弄清楚'交换律是否在循环群中一定成立'即可。注意,阿贝尔群这个未知的名词换成了交换律这个已知的名词。"米尔嘉将口气缓和下来说,"尤里,到这里没问题吧?"

"没问题!"

"我们来看对循环群的任意元素 x、y 而言,$x \star y = y \star x$ 是否成立。假设循环群的生成元是 a,这个群的任意元素 x、y 可以用大于等于 0 的整数 j、k 写成 $x = a^j$,$y = a^k$。所以,

$x \star y = a^j \star a^k$ 因为是循环群,所以 x 与 y 都可以用生成元 a 的次方来表示

$$= \underbrace{(a \star a \star \cdots \star a)}_{j \text{ 个}} \star \underbrace{(a \star a \star \cdots \star a)}_{k \text{ 个}}$$

接着,运用群的结合律。

$$= \underbrace{a \star a \star \cdots \star a}_{j+k \text{ 个}}$$

再次运用群的结合律,将式子重新整理为有 k 和 j 的形式。

$$= \underbrace{(a \star a \star \cdots \star a)}_{k \text{ 个}} \star \underbrace{(a \star a \star \cdots \star a)}_{j \text{ 个}}$$
$$= a^k \star a^j$$
$$= y \star x$$

于是,我们证明了 $x \star y = y \star x$。

"不过，这个证明只成立于基数有限的循环群。如果是基数无限的循环群，必须处理负数的次方，也就是逆元素的次方。"米尔嘉说，"循环群都是阿贝尔群，但阿贝尔群不一定是循环群。"

"我总是依赖绕一圈的印象。"泰朵拉说，"要是不习惯将循环群看作由 1 个元素生成的群，就无法证明 $x \star y = y \star x$。用 1 个元素生成……啊！"

"怎么了？"我问。

"我发现了一件事！"泰朵拉大叫，"我发现循环群可以生成基数是 6 的群！"

"你是说刚才的问题 3-2 吗？"我问。

"没错！只要定义一个群，这个群拥有 6 次方后会变成单位元的生成元，便能用循环群制作基数是 6 的群！"

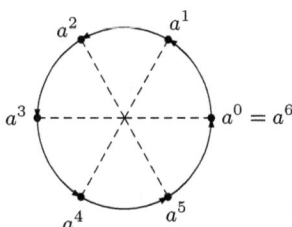

"我们可以画出来这种循环群。"泰朵拉继续说，"画出来的是在'不可以翻转'的规则下旋转的正六边形。这个群的生成元经过 6 次旋转后会恢复原状，每一次旋转 1/6，形成基数为 6 的群。"

循环群 C_6

"这个群是 C_6，即 6 阶循环群。"米尔嘉说，"不过问题 3-2 问的是，

除了对称群 S_3，还有没有基数是 6 的群。我们必须证明 C_6 与 S_3 在本质上是不同的群，也就是确认 C_6 与 S_3 不是同一类型。"

"这样啊。"泰朵拉说。

"对称群 S_3 本来就不是循环群，所以可以断定它和循环群 C_6 不是同一类型。"

"没错，S_3 不是循环群。"泰朵拉说。

"为什么？"米尔嘉立刻提问。

"什么意思？"泰朵拉反问。

"为什么你可以断定 S_3 不是循环群？"

"这个嘛，S_3 不会绕一圈恢复原状 ——"

"停！"米尔嘉直接打断泰朵拉，"你还是太依赖绕一圈的印象了。"

"因为没有生成元！"尤里出声，"对称群 S_3 的 6 个元素不管几次方都不会生成 S_3！也就是说，对称群 S_3 没有生成元，米尔嘉大人。"

"你的想法正确，但表达得不好。"米尔嘉说，"不是没有生成元，而是无法用 1 个元素生成。1 个元素无法生成对称群 S_3，但元素 [213] 和 [231] 可以生成 S_3。像尤里说的那样，我们可以通过对对称群的 6 个元素做幂运算得知一个元素无法生成对称群 S_3。不管对哪个元素进行幂运算，都无法生成整个 S_3。而循环群 C_6 当然可以通过 1 个元素生成，所以 S_3 与 C_6 不是同一类型。S_3 与 C_6 的基数都是 6，但二者不是同一类型。"

解答 3-2（基数是 6 的群）

除了对称群 S_3，存在基数是 6 的群。

（循环群 C_6 的基数是 6，与对称群 S_3 不是同一类型）

泰朵拉叹息："唉，我怎么也摆脱不了绕一圈的印象。必须掌握'用

1 个元素生成' 这个定义才行……"

"嗯!" 尤里感动至极地说,"数学好有趣! 不可靠的印象只要通过定义,便能让人清楚理解!"

米尔嘉看着这样的两人微笑。

我们很享受美丽的黑发才女米尔嘉的"授课"。我们一起讨论,教学相长;一起思考、探索和提问,享受交流。我们沉浸在这无可替代的时间中。

- 群的定义与群公理(运算的封闭性、结合律、单位元、逆元素)
- 子群
- 循环群与生成元
- 循环群与阿贝尔群
- 群的基数

不把数只当成数处理,不把形式只当成形式处理,不把功能只当成功能处理,而是在群的名义下将这一切整理在一起处理。

我们不单单要用群来计算数,还要把群当作掌握结构的道具。通过群,我们可以统一表示数、形式与功能。

一切都是相关的。

图形的旋转或对称性可以用算式书写和计算。我们把移动图形视为积;把重复相同的操作视为幂运算;把重复同样的步骤绕一圈恢复原状的集合视为循环群。我们将一个个数学知识通过群连接起来。这种快乐真是难以言表。

而且,前方一定还藏着更多的问题。

无限集合又是怎样的情况呢?

群的基数有什么意义呢?

群与子群之间有什么特别的关系吗?

......

只要继续探索群，就会遇到这些问题。

"在空中翱翔俯瞰群的森林吧。现在，你已经退烧了吧？"

米尔嘉说着，漾出一抹微笑。

我们的旅程才刚刚开始。

始于拉格朗日，由鲁菲尼、阿贝尔继承，

被天才伽罗瓦总结而成的方程，

其理论的根本思想是将隐藏在方程解法之中的、

有关置换解的对称性，

通过群的概念，从光辉之中取出，

将群的作用中的不变性作为扩大域时的原理。

——志贺浩二 [14]

第4章
与你共轭

质朴的歌词中所蕴含的单纯的情感，

无论看起来有多么自然，

都不符合自然发展的进程。

因为这是想让虚无缥缈的东西变得有形；

让不稳定的东西稳定下来。

—— 小林秀雄《语言》①

4.1　图书室

4.1.1　泰朵拉

"啊，学长！"泰朵拉向我挥手。

"泰朵拉也来啦。"

上午我参加了补习班的假期课程，课程结束后来到学校的图书室。图书室里有几个和我一样的考生正在用功。上高二的泰朵拉也混在其中，埋头做着笔记。

"是啊，米尔嘉学姐也在。"

顺着泰朵拉手指的方向，我看到米尔嘉正坐在窗边的位置写字。

---

① 原书名为『言葉』，暂无中文版。——编者注

"你好努力呀。在做数学题吗?"我看着泰朵拉的笔记本说。

"是、是的。我在思考村木老师给我们的研究课题。"

泰朵拉红着脸,给我看卡片。

$$x^{12} - 1$$

村木老师是我们学校的数学老师,他会出有趣的问题给主动学数学的我们。"卡片"就是村木老师写问题的那张纸,问题时而简单时而难。另外,村木老师偶尔也会给我们名为"研究课题"的卡片。

研究课题的卡片上只会写上一点点算式,连具体的问题都没有。这么做的目的是让我们以这个算式为出发点,自由思考、发挥。我们拿到研究课题后,会自己提出问题并解题,然后整理成报告拿给老师。老师没有强制规定要写报告,也没规定提交日期。如果我们提交了报告,老师会帮忙看,但不会给我们的数学成绩加分。对于老师给出的卡片,我们始终自发地进行研究并撰写报告。通过卡片与老师交流,既是一场认真的比试,也是一种纯粹的乐趣。

"泰朵拉,你提了什么问题?"

"这个嘛……"

4.1.2 因式分解

这个嘛……我想对卡片上的算式 $x^{12} - 1$ 进行因式分解。x 的 12 次方,这个次方相当大,所以我想试着对它进行因式分解,变成次方较小的式子的积。我提出的问题如下所示。

问题 4-1（因式分解）

因式分解 $x^{12} - 1$。

因式分解指的是将算式变成积的形式，比如下面这样。

$$x^{12} - 1 = (x - \alpha_1)(x - \alpha_2)(x - \alpha_3) \cdots (x - \alpha_{12})$$

这里出现的 α_1 到 α_{12} 是 12 个数。我的目标是确定这 12 个数到底是什么。

首先，为什么是 12 个呢？呃……$x^{12} - 1$ 是关于 x 的十二次多项式。要想将这个十二次多项式变成一次多项式的积，比如 $(x - \alpha_k)$ 这种形式，就必须聚集 12 个一次多项式，不然不会出现 x^{12} 这个项。

至于这 12 个数什么……被因式分解的是 $x^{12} - 1$ 这个多项式，因此我们只要思考这个**多项式**等于 0 的形式，即**方程** $x^{12} - 1 = 0$，这个方程的解应该就会变为 $x = \alpha_1, \alpha_2, \alpha_3, \cdots, \alpha_{12}$。因为 $(x - \alpha_1)(x - \alpha_2)(x - \alpha_3) \cdots (x - \alpha_{12}) = 0$ 就是 x 等于 $\alpha_1, \alpha_2, \alpha_3, \cdots, \alpha_{12}$ 其中一个的情况。

$$x^{12} - 1 \qquad \text{想进行因式分解的}\textbf{多项式}$$
$$x^{12} - 1 = 0 \qquad x = \alpha_1, \alpha_2, \alpha_3, \cdots, \alpha_{12} \text{的}\textbf{方程}$$

也就是说，

因式分解多项式 $x^{12} - 1$

相当于

求方程 $x^{12} - 1 = 0$ 的解

到这里为止能听懂吧，学长？

4.1.3　数的范围

"到这里为止能听懂吧，学长？"泰朵拉看着我。

"嗯，可以。"我说，"你讲得简单易懂。在用词方面，

求方程 $x^{12} - 1 = 0$ 的**解**

其实就是

求多项式 $x^{12} - 1$ 的**根**

方程使用解，多项式使用根。不过有些书也会将'根'这个词用在方程上。"

"这样啊，解与根……"

"总之，你的思路很明确了。

- 给定多项式
- 因式分解多项式，将算式变成一次多项式的积
- 找出'多项式 = 0'这一方程的解（多项式的根）

你之前讲解的内容没有错。但是泰朵拉，你在因式分解 $x^{12} - 1$ 时，是想在实数的范围内思考系数，还是在复数的范围内思考系数呢？"

"什么意思？"

"你想把 $x^{12} - 1$ 变成一次多项式的积，对吧？也就是说，要找出一次**因式**。"

"没错。我要找出 $(x - \alpha_k)$ 这种形式的 12 个因式，找出解 α_k……"

"这个 α_k 是实数还是复数？你有意识到在哪个范围内寻找解吗？"

"没有，我没意识到……这样不对吗？"

泰朵拉边说边打开笔记本。

当 $x = 1$ 时 $x^{12} - 1 = 1^{12} - 1 \quad = 1 - 1 = 0$

当 $x = -1$ 时 $x^{12} - 1 = (-1)^{12} - 1 = 1 - 1 = 0$

当 $x = \mathrm{i}$ 时 $x^{12} - 1 = \mathrm{i}^{12} - 1 \quad = 1 - 1 = 0$

当 $x = -\mathrm{i}$ 时 $x^{12} - 1 = (-\mathrm{i})^{12} - 1 = 1 - 1 = 0$

"这样没错。你顺利找到了 12 个解中的 4 个解 $x = 1, -1, \mathrm{i}, -\mathrm{i}$。但是，因式分解最好要考虑数的范围。如果是复数的范围，一定可以因式分解成一次多项式的积；如果是实数或有理数的范围，就未必可以了。"

"我目前为止找到的是 1、-1、i、$-\mathrm{i}$ 这 4 个。虚数单位 i 不是实数而是复数，所以我得在复数的范围内寻找解。这一点我没注意。"

"也就是说，目前为止找到了 4 个因式，对吗？"

"对。所以 $x^{12} - 1$ 目前可以因式分解，呃……是能在复数的范围内因式分解。"

$$x^{12} - 1 = (x - 1)(x + 1)(x - \mathrm{i})(x + \mathrm{i})(\cdots\cdots)$$
（系数在复数的范围内因式分解 $x^{12} - 1$）

"你知道在实数的范围内因式分解会怎样吗？"

"呃……在实数的范围内不能用 i 吧？要怎么做呢？"

"将 $(x - \mathrm{i})(x + \mathrm{i})$ 的部分展开，就会变成实数的范围，也就是

$$(x - \mathrm{i})(x + \mathrm{i}) = x^2 + x\mathrm{i} - \mathrm{i}x - \mathrm{i}^2 = x^2 + 1$$

这种形式。"我边说边写下式子。

$$x^{12} - 1 = (x - 1)(x + 1)\underline{(x^2 + 1)}(\cdots\cdots)$$
（系数在实数的范围内因式分解 $x^{12} - 1$）

"原来如此。"

"而你正在寻找剩下的 (······)。"

"对，其实我认为可以把因式分解改成解方程，但这并不代表问题会变简单。从复数的角度思考，$x^{12}-1=(x-1)(x+1)(x-\mathrm{i})(x+\mathrm{i})(\cdots\cdots)$ 中的 (······) 该怎么办才好呢？"

"原来如此。你完全不懂 (······) 是什么样的式子吗？"

"什么意思？"

"你知道这是几次多项式吗？"

"我知道，是八次多项式吧？"

"对。次方有'积的次数是次数之和'的性质。"

$$\underbrace{x^{12}-1}_{\text{十二次多项式}}=\underbrace{(x-1)}_{\text{一次多项式}}\ \underbrace{(x+1)}_{\text{一次多项式}}\ \underbrace{(x-\mathrm{i})}_{\text{一次多项式}}\ \underbrace{(x+\mathrm{i})}_{\text{一次多项式}}\ \underbrace{(\cdots\cdots)}_{\text{八次多项式}}$$

$$12=1+1+1+1+8$$

4.1.4　多项式的除法

图书室是一个舒适的空间，我和泰朵拉慢慢地思考问题，非常开心。

"我们来做**多项式的除法**，将问题往前推进吧！

$$x^{12}-1=(x-1)(x+1)(x-\mathrm{i})(x+\mathrm{i})(\cdots\cdots)$$

将这个式子等号两边除以 $(x-1)(x+1)(x-\mathrm{i})(x+\mathrm{i})$，这样能得到 (······)。

$$\frac{x^{12}-1}{(x-1)(x+1)(x-\mathrm{i})(x+\mathrm{i})}=(\cdots\cdots)$$

看！分母展开后会变成 $(x-1)(x+1)(x-\mathrm{i})(x+\mathrm{i})=(x^2-1)(x^2+1)=x^4-1$，所以让 $x^{12}-1$ 除以 x^4-1 就能得到 (······)。

$$\frac{x^{12}-1}{x^4-1}=(\cdots\cdots)$$

多项式的除法在学校学过吧？"

$$\begin{array}{r}
x^8\ +x^4\ \ +1 \\
x^4\ -1\ \overline{)\ x^{12}\qquad\qquad -1\ } \\
\underline{x^{12}\ -x^8\qquad\quad} \\
x^8\qquad\qquad \\
\underline{x^8\ -x^4\qquad} \\
x^4\ -1 \\
\underline{x^4\ -1} \\
0
\end{array}$$

泰朵拉点点头。

"所以，$x^{12}-1$ 可以这样因式分解。"

$$x^{12}-1=(x-1)(x+1)(x-\mathrm{i})(x+\mathrm{i})\underline{(x^8+x^4+1)}$$

"x^8+x^4+1 的确是八次多项式！"

"对。接着做多项式 x^8+x^4+1 的因式分解。"

"好的，我们来找出八次方程 $x^8+x^4+1=0$ 的解吧！"

"没错。代入 $y=x^4$，然后……"我心算，"但是这样一来，解会用到 ω，问题会变难啊。"

我有些不知道下一步该往哪里走。此时，我将视线投向了米尔嘉。

黑发才女维持着和刚才同样的姿势，继续写字。

"要请米尔嘉学姐帮忙吗？"泰朵拉说。

"为什么这么说？"

"啊，那算、算了……做数学题时如果陷入僵局，总是会去找米尔嘉学姐，这算一种习惯，或是一种'模式'吧。你不会这样吗？"泰朵拉微微低头，"虽然我觉得应该自己进行思考，但总是会请米尔嘉学姐提供解决问题的线索，或者请教她算式的深刻含义。"

"嗯……倒也没错。不过没关系，这次我们换个角度思考吧。"

"什么意思?"

"我们再次回到方程 $x^{12} - 1 = 0$ 上吧,泰朵拉。"

4.1.5　1的12次方根

我们再次回到方程 $x^{12} - 1 = 0$ 上吧,泰朵拉。把这个方程的常数项移到右边。于是,方程会变成下面这样。

$$x^{12} - 1 = 0 \qquad 多项式$$
$$x^{12} = 1 \qquad 将常数项移到右边$$

也就是说

求方程 $x^{12} - 1 = 0$ 的解

就相当于

求 12 次方之后等于 1 的数

"12 次方之后等于 1 的数"称为"1 的 12 次方根"。也就是说,你寻找的 $\alpha_1, \alpha_2, \alpha_3, \cdots, \alpha_{12}$ 就是 1 的 12 次方根。

"1 的 12 次方根"有 12 个,我们想找出全部的根。在这 12 个根当中,我们已经找到了 4 个,即 1、-1、i、$-i$。现在,还剩下 8 个。

这里先别急着找"1 的 12 次方根",先观察 $n = 1, 2, 3, 4$。思考若 n 是这些比较小的数,"1 的 n 次方根"在复数的范围内会是怎样的数。

▶1 的 1 次方根

"1 的 1 次方根"是 1 次方等于 1 的数,即一次方程 $x^1 = 1$ 的解。解是 $x = 1$,所以"1 的 1 次方根"只有 1。

$$1 \qquad \cdots\cdots 1的1次方根$$

▶1 的 2 次方根

"1 的 2 次方根"是二次方程 $x^2 = 1$ 的解，即 1 的**平方根**，因此"1 的 2 次方根"是 1 与 -1。

$$1, -1 \qquad \cdots\cdots 1的2次方根（平方根）$$

▶1 的 3 次方根

"1 的 3 次方根"是三次方程 $x^3 = 1$ 的解，即 1 的**立方根**。"1 的 3 次方根"有 3 个，其中一个马上能找到，那就是 1。也就是说，我们可以将算式写成

$$x^3 - 1 = (x - 1)(\sim\sim\sim)$$

这种形式。只要用 $x^3 - 1$ 除以 $x - 1$，就能因式分解 $x^3 - 1$。

$$x^3 - 1 = (x - 1)(x^2 + x + 1) \qquad 因式分解 x^3 - 1$$

所以，关于"1 的 3 次方根"的另外两个解，我们只要解二次方程 $x^2 + x + 1 = 0$ 便能得到。

$$
\begin{aligned}
x &= \frac{-1 \pm \sqrt{-3}}{2} & \text{用求根公式来解 } x^2 + x + 1 = 0 \\
&= \frac{-1 \pm \sqrt{3}\,\mathrm{i}}{2} & \text{把 } \sqrt{-3} \text{ 写成 } \sqrt{3}\,\mathrm{i}
\end{aligned}
$$

接着，将 $\frac{-1+\sqrt{3}\,\mathrm{i}}{2}$ 设为 ω，$\frac{-1-\sqrt{3}\,\mathrm{i}}{2}$ 就等于 ω^2。

$$\omega = \frac{-1 + \sqrt{3}\,\mathrm{i}}{2}, \quad \omega^2 = \frac{-1 - \sqrt{3}\,\mathrm{i}}{2}$$

这样就求出"1 的 3 次方根"了。

$$1, \omega, \omega^2 \qquad \cdots\cdots 1的3次方根（立方根）$$

▶**1 的 4 次方根**

"1 的 4 次方根"是四次方程 $x^4 = 1$ 的解，4 次方等于 1 的数用心算也能求出来。设虚数单位 i……

$$1, -1, i, -i \qquad \cdots\cdots 1\,的\,4\,次方根$$

我们已求出"1 的 1 次方根"到"1 的 4 次方根"了，接着把这些数用点画在复平面上吧。

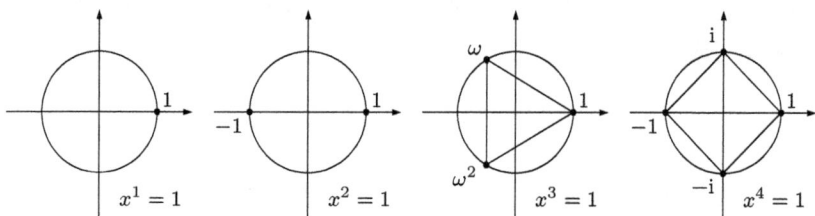

| 1的1次方根 | 1的2次方根 | 1的3次方根 | 1的4次方根 |

依此类推，"1 的 12 次方根"究竟是什么样的呢？

4.1.6 正 n 边形

"'1 的 12 次方根'究竟是什么样的呢？"我说。

"好有趣！"泰朵拉在笔记本上边画图边说，"先不谈'1 的 1 次方根'与'1 的 2 次方根'，'1 的 3 次方根'是正三角形，'1 的 4 次方根'是正四边形（正方形）……"

- 1 的 1 次方根→复平面上的 1 点
- 1 的 2 次方根→复平面上的 2 点
- 1 的 3 次方根→复平面上的 3 点（正三角形）
- 1 的 4 次方根→复平面上的 4 点（正方形）

"很有趣吧，你知道'1 的 n 次方根'是什么样的吗？"

"我知道！我们以前讨论过，是正 n 边形！"

"对。把'1 的 n 次方根'放在复平面上，会变成内接于圆的正 n 边形的顶点。该圆以原点为中心，半径是 1。"

"也就是说，我们正在找的'1 的 12 次方根'是正十二边形的顶点！"

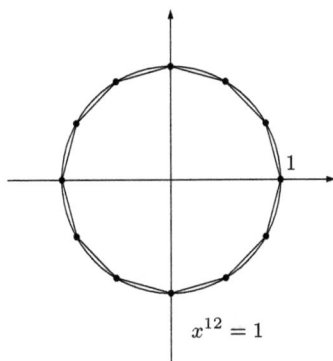

1的12次方根

4.1.7 三角函数

"真不可思议。所有位于正十二边形顶点的复数，它们的 12 次方都等于 1 吗？"

"对。而且除了这 12 个数，没有其他 12 次方等于 1 的数。"

"真是不可思议。我懂为什么是 $1, -1, i, -i$ 了。1 的 12 次方等于 1，但 1 不乘到 12 次方也等于 1；-1 的 2 次方等于 1，12 次方也等于 1；$\pm i$ 的 4 次方等于 1，12 次方也等于 1，依此类推。"

"没错。不要将 12 个数分开来想，我们用三角函数统一表示它们吧。这样的话，'正十二边形顶点的复数，其 12 次方是 1'就会变得很好理解。"

"用三角函数？"

"对。在复平面上，位于单位圆周上的点可以用 $(\cos\theta, \sin\theta)$ 来表示。θ 是**辐角**，没错吧？"

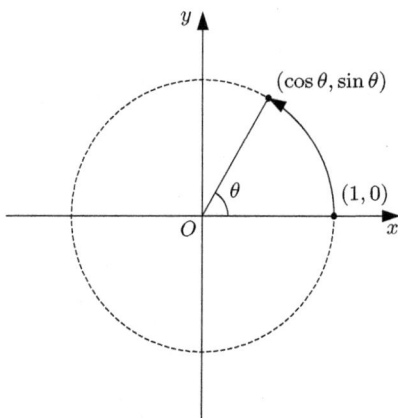

在复平面上，位于单位圆周上的点

"没错。"

"在用复数表示单位圆周上的点时，y 坐标的 $\sin\theta$ 要乘以虚数单位 i，点坐标对应于复数 $\cos\theta + \mathrm{i}\sin\theta$。"

$$\textbf{点} \longleftarrow\!-\!-\!-\!\!\longrightarrow \textbf{复数}$$

$$(\cos\theta, \sin\theta) \longleftarrow\!-\!-\!-\!\!\longrightarrow \cos\theta + \mathrm{i}\sin\theta$$

"明白。"

"实数 1 的辐角是 0。从这里开始做正十二边形吧。我们只要从 0 开始逐一增加圆周角 2π 的 $\frac{1}{12}$ 的辐角，走 12 步便能绕完一圈。为了便于书写，我们将辐角设为

$$\theta_{12} = \frac{2\pi}{12}$$

这样的形式。"

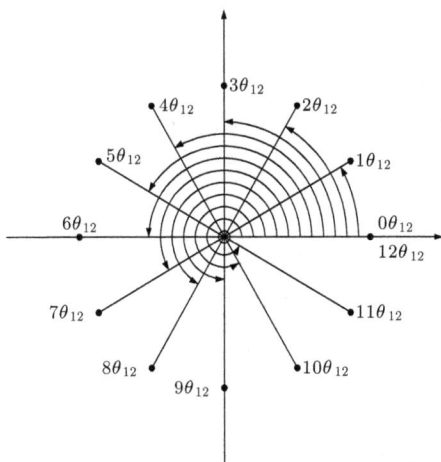

正十二边形的顶点与辐角

"好的……我懂了，然后呢？"

"辐角是 $0\theta_{12}, 1\theta_{12}, 2\theta_{12}, 3\theta_{12}, \cdots, 11\theta_{12}$，到 $12\theta_{12}$ 是 360°，和 $0\theta_{12}$ 是同一个点。将辐角定为 $k\theta_{12}$，正十二边形的顶点就能以 $\cos k\theta_{12} + \mathrm{i}\sin k\theta_{12}$ 这种形式的复数来表示。这里的 k 是整数。你还记得棣莫弗公式吗？"

"呃，我不记得了……"

"棣莫弗公式是这样的。"

棣莫弗公式（三角函数版）

$$\underbrace{\cos n\theta + \mathrm{i}\sin n\theta}_{n\text{ 倍辐角的复数}} = \underbrace{(\cos \theta + \mathrm{i}\sin \theta)^n}_{\text{复数的 } n \text{ 次方}}$$

"从这个**棣莫弗公式**我们可以知道，单位圆周上的复数 12 次方后，就是 12 倍辐角的复数。我们来实际算一下 12 次方吧。

$$(\cos k\theta_{12} + i\sin k\theta_{12})^{12} \qquad \text{正十二边形顶点的 12 次方}$$

$$= \cos 12k\theta_{12} + i\sin 12k\theta_{12} \qquad \text{根据棣莫弗公式，辐角变成原来的 12 倍}$$

$$= \cos 2\pi k + i\sin 2\pi k \qquad \text{因为 } 12 \cdot \theta_{12} = 12 \cdot \frac{2\pi}{12} = 2\pi$$

$$= 1 \qquad \text{因为 } \cos 2\pi k = 1, \sin 2\pi k = 0$$

因此，我们知道相当于正十二边形顶点的复数的12次方会变成1，这代表正十二边形的各顶点的复数的确是 $x^{12} = 1$ 的解！"

"哇！"泰朵拉发出奇怪的声音，"也就是说，方程 $x^{12} = 1$ 的解是正十二边形的顶点，与将分数 $\frac{整数}{12}$ 乘以 12 就会变成整数的意思一样！"

"从某种意义上来说没错，复平面真的很有趣。"

4.1.8 出路

"数学真是有趣。"泰朵拉边翻笔记本边说，"村木老师的卡片……该怎么说呢，感觉很开放，好像在邀请我们随意玩乐。"

她梦呓般地继续说着。

"我想起一件很久以前的事。当时我和村木老师谈到学长正在教我数学，老师就说他会给我卡片，让我常去找他。后来，他交给我一张卡片，说能不能从卡片上发现有趣的东西，就看我自己了……"

泰朵拉不断点头。

"就是从那时起，我开始想上大学。啊，不对，我并不是想上大学，而是想学习。难得活在这世上，我想扎实地学习，看看人到底能研究到什么程度。然后按照自己的方式向前推动研究，即使只推动一点点也好。"

我默默地听着。

"即使去了大学，我也不认为自己在短短的四年中可以有什么了不起的成就。但尽管如此，我仍想拼命学习。这是我泰朵拉的出路……就现阶段而言。"

"出路啊……"我说。

泰朵拉。

身材娇小、一头短发的高二学生，用一双大眼睛凝视着我。她好奇心旺盛——不，应该说她求知欲旺盛。泰朵拉思考着自己的出路。虽然不算具体，但她意志坚定。她总是毛毛躁躁的，但有一种柔韧而坚强的意志。

4.2 循环群

4.2.1 米尔嘉

"旋转？"

米尔嘉似乎已经完成手边的事，她向我们这边走来。

米尔嘉直接坐在我的旁边。一头飘逸的长发，散发着柑橘香。

"对，是旋转。"我回答。

明明是假期，但我们的生活与平时一模一样。放学后，我们会聚在图书室里学数学。提出问题、解决问题、检查彼此的答案、互相讨论……每天都是如此。

即使是假期，我们还是会不自觉地聚在图书室。我们总是以数学为中心。对，就像坐标平面有原点一样，我们的原点是数学，数学是我们测量自身位置的原点。

"我们在找 $x^{12} = 1$ 的 12 个解，也就是 1 的 12 次方根。"泰朵拉说，"只要使用三角函数和棣莫弗公式，便能轻易理解 $x^{12} = 1$。"

"你还是那么喜欢计算啊。"米尔嘉对我说。

"我喜欢啊。"我有点不悦地回答，"而且我还画了正十二边形，又不是只有计算。"

"没错，正十二边形很有趣。"米尔嘉看着笔记本说，"你在导入 1 的 n 次方根时使用了正 n 边形。可是，只思考 n 很没意思。全部连起来看看吧。"

米尔嘉将她的手覆在我的手上。

（好温暖）

虽然她只是想拿我的自动铅笔。

4.2.2   12 个复数

"你将辐角 $\frac{2\pi}{12}$ 命名为 θ_{12}，现在我们来给正十二边形的顶点命名吧。在以原点为中心的单位圆周上，假设辐角为 $\frac{2\pi}{12}$ 的点是 ζ_{12}。"米尔嘉说。

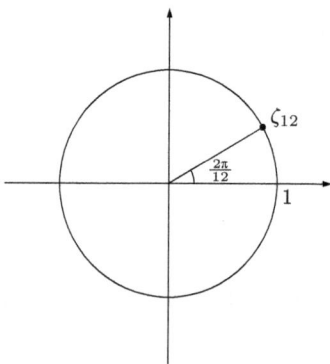

$$\zeta_{12} = \cos \frac{2\pi}{12} + i \sin \frac{2\pi}{12}$$

"虽然取名为 ζ，但它和黎曼 ζ 函数没有关系，我们现在只把希腊字母 ζ 当作一个符号，下标 12 表示来自正十二边形。依据棣莫弗公式，我们可以知道正十二边形的顶点对应于 ζ_{12} 的所有次方。换言之，正十二边形的顶点对应于以下 12 个复数。"

$$\zeta_{12}^1,\ \zeta_{12}^2,\ \zeta_{12}^3,\ \zeta_{12}^4,\ \zeta_{12}^5,\ \zeta_{12}^6,\ \zeta_{12}^7,\ \zeta_{12}^8,\ \zeta_{12}^9,\ \zeta_{12}^{10},\ \zeta_{12}^{11},\ \zeta_{12}^{12}$$

"$\zeta_{12}^{12} = \zeta_{12}^0 = 1$，这 12 个点绕了一圈。我们把它画成图吧。"

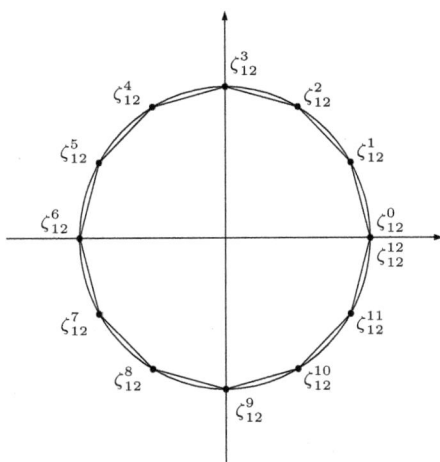

将正十二边形的顶点用 ζ_{12} 的次方表示

"我发现一件事。"泰朵拉说，"刚才学长把辐角换成 $1\theta_{12}, 2\theta_{12}$, $3\theta_{12}, \cdots$ 这种形式。12 倍的 θ_{12} 绕了一圈。"

"没错。"我说。

"但是，米尔嘉学姐把复数换成了 $\zeta_{12}^1, \zeta_{12}^2, \zeta_{12}^3, \cdots$ 这种形式。ζ_{12} 的 12 次方也绕了一圈。感觉二者好像一样，又好像不一样。"

"这正是棣莫弗公式。"我说，"因为在单位圆周上，n 倍辐角的复数与复数的 n 次方意思一样。你把 n 圈起来看会比较清楚。"

$$\underbrace{\cos \textcircled{n}\theta + \mathrm{i}\sin \textcircled{n}\theta}_{\textcircled{n} \text{ 倍辐角的复数}} = \underbrace{(\cos\theta + \mathrm{i}\sin\theta)^{\textcircled{n}}}_{\text{复数的 } \textcircled{n} \text{ 次方}}$$

"啊，没错。我没看出这一点。"

"在谈到 n 倍与 n 次方，也就是乘法与次方的关系时，比起三角函数，用指数函数来看比较合适。"米尔嘉说，"我们用欧拉公式

$$\cos\theta + \mathrm{i}\sin\theta = \mathrm{e}^{\mathrm{i}\theta}$$

重写棣莫弗公式。"

棣莫弗公式（指数函数版）

$$\underbrace{\mathrm{e}^{\mathrm{i}n\theta}}_{n\,\text{倍辐角的复数}} = \underbrace{\left(\mathrm{e}^{\mathrm{i}\theta}\right)^n}_{\text{复数的}\,n\,\text{次方}}$$

"没错。"我点头，"如此一来，棣莫弗公式就会变成**指数运算法则**的形式。$a^{mn} = (a^m)^n$ 体现了乘法与次方的关系。"

4.2.3　制作表格

米尔嘉用手推了推眼镜，继续讲。

"ζ_{12} 的 2 次方是 1 的 6 次方根之一，因为 ζ_{12} 的 2 次方的 6 次方等于 1。写成算式比较容易理解。

$$\left(\zeta_{12}^2\right)^6 = \zeta_{12}^{2\times6} = \zeta_{12}^{12} = 1$$

同样，假设 $\zeta_n = \cos\dfrac{2\pi}{n} + \mathrm{i}\sin\dfrac{2\pi}{n}$，则以下式子成立。

$$
\begin{aligned}
\zeta_{12}\,\text{的 6 次方} &= \zeta_6\,\text{的 3 次方}\\
&= \zeta_4\,\text{的 2 次方}\\
&= \zeta_2\,\text{的 1 次方}
\end{aligned}
$$

也就是以下式子。

$$\zeta_{12}^6 = \zeta_6^3 = \zeta_4^2 = \zeta_2^1$$

这很像分数中的约分。

$$\frac{6}{12} = \frac{3}{6} = \frac{2}{4} = \frac{1}{2}$$

根据这个式子，将 ζ_n 的 k 次方画成表格吧。"

											ζ_1^1
					ζ_2^1						ζ_2^2
			ζ_3^1				ζ_3^2				ζ_3^3
		ζ_4^1			ζ_4^2			ζ_4^3			ζ_4^4
	ζ_6^1		ζ_6^2		ζ_6^3		ζ_6^4		ζ_6^5		ζ_6^6
ζ_{12}^1	ζ_{12}^2	ζ_{12}^3	ζ_{12}^4	ζ_{12}^5	ζ_{12}^6	ζ_{12}^7	ζ_{12}^8	ζ_{12}^9	ζ_{12}^{10}	ζ_{12}^{11}	ζ_{12}^{12}

$$\zeta_n = \cos\frac{2\pi}{n} + \mathrm{i}\sin\frac{2\pi}{n} \text{ 的 } k \text{ 次方}$$

"你们看出规律了吧。"

"原来是这样。这张表纵向排列的数全部相等。"

4.2.4　共有顶点的正多边形

翻到笔记本的下一页 —— 顺带一提，这是我的笔记本。

米尔嘉继续讲。

"我们接着来思考与正十二边形共有顶点的正多边形。"

"共有顶点的正多边形吗？"泰朵拉说。

"先思考正一边形与正二边形吧。"

"啊？正一边形与正二边形是什么呀？"

"这是想象力的问题。"米尔嘉画图。

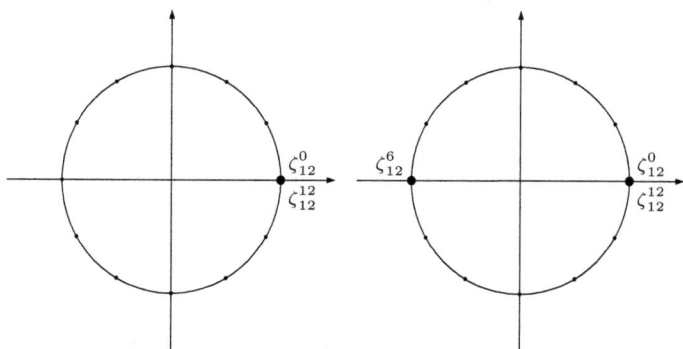

（所谓的）正一边形　　　　　　　（所谓的）正二边形

"啊……原来如此！只思考顶点数量的话的确是这样。"

"接着是正三角形。还有正四边形，也就是正方形。"

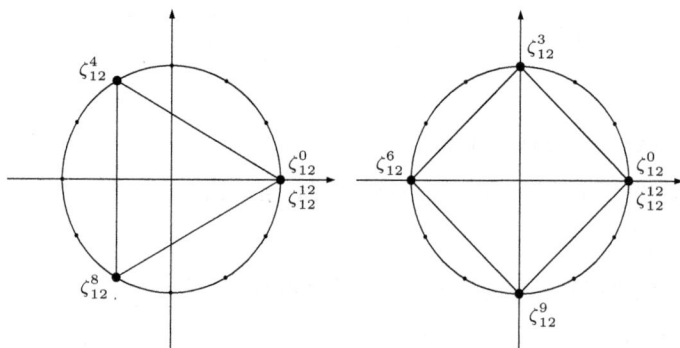

正三角形　　　　　　　　　正四边形（正方形）

"用正十二边形的顶点无法画出正五边形，所以我们直接画正六边形。正七边形到正十一边形也跳过，最后就是正十二边形。"

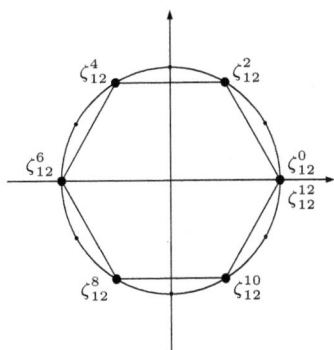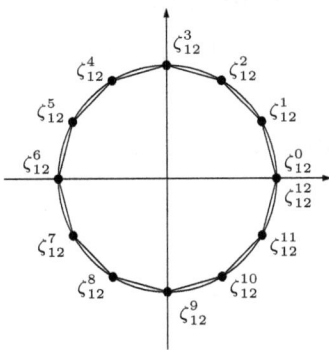

正六边形　　　　　　　　　正十二边形

"的确没办法画出正五边形。"泰朵拉说。

"我们来算顶点的数量吧。"米尔嘉开心地说，"我们知道对于正 n 边形，只有当 n 等于 1、2、3、4、6、12 时才能与正十二边形共有顶点。"

"是 12 的约数！"

$$\{1, 2, 3, 4, 6, 12\}$$

"对，与正十二边形共有顶点的正多边形，它们的顶点数是 12 的约数。"米尔嘉点头。

"以正多边形这种形状来思考自然是这样。"我说。

"那、那个……"泰朵拉好像发现了什么，"思考共有顶点的正多边形就等于思考结构吧？"

"嗯？"米尔嘉眯起眼睛。

"总感觉要分成部分来思考结构。"

"嗯，你说的没错。"

米尔嘉挥动手指，好似画出希腊字母 φ。

4.2.5　1 的原始12次方根

"我们已知正十二边形的顶点是 1 的 12 次方根。"米尔嘉迅速离席，绕过桌子到泰朵拉的背后，"那么，我们从不同的角度来研究 1 的 12 次方根吧。例如，虚数单位 i 的 4 次方等于 1，不用到 12 次方就能变成 1。"

泰朵拉坐在椅子上，转头看米尔嘉。

"我刚才有想到这一点！ −1 的 2 次方就等于 1，i 和 −i 的 4 次方也等于 1，根本不用到 12 次方。"

"嗯。"米尔嘉说。

"啊，抱歉。我不小心插嘴了……"

"你懂的话就好说了。"米尔嘉说着，坐到泰朵拉的旁边，"我们将 n 次方等于 1 的数称为 1 的 n 次方根，把这个条件定得严格一点吧。思考将 n 以 $1, 2, 3, \cdots$ 的方式逐渐增加时，n 次方后第一次等于 1 的数。我们把这个数称为 1 的**原始 n 次方根**。"

1 的 n 次方根	n 次方等于 1 的数
1 的原始 n 次方根	n 次方后第一次等于 1 的数

"1 的原始 n 次方根……它还有名字呢！"泰朵拉说。

"我们通过一道题来加深理解吧。"

1 的原始 1 次方根是什么？

"简单！ 1 次方后等于 1 的数只有 1，因为 1 次方的意思是维持原样。1 的原始 1 次方根是 1。"

"没错。接着是 ——"

"米尔嘉学姐！"泰朵拉张开手，摆出停止的姿势，"示例是理解的试金石。既然我已经理解了 1 的原始 n 次方根的定义，我自己也能举个例子。"

泰朵拉真了不起啊。

"1 的原始 2 次方根是 -1，因为 -1 只有在 2 次方后才等于 1。1 的原始 3 次方根是……在 1、ω、ω^2 中去掉 1，也就是 ω 和 ω^2……啊！我知道了。求 1 的原始 n 次方根时，只要像 $n = 1, 2, 3, 4, \cdots$ 这样由小到大依次思考 1 的 n 次方根，再去掉之前已出现过的数，找出第一次出现的数就可以了！"

"思考正多边形准没错。"米尔嘉说，"给已经出现的数画上 ○ 吧！"

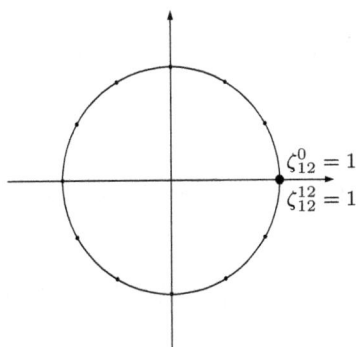

1 的原始 1 次方根 $\{1\}$

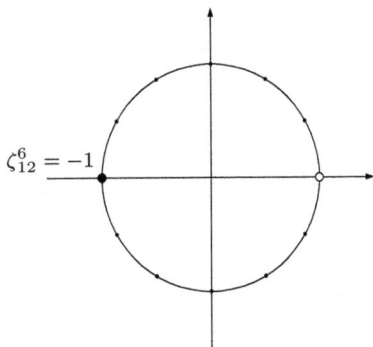

1 的原始 2 次方根 $\{-1\}$

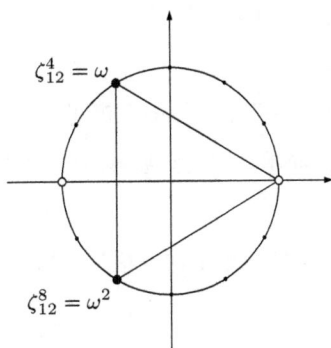

1 的原始 3 次方根 $\{\omega, \omega^2\}$

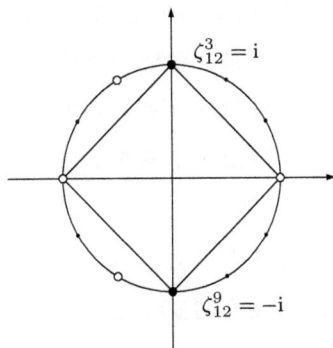

1 的原始 4 次方根 $\{i, -i\}$

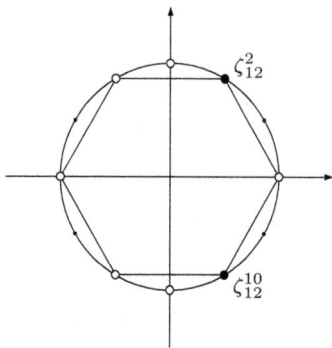

1 的原始 6 次方根 $\{\zeta_{12}^2, \zeta_{12}^{10}\}$ 1 的原始 12 次方根 $\{\zeta_{12}^1, \zeta_{12}^5, \zeta_{12}^7, \zeta_{12}^{11}\}$

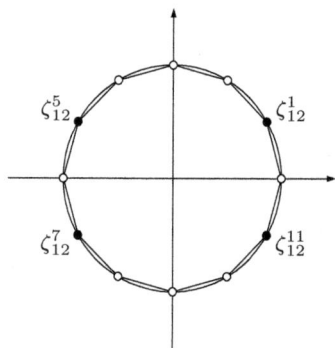

4.2.6   分圆多项式

"前面我们探讨了 1 的原始 n 次方根，接下来我们要往哪里走？"米尔嘉说。

我们有时会问接着要往哪里走，其实这句话的意思是要往哪个方向对数学展开讨论。

"图也画了……"泰朵拉说。

这时我灵光一闪。

"我们来思考根是'1 的原始 n 次方根'的多项式吧。"

"好。"米尔嘉说，"假设系数为有理数。"

"根是'1 的原始 n 次方根'的多项式……"泰朵拉陷入沉思，"原来如此。若知道根，多项式制作起来会变得简单，因为只要展开一次多项式的积即可。"

"是啊。"我说，"可以马上列出根是'1 的原始 1 次方根'与'1 的原始 2 次方根'的多项式。"

$$x - \zeta_{12}^0 = x - 1 \qquad \cdots\cdots 根是 '1 的原始 1 次方根' 的多项式$$

$$x - \zeta_{12}^6 = x - (-1)$$
$$= x + 1 \qquad \cdots\cdots 根是 '1 的原始 2 次方根' 的多项式$$

"啊，学长，简单的多项式就算了。1 的原始 3 次方根是 ω 和 ω^2，所以……"

$$(x - \zeta_{12}^4)(x - \zeta_{12}^8) = (x - \omega)(x - \omega^2)$$
$$= x^2 - (\omega + \omega^2)x + \omega^3$$
$$= x^2 - (\omega + \omega^2)x + 1 \qquad 因为 \omega^3 = 1$$
$$= 奇怪\cdots\cdots$$

"奇怪，从这里开始要怎么办呢？"

"因为 $\omega^2 + \omega + 1 = 0$，所以可以用 $\omega^2 + \omega = -1$。"我说。

$$(x - \zeta_{12}^4)(x - \zeta_{12}^8) = x^2 - (\omega + \omega^2)x + 1$$
$$= x^2 - (-1)x + 1 \qquad 因为 \omega^2 + \omega = -1$$
$$= x^2 + x + 1 \qquad \cdots\cdots 根是 "1 的原始 3 次方根" 的多项式$$

"原来如此。"泰朵拉点头，"接下来，1 的原始 4 次方根是 i 和 $-$i，所以……"

$$(x - \zeta_{12}^3)(x - \zeta_{12}^9) = (x - i)(x - (-i))$$
$$= (x - i)(x + i)$$
$$= x^2 + 1 \qquad \cdots\cdots 根是 "1 的原始 4 次方根" 的多项式$$

"1 的原始 6 次方根是这样的……"

$$
\begin{aligned}
(x - \zeta_{12}^2)(x - \zeta_{12}^{10}) &= x^2 - (\zeta_{12}^2 + \zeta_{12}^{10})x + \zeta_{12}^2\zeta_{12}^{10} \\
&= x^2 - (\zeta_{12}^2 + \zeta_{12}^{10})x + \zeta_{12}^{2+10} \\
&= x^2 - (\zeta_{12}^2 + \zeta_{12}^{10})x + \zeta_{12}^{12} \\
&= x^2 - (\zeta_{12}^2 + \zeta_{12}^{10})x + 1 \\
&= 奇怪\cdots\cdots
\end{aligned}
$$

"奇怪 …… 这个 $\zeta_{12}^2 + \zeta_{12}^{10}$ 是什么?"

"思考 vector 的和会知道 $\zeta_{12}^2 + \zeta_{12}^{10}$ 等于 1。"米尔嘉立即回答。她总是把向量说成 vector[1]。

"向量的和是什么?"

"是 ζ_{12}^2 与 ζ_{12}^{10} 的和。"

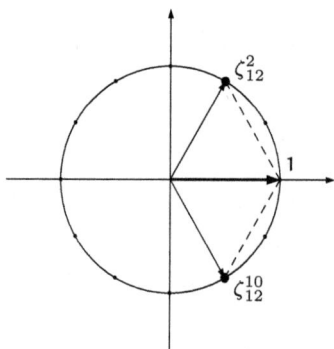

"原来如此 ……"

---

[1] 对于"向量"一词,米尔嘉读的是 vector 的英式发音,"我"和其他人读的是日式发音。在数学女孩系列前4本的翻译中,出于本地化的考虑,此处意译为了"米尔嘉总是把向量叫作矢量",但是本书6.2节有和米尔嘉读英式发音相关的详细情节,所以保留英文单词。前4本在后续重印时也会修改相关表述,以便系列统一。——编者注

$(x - \zeta_{12}^2)(x - \zeta_{12}^{10})$

$= x^2 - (\zeta_{12}^2 + \zeta_{12}^{10})x + 1$

$= x^2 - 1x + 1 \qquad\qquad$ 使用了 $\zeta_{12}^2 + \zeta_{12}^{10} = 1$

$= x^2 - x + 1 \qquad\qquad$ ……根是"1 的原始 6 次方根"的多项式

"那么 1 的原始 12 次方根是……"

$(x - \zeta_{12}^1)(x - \zeta_{12}^5)(x - \zeta_{12}^7)(x - \zeta_{12}^{11})$

$= (x^2 - (\zeta_{12}^1 + \zeta_{12}^5)x + \zeta_{12}^1\zeta_{12}^5)(x^2 - (\zeta_{12}^7 + \zeta_{12}^{11})x + \zeta_{12}^7\zeta_{12}^{11})$

$= $ 呃……

"呃…… 好像可以用向量的和与指数运算法则进行计算!"

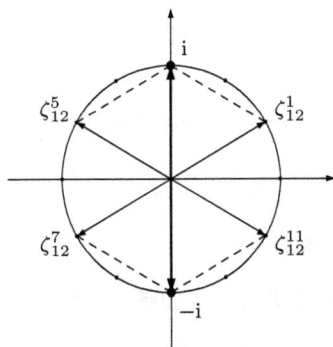

$(x - \zeta_{12}^1)(x - \zeta_{12}^5)(x - \zeta_{12}^7)(x - \zeta_{12}^{11})$

$= (x^2 - \underbrace{(\zeta_{12}^1 + \zeta_{12}^5)}_{\text{i}}x + \underbrace{\zeta_{12}^1\zeta_{12}^5}_{\zeta_{12}^{1+5}=-1})(x^2 - \underbrace{(\zeta_{12}^7 + \zeta_{12}^{11})}_{-\text{i}}x + \underbrace{\zeta_{12}^7\zeta_{12}^{11}}_{\zeta_{12}^{7+11}=-1})$

$= (x^2 - \text{i}x - 1)(x^2 + \text{i}x - 1)$

$= x^4 + \text{i}x^3 - x^2 - \text{i}x^3 + x^2 + \text{i}x - x^2 - \text{i}x + 1$

$= x^4 - x^2 + 1 \qquad$ ……根是'1 的原始 12 次方根'的多项式

"这样便能算出来。"

我说完，米尔嘉点头。

"将根是'1 的原始 k 次方根'的多项式设为 $\Phi_k(x)$。因为要定为单值，所以把最高次项的系数设为 1。"

$$\Phi_1(x) = x - 1$$
$$\Phi_2(x) = x + 1$$
$$\Phi_3(x) = x^2 + x + 1$$
$$\Phi_4(x) = x^2 + 1$$
$$\Phi_6(x) = x^2 - x + 1$$
$$\Phi_{12}(x) = x^4 - x^2 + 1$$

"这种多项式 $\Phi_k(x)$ 称为分圆多项式。我们来做道有趣的题吧！这些分圆多项式相乘等于什么？"

$$\Phi_1(x)\Phi_2(x)\Phi_3(x)\Phi_4(x)\Phi_6(x)\Phi_{12}(x) = ?$$

"我马上算！"泰朵拉准备在笔记本上进行计算。

"等一下！"我阻止泰朵拉。

"真是的！"米尔嘉试图堵上我的嘴，不过她在桌子的对面，够不到我，所以在桌子下面踢了一下我的腿。

"呃……不可以马上计算吗？"

"不用算就能说出答案。"米尔嘉说，"这个分圆多项式要取积，我们将它的根画在复平面上。我们可以不遗漏不重复地画出将单位圆的圆周十二等分的点。也就是说，这个分圆多项式的积等于 $x^{12} - 1$。"

$$\Phi_1(x)\Phi_2(x)\Phi_3(x)\Phi_4(x)\Phi_6(x)\Phi_{12}(x) = x^{12} - 1$$

"反过来说，$x^{12} - 1$ 可以在复数范围内因式分解。"

$$x^{12} - 1 = \underbrace{(x - \zeta_1^1)}_{\Phi_1(x)} \underbrace{(x - \zeta_2^1)}_{\Phi_2(x)} \underbrace{(x - \zeta_3^1)(x - \zeta_3^2)}_{\Phi_3(x)}$$

$$\underbrace{(x - \zeta_4^1)(x - \zeta_4^3)}_{\Phi_4(x)} \underbrace{(x - \zeta_6^1)(x - \zeta_6^5)}_{\Phi_6(x)}$$

$$\underbrace{(x - \zeta_{12}^1)(x - \zeta_{12}^5)(x - \zeta_{12}^7)(x - \zeta_{12}^{11})}_{\Phi_{12}(x)}$$

"由此可见，分圆多项式对 $x^{12} - 1$ 发挥了质数的作用。一般而言，分圆多项式 $\Phi_k(x)$ 可以用与 n 互质的整数 k 写成以下形式。"

$$\Phi_n(x) = \prod_{n \perp k} (x - \zeta_n^k) \qquad (\ n \perp k \text{ 是 “} n \text{ 与 } k \text{ 互质”的意思})$$

"好厉害！"泰朵拉大叫，"以前我都没有好好想过这些数学概念之间的关系，但它们其实都是连在一起、互相呼应的！"

泰朵拉非常兴奋，不断挥舞双手。

"呃……圆、正 n 边形、1 的原始 n 次方根、整数、多项式的因式分解、方程的解、复数的次方、三角函数，这些都是连在一起的！"

"没错。"我感叹。

"还可以连接一个东西。"米尔嘉说，"1 的原始 n 次方根的个数是欧拉老师的 φ 函数 [1] 的值。函数 $\varphi(n)$ 在 $1 \leqslant k < n$ 的范围内表示与 n 互质的自然数的个数，也表示循环群的生成元的个数。"米尔嘉像是描绘 φ 似地挥动手指，"最喜欢互质的尤里不在这里真可惜，今天你怎么没带她来？"

米尔嘉瞪我。

[1] 在数论中，通常写作"ϕ 函数"。参见《哈代数论（第 6 版）》5.5 节，人民邮电出版社 2010 年 10 月出版。——编者注

4.2.7　分圆方程

"话说多亏村木老师的这张卡片，整个世界都拓宽了呢。"泰朵拉说。

"的确。"我点头。

"cyclotomic equation"米尔嘉说。

"cyclotomic——原来如此。"泰朵拉进入英语辞典搜索模式，"'cyclo-'来自于 cycle 吧，指绕圈圈的圆。那么 '-tomic' 呢？atom 指不能分割的东西，也就是原子，所以 '-tom' 应该是分割的意思吧。'-ic' 是形容词后缀，所以 cyclotomic equation 应该是指分割圆的方程！"

"应该是。"米尔嘉点头，"实际上我们叫它分圆方程。n 次分圆方程的解把单位圆的圆周分割成 n 等分。形如 $x^n - 1 = 0$ 的方程称为 n 次分圆方程，举例来说，$x^{12} - 1 = 0$ 是十二次分圆方程。"

$$x^{12} - 1 = 0 \quad \text{（十二次分圆方程）}$$

"嗯……"我沉吟。我知道根据方程 $x^{12} = 1$，使用棣莫弗公式可以求 1 的 12 次方根，我也听说过欧拉函数，但是我不知道分圆多项式。

真是美妙。

散乱的概念相连了起来。

从 $x^{12} = 1$ 这个多项式出发，许多概念连在一起。光看这个多项式也发现不了什么，我们把它分解成更原始的元素吧 —— 这一想法能创造多么有趣的东西呢？把多项式分解成原始的元素，并把这些元素组合起来，这样我们能掌握结构吗？

"简直像 ——"米尔嘉看着窗外说，"简直像 ω 的华尔兹变奏曲。"

"的确。"我说。

正十二边形中藏着 $\{\zeta_{12}^0, \zeta_{12}^4, \zeta_{12}^8\}$ 这个正三角形的小结构，这勾起我与米尔嘉的回忆 —— ω 的华尔兹。

"语言，或者说写法，非常重要啊。"泰朵拉说，"如果写成 $\cos\theta + $

$i \sin \theta$，辐角 θ 很容易理解，标成复平面的坐标也很明确；如果写成 ζ_{12}，式子 $\{\zeta_{12}^6 = \zeta_2^1\}$ 就像分数一样简洁；$\mathrm{e}^{i\theta}$ 是适用于指数运算法则的形式。写法不同，感觉上也会有微妙的差别。通过算式的写法，感觉自己能明白写算式的人的心意。"

解答 4-1a（因式分解）

$x^{12} - 1$ 可以因式分解成以下形式（系数是有理数的情况）。

$$x^{12} - 1$$
$$= \Phi_1(x)\Phi_2(x)\Phi_3(x)\Phi_4(x)\Phi_6(x)\Phi_{12}(x)$$
$$= \underbrace{(x-1)}_{\Phi_1(x)}\underbrace{(x+1)}_{\Phi_2(x)}\underbrace{(x^2+x+1)}_{\Phi_3(x)}\underbrace{(x^2+1)}_{\Phi_4(x)}\underbrace{(x^2-x+1)}_{\Phi_6(x)}\underbrace{(x^4-x^2+1)}_{\Phi_{12}(x)}$$

解答 4-1b（因式分解）

$x^{12} - 1$ 可以因式分解成以下形式（系数是复数的情况）。

$$x^{12} - 1$$
$$= \underbrace{(x-\zeta_1^1)}_{\Phi_1(x)}\underbrace{(x-\zeta_2^1)}_{\Phi_2(x)}\underbrace{(x-\zeta_3^1)(x-\zeta_3^2)}_{\Phi_3(x)}$$
$$\underbrace{(x-\zeta_4^1)(x-\zeta_4^3)}_{\Phi_4(x)}\underbrace{(x-\zeta_6^1)(x-\zeta_6^5)}_{\Phi_6(x)}$$
$$\underbrace{(x-\zeta_{12}^1)(x-\zeta_{12}^5)(x-\zeta_{12}^7)(x-\zeta_{12}^{11})}_{\Phi_{12}(x)}$$

这里 $\zeta_n = \cos\frac{2\pi}{n} + i\sin\frac{2\pi}{n} = \mathrm{e}^{\frac{2\pi i}{n}}$。

"这种图也很有趣。"米尔嘉说。

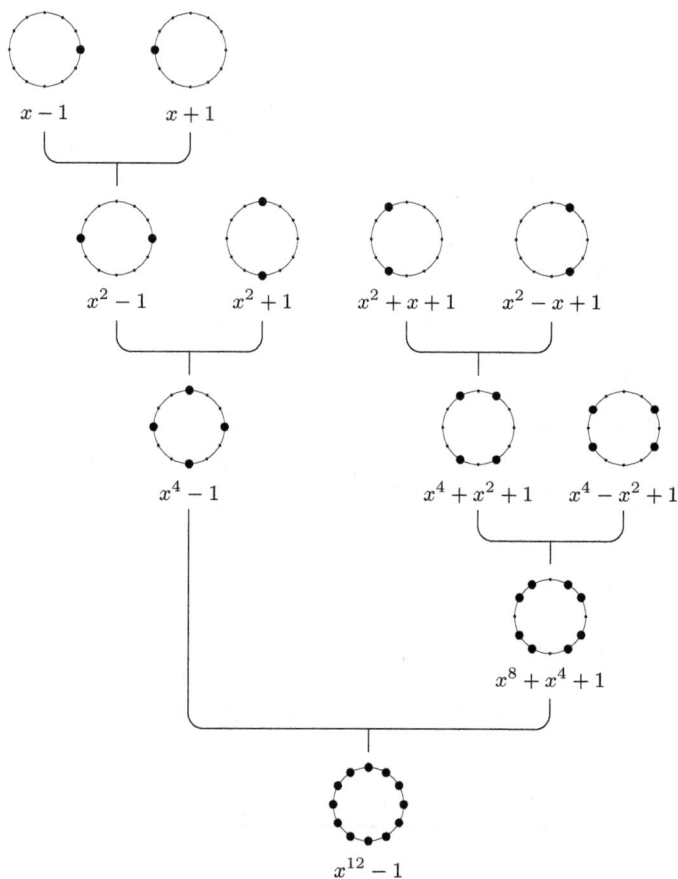

$x^{12}-1$的因式分解（系数是有理数的情况）

4.2.8   与你共轭

　　"通过这张图我发现这些黑色圆点上下对称，好像以实轴为水面倒映的星星。"泰朵拉说。

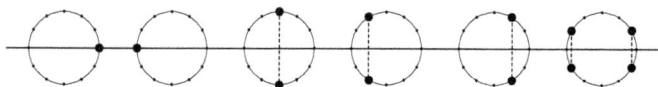

"这是共轭复数。"米尔嘉说，"共轭复数指 $a + bi$ 与 $a - bi$ 这种成对的复数。共轭复数可以不在单位圆上。"

"二次方程的虚数解一定是共轭复数。"我说。

"共轭复数的'轭'是颈圈的意思。"米尔嘉说。

"颈圈是什么？"我问米尔嘉。

"颈圈！"泰朵拉忽然发出声音，"颈圈是把一起耕作的牛串接起来的道具。它固定在几头牛的颈部，使它们朝相同的方向前进。"

"泰朵拉，你是怎么知道这个词的？"我问。

"共轭复数被套上方程，就像牛被套上颈圈。"米尔嘉说，"在共轭复数的情况下，只要一方动，另一方也会动。'共轭'指有共同的轭。被一个二次方程绑住的共轭复数不能随意发生改变。共轭的解也不能随意改变，因为它经常以方程为轭发生联动。"

"就好像镜中的自己？"我说，"镜子外的自己与镜中的自己总是同步的，好像通过镜子连接在一起一样。"

"像结婚的夫妻？"泰朵拉说，"夫妻会共度人生，因为他们是根据约定而结合在一起的。"

"约定？"我有些疑惑。

"对。婚姻是'与你共轭'的约定。"泰朵拉说着，用力点头。

"共轭的解共同拥有方程这个轭，看穿这一点的是天才伽罗瓦。"米尔嘉说，"那么，我们就来看看概念有没有连在一起吧。"

4.2.9 循环群与生成元

"我和正十二边形已经变成好朋友了！"泰朵拉说。

"那么我们从其他角度来思考 ζ_{12} 吧！"米尔嘉说。"我们用 $\langle a \rangle$ 这个记号来定义以下内容。"

$$\langle a\rangle = \text{"数}a\text{的}n\,(\,n=1,2,3,\cdots)\text{次方可以得到的数的集合"}$$

"好的。"

"假设 $\zeta_{12} = \cos\frac{2\pi}{12} + \mathrm{i}\sin\frac{2\pi}{12}$，以下式子成立。"

$$\langle \zeta_{12}\rangle = \{\zeta_{12}^1, \zeta_{12}^2, \zeta_{12}^3, \zeta_{12}^4, \zeta_{12}^5, \zeta_{12}^6, \zeta_{12}^7, \zeta_{12}^8, \zeta_{12}^9, \zeta_{12}^{10}, \zeta_{12}^{11}, \zeta_{12}^{12}\}$$

"没错。"

"来做一道题吧。n 有无数个，但为什么集合 $\langle\zeta_{12}\rangle$ 中只有 12 个元素？"

"12 个元素会绕一圈……比如，ζ_{12}^{13} 等于 ζ_{12}^1。不管多少次方，都不会超过 12 个。"

"好。请回答下面这个问题。"

问题 4-2（生成元的个数）

满足以下等式的整数 k，在 $1 \leqslant k < 12$ 的范围内有几个？

$$\langle \zeta_{12}\rangle = \left\langle \zeta_{12}^k \right\rangle$$

"咦？"

泰朵拉发出疑惑的声音，继而咬着指甲陷入沉思。

我突然明白了。这个问题可以换成以下说法。

ζ_{12} 重复次方会得出所有"1 的 12 次方根"。与此相同，重复次方会得出所有"1 的 12 次方根"的数在"1 的 12 次方根"中有几个？

用文字表达看起来很复杂。但是，只要将 $\langle a\rangle$ 这个符号定义成"数 a 的 $n\,(n=1,2,3,\cdots)$ 次方可以得到的数的集合"，问题就会变简单，意思也会变清晰。不过如果不能好好理解 $\langle a \rangle$ 这个记号的意思，就会比较难理解。

泰朵拉保持沉默，看着笔记本。

米尔嘉凝视着泰朵拉。

而我凝视着米尔嘉。

"我知道了，是 4 个。"泰朵拉说。

"再具体一点，是哪 4 个？"米尔嘉问。

"满足 $\langle \zeta_{12} \rangle = \langle \zeta_{12}^{k} \rangle$ 的 k，在 $1 \leqslant k < 12$ 的范围内有

$$1 、 5 、 7 、 11$$

这 4 个。"

"没错。"米尔嘉说。

泰朵拉松了口气。

我已经猜到米尔嘉的下一个问题了。

"泰朵拉，1、5、7、11 是什么数？"米尔嘉问。

果然，如我所料。

"什么数吗？1、5、7、11 是 2、3、4、6、12 都不能整除的数。换句话说，就是除了 1，用 12 的约数不能整除的数。"

"没错。你会怎么解释呢？"米尔嘉把话题转到我身上。

"1、5、7、11 是与 12 的最大公约数为 1 的数，也就是与 12 互质的数！"

"对。"米尔嘉点头。

"哎呀！"泰朵拉说，"没错！互质。relatively prime——这么好的词可不能忘记。"

"ζ_{12}^{1}、ζ_{12}^{5}、ζ_{12}^{7}、ζ_{12}^{11} 是 1 的原始 12 次方根，这些数中的任何一个不断取乘方，就能得出 $x^{12} - 1$ 的所有的根，形成复数的积的群。由一

个数生成的群是循环群，换句话说，所有 1 的原始 12 次方根都能生成循环群 $\langle \zeta_{12} \rangle$。"

$$\left\langle \zeta_{12}^{1} \right\rangle = \left\langle \zeta_{12}^{5} \right\rangle = \left\langle \zeta_{12}^{7} \right\rangle = \left\langle \zeta_{12}^{11} \right\rangle$$
$$= \{ \zeta_{12}^{1}, \zeta_{12}^{2}, \zeta_{12}^{3}, \zeta_{12}^{4}, \zeta_{12}^{5}, \zeta_{12}^{6}, \zeta_{12}^{7}, \zeta_{12}^{8}, \zeta_{12}^{9}, \zeta_{12}^{10}, \zeta_{12}^{11}, \zeta_{12}^{12} \}$$

解答 4-2（生成元的个数）

满足以下等式的整数 k，在 $1 \leqslant k < 12$ 的范围内有 4 个。

$$\langle \zeta_{12} \rangle = \left\langle \zeta_{12}^{k} \right\rangle$$

4.3　模拟考试

考试会场

"除了准考证、书写用具和手表，其他东西不能放在桌子上。考试开始之前，手不能碰试卷。有问题请举手，保持安静。另外……"监考老师的声音回荡在考场中。

我闭着眼睛听监考老师例行讲述注意事项。

这里是隔壁城镇的高中。我今天参加的是大型补习班主办的模拟考试。紧张的气氛笼罩着整间教室。冷气不怎么管用。我努力适应与平时不同的校园，与平时不同的气味。正式考试也一定是这种感觉。让人去习惯这种强烈的不适感就是模拟考试的意义吧。

我想起前几天与米尔嘉和泰朵拉谈的内容。

我们由村木老师给的卡片延伸出许多话题。

- 多项式的因式分解与方程的解
- 正 n 边形
- 1 的 n 次方根与 1 的原始 n 次方根
- 分圆多项式与分圆方程
- 互质
- 循环群与生成元
- 共轭的解共同拥有方程这个轭。

数学连在一起。

不管是泰朵拉的构思还是米尔嘉的讲解，我都尽情享受着。

她们的魅力绝不只有外表。不管是她们还是数学，我能进一步了解吗？

我了解泰朵拉吗？

我了解米尔嘉吗？

我或许连自己都不了解。

针对入学考试的参考书上写着 "立刻掌握" 的广告语。如果是应试的话倒也还好，但是，重要的并不是能 "立刻掌握"，而是……

监考老师的声音在考场上响起。

"请开始答题。"

我睁开眼睛。

加油吧，考生！

真正重要的是……

16 岁的伽罗瓦热衷于数学，

虽然对学校生活仍有不满，但已非不幸。

—— 原田耕一郎 [23]

第5章

三等分角

树枝与荆棘互相缠绕，任何人都无法进入，

只能看到塔的顶端。

如此一来，就不用担心有人会心血来潮，

去拜访公主殿下沉睡的地方。

——《睡美人》

5.1　图的世界

5.1.1　尤里

"考大学的人，你在干什么？"尤里说。

"呜哇！考高中的人，怎么了？"我回应。

"呜哇！"尤里回答。这是我们特定的互动方式。

这里是我的房间，现在是过午时分。因为已经放假了，所以尤里常来我的房间。

前几天模拟考试的成绩不够出色，不好也不坏。虽然没有什么重大失误，但有些错误也不是因为粗心犯下的。我对比标准答案，看老师发下来的答案详解，整理笔记本。确认自己的错误有助于提高分数，但是枯燥的整理过程不能让我感到雀跃。我只能继续用功，准备考试。

"尤里，我现在很忙。"

"你决定报考哪所大学了吗？"

"算决定了吧。"

我已经决定了考哪所大学，但是我的心中浮现出一个疑问 ——

我的出路是什么？

我为什么要升学？上大学做什么呢？但是，这些话没有办法对上初三的尤里说。

"咦？你决定了啊。"

"所以我现在忙着念书啊！"我回答。

"先不管那个，哥哥……"

"不能不管。"

"我今天有事要拜托你。"

"什么事？"我一边将拼错的单词写在单词卡上，一边回答。

"冗长的"是 redundant，"顽皮的"是 mischievous。

"今天你要陪一个柔弱的女孩子一整天。"

"柔弱的女孩子在哪里？"

"就在哥哥的眼前！妈妈说我不可以一个人去……"她双手交叉，翻着白眼。

"去哪里？"

"双仓图书馆！"

5.1.2　三等分角问题

"给你。"我把在车站买的果汁递给她。

"谢谢。"尤里接过果汁，"今天真热啊。"

我们在电车上，一同前往双仓图书馆。

"哥哥，你要喝一口吗？啊，间接接吻不好吧。"

"你在说什么啊。话说，你去双仓图书馆做什么？"

"哥哥，你知道**三等分角问题**吗？"

"知道啊，毕竟这是数学史上最有名的问题之一。"

的确，这个问题从古希腊时代便存在了。

问题 5-1（三等分角问题）

只使用直尺与圆规，可不可以三等分给定的角？

"对对对。答案是不能吧？"

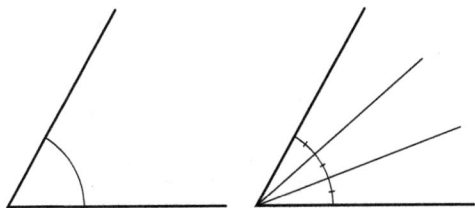

三等分角

"对啊，这已经被证明过了。只使用直尺与圆规，不一定可以三等分给定的角。"

"但是，用直尺与圆规可以画出正三角形吧？"

尤里拿出她珍贵的笔记本。准备得可真周到啊。

用直尺与圆规画正三角形的步骤

1. 利用直尺画出通过 A、B 两点的直线

2. 以点 A 为中心，利用圆规画出通过点 B 的圆

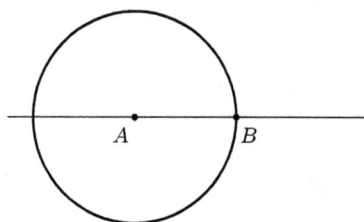

3. 以点 B 为中心，利用圆规画出通过点 A 的圆，其中一个交点设
   为 C

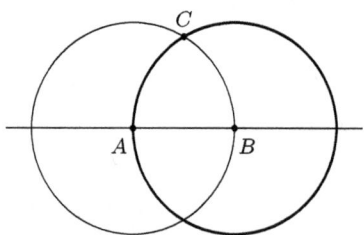

4. 利用直尺画出通过 A、C 两点的直线

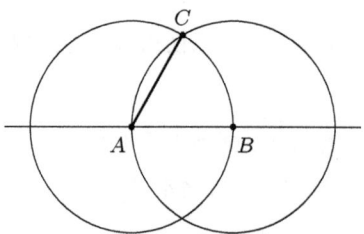

（图中展示的是连接 A、C 两点的线段）

5. 利用直尺画出通过 B、C 两点的直线

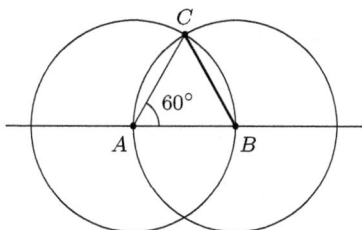

"正三角形的每一个内角都是 60°，对吧？是三等分 180° 吧？因为 180° ÷ 3 = 60°。因此不能说用直尺与圆规无法三等分角。"

"尤里，我刚才说的是不一定可以三等分给定的角。也就是说，有些角能三等分，有些角不能三等分。180° 角是通过直尺与圆规可以三等分的角。"

"这样啊。"尤里点头，"什么样的角可以三等分呢？"

"你刚才说的 180° 角是可以三等分的角。270° 角也可以等分为三个直角。能作出 90° 和 60° 就意味着能作出 90° − 60° =30°，因此 90° 角也能三等分。"

"可以三等分的角有很多啊，那不能三等分的角呢？"

"这是我很久以前看书学的，已经不太记得了。"我说。

"比如，60° 角不能三等分吗？"尤里的声音忽然变小。

"咦？或许吧。60° 角好像不能三等分。"

"也就是说，用直尺与圆规不能画出 60° ÷ 3 =20° 角？"

问题 5-2（20° 角作图）

用直尺与圆规可以画出 20° 角吗？

"是啊,因为 60° 角不能三等分,所以无法用直尺与圆规画出 20° 角。"

"真的吗?应该可以画出 20° 角吧……几何问题只要画辅助线就能解开吧?动一动脑筋应该可以画出来吧?"

"不不不。我仔细说明给你听。"

应尤里的要求,我开始说明"三等分角问题"。

不管是在电车里,还是在其他地方,我们都能开心地谈论数学。

5.1.3 对于"三等分角"问题的误解

即使你读过"三等分角"的相关图书,也还是会误解

只使用直尺与圆规,可以三等分给定的角吗?

这个问题。总觉得努力想办法应该能办到。而对于这个问题的误解也分好几种情况……

首先,有人会**误解"在数学上是不可能的"的意思**。在数学上被认定为"不可能",就代表它已被证明,并不是努力就能推翻的。用数学证明了的不可能画出来的图形,是真的不可能画出来,再怎么努力也无法成功。"使用辅助线"这个想法虽然不错,但辅助线不能随便画,因为画辅助线需要 2 个点。

也有人把"角不一定可以三等分"**误解成"所有的角都不可以三等分"**。角不一定可以三等分的意思是至少存在一个不能三等分的角。所以,关于角不一定可以三等分的问题,只要找到一个不能三等分的角便可以证明。

对了,还有很多人**误解这个问题的前提条件**。在三等分角问题中,可以用来作图的工具只有直尺与圆规,工具的使用次数也有限制。不可以通过其他工具三等分角。

还有人把**"能不能三等分"与"能不能画成图"**混为一谈。所有的角

都能三等分，但是不一定可以画成图。而且这个问题限制了使用直尺与圆规的次数。在此限制之下，三等分的角不一定都能画出来，虽然这些角的确存在，但不一定能利用有限的作图步骤画出来。

◎　　◎　　◎

"但是 ——"尤里喝光果汁说，"三等分角问题是能否作图的问题，对吧？作图有很多种方法。能够作图这一点我们或许可以证明，但不可能作图这一点也能证明吗？图的范围很广泛。"

"你所说的很广泛是指不管怎么证明，都可能会出现遗漏，对吗？"

"嗯，算是吧。"

"不会出现遗漏的。我们一起来思考'给定的角不一定可以三等分'这个问题吧。虽然我没自信可以证明到最后，但我们可以试试看能证明到什么程度。"

"开始吧！"尤里说着，戴上了眼镜。

5.1.4　直尺与圆规

一步一步证明吧，尤里。

我们先来探讨这个问题的前提 —— 直尺与圆规。

三等分角问题规定只能用直尺与圆规来作图，这是它的前提条件。如果无视这个前提条件，三等分角问题就会变得很简单，因为使用量角器可以马上三等分角。

首先，在这个问题中，直尺可以办到的事只有一件，即

画出通过给定的 2 个点的直线。

我们假设这里的直尺，无论给定的 2 个点相距多远或者多近，都能画出通过这 2 个点的直线。但是，这 2 个点不能是同一个点。

另外，直尺的使用也有限制。这个限制条件就是不可以使用直尺的刻度。因此我们不能测量 2 点间的距离。

总之，这把直尺能做的只有帮助我们画出通过给定的 2 个点的直线。

———————————————●———————————●———————————

利用直尺画出通过给定的2个点的直线

接着，我们来讨论圆规。圆规是画圆的工具。使用圆规可以办到的事也只有一件，即

以给定的 2 个点的其中一点为中心，画出通过另一个点的圆。

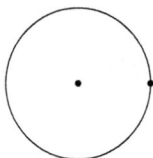

以给定的2个点的其中一点为中心，利用圆规画出通过另一个点的圆

在思考三等分角问题时，我们能做的只有这些。

直尺 —— 画出通过给定的 2 个点的直线

圆规 —— 以给定的 2 个点的其中一点为中心，画出通过另一个点的圆

我们明确了使用直尺与圆规可以做的事情，这是规则。

我们可以在有限的次数内重复使用直尺与圆规，因此能画出各种图形。刚才已经画出正三角形了。

我们要研究的是"用直尺与圆规能画出的图形是什么"。

尤里，到这里能听懂吗？

5.1.5 可以作图的意义

"尤里，到这里能听懂吗？"我问。

默默听我讲的尤里回答：

"能。我们可以使用直尺与圆规通过 2 点画出直线和圆。这很简单，但是……"

"但是什么？"

"若连一个点都没有，就什么都画不出来了吧？"

"哇！尤里，你发现了一个很不错的点。你说的没错，直尺和圆规都针对 2 个点作图，所以如果没有这 2 个点，就什么都画不出来。我们必须假设一开始会给定 2 点，不然没办法作图，而且要假设这 2 点只能是直线与圆、直线与直线、圆与圆的交点。另外，用圆规画完一个圆后，也可以将圆规带有针的一端移到其他点上，以另一个点为圆心，画出另一个半径相同的圆。"

"我还是觉得不服气喵。你也说过能画出各种图形不是吗？我总觉得怎么样都可以自由地画图。如果是数的话，的确有绝对不可能的事，例如 $\sqrt{2}$ 是有理数或者 3 是偶数等。但是，无法作图这一点要怎么证明？好像很难吧。"

"原来如此……"

我思考着尤里的问题。她提出的问题比以前更难回答，她已懂得如何明确表达自己的疑惑了。

"哥哥？"

"嗯，关于这一点，我们必须好好思考可以作图的意义。我们把图形的问题变成数的问题来思考吧。这是一趟旅行，我们要从图形的世界通往数的世界。"

"旅行？"

我们搭乘的列车朝着双仓图书馆前进。

我们的思想朝着数的世界前进。

5.2　数的世界

5.2.1　具体例子

"我们想研究的是使用直尺与圆规可以画出什么图形，而作图需要点，所以我们研究的是**可以用来作图的点**。"

"原来如此。"

"在坐标平面上，可以用来作图的点能用坐标 (x, y) 表示，因此我们研究的是可以用来作图的点在 x 坐标与 y 坐标上的数。"

"啊！是**规矩数**^① 吗？"

"对，是规矩数。尤里，你学过了吗？"

"没有，我只知道一点点而已。其实……" 她支支吾吾，扯着发尾，"其实今天…… 有文化节的筹备委员会。"

"文化节？"

"嗯。米尔嘉大人和其他人会聚在双仓图书馆……"

啊，我总算懂了。米尔嘉会来就代表是和数学有关的文化节。尤里是在为此做准备吗？

"你和我谈三等分角问题也与这场文化节有关吗？"

"算是吧。先预习一下。"

原来如此。这类文化节总是采用这种模式。喜爱数学的人聚在一起，聊聊数学方面的话题，解一解数学题目。米尔嘉会从有趣的角度来进行解说。原来我们要去那个地方啊。

"回归正题吧。规矩数。"尤里说。

"在使用直尺与圆规作图时，请注意可以用来作图的点的坐标数

---

① 又称可构造数（ constructible number ），是指可用直尺和圆规作出的实数。规矩数的 "规" 和 "矩" 分别表示圆规和直尺。——编者注

值 —— 规矩数。"

"嗯。"

"假设一开始给定 2 个点的是原点 $(0,0)$ 与点 $(1,0)$。也就是说，以 0 和 1 为规矩数。以这 2 个点为开端，用直尺与圆规画出直线和圆，接着作出直线与直线，直线与圆或者圆与圆的交点。如此一来，便能确定这个 x 坐标与 y 坐标是规矩数了。"

"嗯…… 举一个具体的例子吧。"

"先画出连接 $(0,0)$ 与 $(1,0)$ 的直线，作出 x 轴。"

"也就是画一条横向的线。"

"以 $(0,0)$ 为圆心，画半径为 1 的圆，此圆与 x 轴的交点就是 $(1,0)$ 与 $(-1,0)$，由此可知 -1 也是规矩数。接着用圆规以 $(1,0)$ 为圆心画圆，得到该圆与 x 轴的交点 $(2,0)$，因此 2 也是规矩数。重复该做法，$\cdots$，$-3,-2,-1,0,1,2,3,\cdots$ 也会变成规矩数。接着，我们会发现所有整数都是规矩数。"

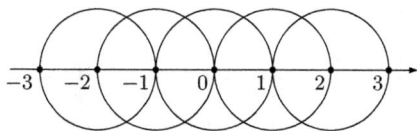

"原来如此。"

"用直尺与圆规能画出与给定直线垂直的直线，所以我们也可以画出 y 轴。"

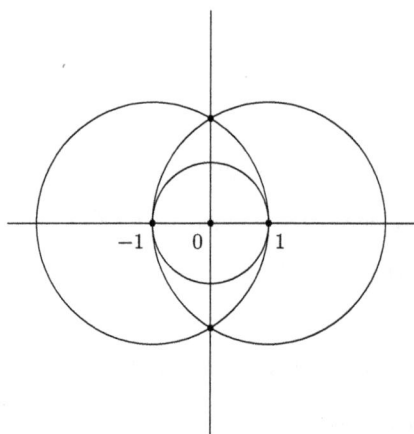

用直尺与圆规可以画出与给定直线垂直的直线

用直尺与圆规可以画出**格点**。

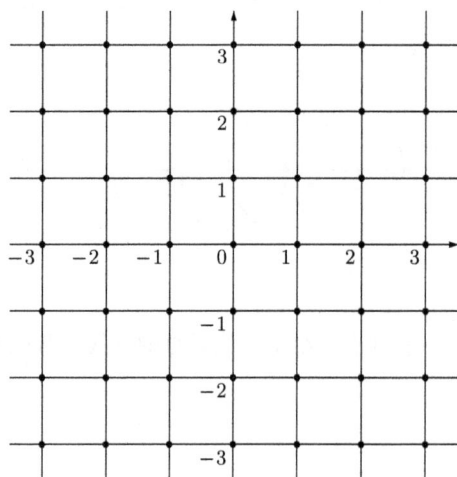

用直尺与圆规可以画出格点

一直说规矩数有些麻烦，所以我们来给它们命名吧。我们将规矩数的集合命名为 D。如此一来，a 是规矩数就能写成 $a \in D$（数 a 属于集合 D）。

$$a\text{是规矩数} \iff a \in D$$

尤里，这样写会轻松许多。

$$0 \in D \qquad 0\text{是规矩数（一开始给定的数）}$$
$$1 \in D \qquad 1\text{是规矩数（一开始给定的数）}$$
$$\cdots, -3, -2, -1, 0, 1, 2, 3, \cdots \in D \qquad \text{整数全是规矩数}$$

整数的集合用 $\mathbb{Z} = \{\cdots, -3, -2, -1, 0, 1, 2, 3, \cdots\}$ 来表示。使用子集的记号 $\subset$ 可以写成以下形式。

$$\{\cdots, -3, -2, -1, 0, 1, 2, 3, \cdots\} \subset D$$
$$\mathbb{Z} \subset D$$

◎　◎　◎

"这是为了研究 D 是怎样的集合吧？"尤里说。

"对。用集合这个词不够准确，D 应该是**域**。"

"域是什么？"

"简单来说，就是可以自由进行加减乘除运算的数的集合。"

"图形也可以加减？"

"对啊，用直尺与圆规可以实现加减乘除运算，比如……"

5.2.2　通过作图实现加减乘除运算

用直尺与圆规可以实现数的加法运算。

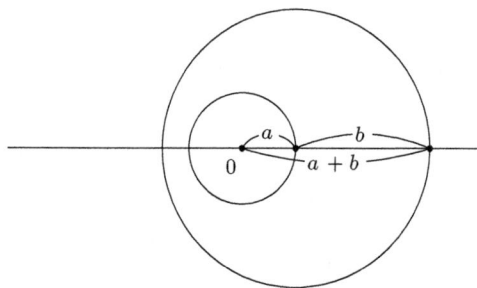

通过 a 和 b 画出 $a + b$

同样，用直尺与圆规也能实现数的减法运算。观察另一个圆与横轴的交点在 0 的右边还是左边，就能知道 $a - b$ 是正数还是负数。

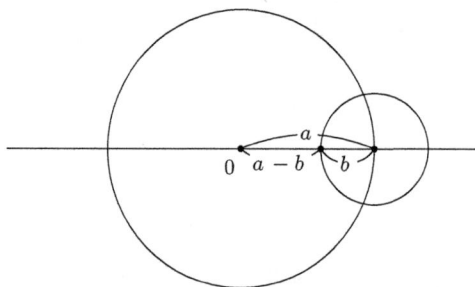

通过 a 和 b 画出 $a - b$

用直尺与圆规也能实现数的乘法运算。利用三角形的比例即可。

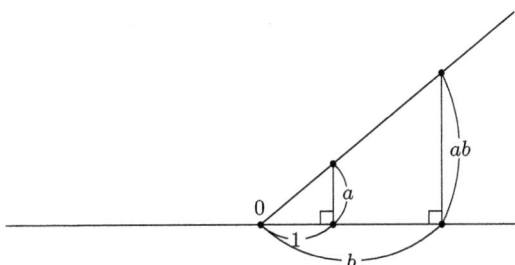

通过 a 和 b 画出 ab

我们也可以用直尺与圆规实现数的除法运算。

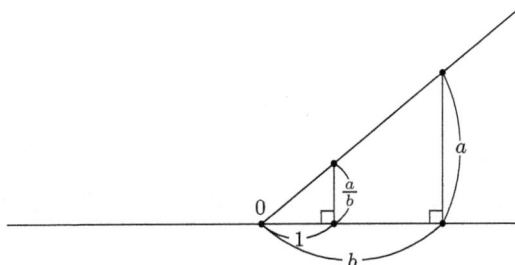

通过 a 和 b 画出 $\frac{a}{b}$

◎　◎　◎

"哥哥，你好厉害！用直尺与圆规竟能实现计算！"

"现在你知道加减乘除运算都能用直尺与圆规来实现了吧。整数是规矩数，可以进行加减乘除运算，而有理数是 $\frac{整数}{0\,以外的整数}$，所以有理数都是规矩数。"

"因为可以通过整数的除法运算得出有理数？"

"对。$\mathbb{Z} \subset D$，而且因为 D 的加减乘除运算具有封闭性，所以也可以说 $\mathbb{Q} \subset D$。"

$$\mathbb{Q} \subset D$$

"嗯。"

"因为规矩数进行四则运算之后，仍属于规矩数，具有封闭性，所以可以说规矩数的集合是域。"

$$a, b \in D \Rightarrow a + b \in D$$

$$a, b \in D \Rightarrow a - b \in D$$

$$a, b \in D \Rightarrow a \times b \in D$$

$$a, b \in D \Rightarrow a \div b \in D \qquad (b \neq 0)$$

5.2.3 通过作图开根号

"作图问题的重点在于可以用加减乘除得到的数！"

"不，我总觉得有点奇怪。"我重新思考，"我觉得除了加减乘除，还有求 2 次方根的计算 —— 开根号。使用直尺与圆规应该也能求出 2 次方根。"

"啊！我懂了。$\sqrt{2}$ 可以用正方形的对角线画出来。"

"嗯。$\sqrt{2}$ 是这样没错，不过不只是 2，任何比 0 大的数 a 应该都可以通过直尺与圆规求出 $\sqrt{a}$ ……"

"哥哥，你知道怎么做吗？"

我想了一阵子，在笔记本上涂涂画画，想起开根号的作图步骤。

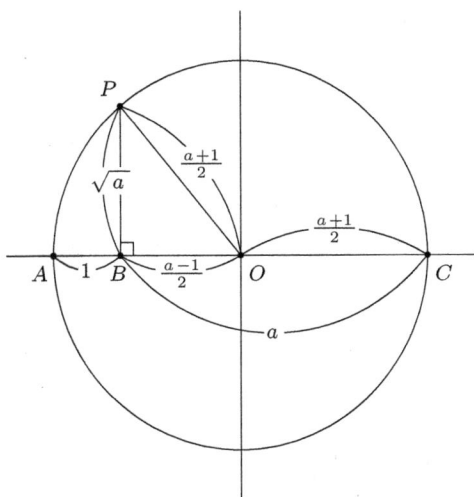

用直尺与圆规可以开根号（通过 a 得出 $\sqrt{a}$）

用直尺与圆规开根号的作图步骤

1. 从点 A 往右，在距离为 1 的地方，得到点 B。（1 是规矩数）

2. 从点 B 往右，在距离为 a 的地方，得到点 C。（a 是给定的规矩数）

3. 从点 C 往左，在距离为 $\frac{a+1}{2}$ 的地方，得到点 O。

   （$\frac{a+1}{2}$ 中的加法运算与除法运算可以用直尺与圆规画出来）

4. 以 O 点为圆心，画出圆周通过点 C 的圆

5. 画垂直于点 B 的直线，设此直线与圆的其中一个交点为点 P

6. 通过上述步骤得到的点 B 与点 P 的距离就是我们想求的 $\sqrt{a}$

"由勾股定理可知，点 B 与点 P 的距离 $\overline{BP}$ 等于 $\sqrt{a}$。"

$$\overline{BP}^2 + \overline{BO}^2 = \overline{OP}^2 \qquad \text{根据勾股定理}$$

$$\overline{BP}^2 + \left(\frac{a-1}{2}\right)^2 = \left(\frac{a+1}{2}\right)^2 \qquad \text{用 } a \text{ 表示边长}$$

$$4\overline{BP}^2 + a^2 - 2a + 1 = a^2 + 2a + 1 \qquad \text{将式子展开，去除分母}$$

$$\overline{BP}^2 = a \qquad \text{计算}$$

$$\overline{BP} = \sqrt{a} \qquad \text{取正的 2 次方根，得到 } \overline{BP}$$

"哇！"尤里大叫。

"我们已经知道用直尺与圆规可以求 2 次方根了，我们也知道所有有理数都是规矩数。所以，若 a 是正的有理数，则 $\sqrt{a}$ 是规矩数，比如 $\sqrt{2}$、$\sqrt{3}$、$\sqrt{0.5}$ 等都是规矩数。"

$$\sqrt{2} \in D$$

$$\sqrt{3} \in D$$

$$\sqrt{0.5} \in D$$

$$\sqrt{a} \in D \qquad (a \in \mathbb{Q}, a > 0)$$

"嗯。"

"还可以重复开根号。也就是说，

$$a \in D \Rightarrow \sqrt{a} \in D \qquad (a > 0)$$

所以若 a 为正的有理数……"

$$\sqrt{a} \in D$$

$$\sqrt{\sqrt{a}} \in D$$

$$\sqrt{\sqrt{\sqrt{a}}} \in D$$

$$\sqrt{\sqrt{\sqrt{\sqrt{a}}}} \in D$$

"啊！可以重复啊！"

"因为通过这种方式得出的数也能进行加减乘除运算，所以若 p、q、r 是正的有理数，以下式子成立。"

$$\sqrt{\sqrt{p}+\sqrt{q}} \in D$$

$$\sqrt{\sqrt{p}+\sqrt{\sqrt{q}}}+\sqrt{r} \in D$$

$$\sqrt{\sqrt{\sqrt{p}+\sqrt{\sqrt{q}}}+\sqrt{r}} \in D$$

"等一下，哥哥。$\sqrt{a}$ 可以作图，$\sqrt{\sqrt{a}}$ 可以作图，$\sqrt{\sqrt{\sqrt{a}}}$ 可以作图……既然如此，任何数都可以作图吗？"

"不是。不是任何数都能作图的，只有 2 次方根可以作图。举例来说 $\sqrt{\sqrt{a}}=\sqrt[4]{a}$，$\sqrt{\sqrt{\sqrt{a}}}=\sqrt[8]{a}$，所以单纯重复开根号能够作图的只有 2^n 次方根。"

"这样啊……为什么只能用 2 次方根来着？"

"直线可以写成一次方程，圆可以写成二次方程，它们的交点可以用联立方程组求出来。联立方程组中只会出现一次方程与二次方程，所以可以通过作图表示的数，只有一次方程的解或二次方程的解。"

"然后呢？"

"一次方程可以用四则运算来解。你想想求根公式就知道二次方程要用加减乘除与开根号来解，也就是只能用 2 次方根来解。"

"没错。"

"总之，规矩数是

重复进行加减乘除运算与开根号运算能得出的数

只要好好建立直线与直线，直线与圆，圆与圆的联立方程组，求出交点的坐标，就能理解什么是规矩数了。其中，圆的方程比较复杂。"

我正要写圆的方程时，列车停了下来。

"哥哥，到了！"

"圆的方程就当作你的家庭作业吧。我们得爬一段坡才能到双仓图书馆。"

"那段斜坡好长好长。"

"别发牢骚，再长的坡只要一步步前进，最后都能走完。"

"反正'最多也是有限次'，对吧？"

5.3　三角函数的世界

5.3.1　双仓图书馆

双仓图书馆建在海边的山丘上。

爬着斜坡，由车站走向共有三层的双仓图书馆，最先看到的是它白色的圆顶，接着才会看到左右对称的美丽图书馆。

背对图书馆朝大海望去，可以看见矗立于海角的灯塔。若天气好，连远方的水平线都能清楚看见，景致非常好。

双仓图书馆是双仓博士设立的私人图书馆，数学理论类的藏书很丰富，会举办小型研讨会等，是致力于普及数学知识和物理知识的机构。双仓博士在美国担任数理研究所的所长，好像是米尔嘉的阿姨。我没见过她。

我们参加过几次这里举办的研讨会，也曾借用这里的会议室一起研究数学。这里是自主学习、与同好人士交流的好去处。

但是……

今天图书馆的门口放着"闭馆"的大告示板。

"尤里，今天是休馆日！"我说。

"咦？怪了……"

"你没确认图书馆的闭馆时间吗？"

"没事，我们可以进去。"

图书馆的正门开着，我们进入大厅。里面没有人。海的气味与书本的气味交融。这是个很凉爽的空间。站在高阶楼梯上可以透过玻璃看见每层楼。上面的楼层没有人的踪影。

突然，响起口哨声。

"什么声音？"尤里问。

"嘘！"

我四处张望，没有任何人。

不远处传来口哨的旋律。

我听过这首曲子。

我们朝着声音的方向前进，窥探书架后方。

一位红发少女坐在沙发上。

她将一台红色的笔记本电脑放在膝盖上，一边吹着口哨，一边快速打字。

"小理纱？"我向少女打招呼。

她回头看我，用沙哑的声音说："把'小'去掉。"

她是双仓理纱，上高中一年级，是双仓博士的女儿。

5.3.2 理纱

高三的我，初三的尤里，还有高一的理纱。

我们三人坐在双仓图书馆无人大厅的沙发上。

"我听说今天有筹备委员会。"尤里说。

"有啊。"理纱面无表情地对尤里说，"不过已经结束了。"

理纱的头发是红色的。发型很随意，像是随便剪的。虽然发型给人一种野蛮的感觉，但她沉默寡言，几乎不与人长时间交谈。说话时也总是突然吐出几个关键词。比起与人交谈，跟计算机对话或许更令她开心吧。

"什么?!"尤里说，"我明明和那个家伙约好了。"

（那个家伙？）

"他来过了。"理纱说。

"不是说今天下午 3 点开始吗？"

"今天上午 10 点开始。"理纱回答，"午餐后结束的。"

"你们在说什么啊？尤里，是你弄错时间了吧。"

"怎么这样！我还预习了一下。"

"总之我们已经讨论完海报的整理方式了。"理纱面无表情地说。

"海报是什么？"我问。

"正在准备。"理纱回答。

沉默。

我还是搞不懂她们在说什么。

"呃……是在说文化节的事？那个文化节，就是类似于研讨会吧？比如讨论三等分角问题什么的。"我问。

"那只是其中一部分。"理纱回答。

沉默。

我不太懂她的意思。真是令人不耐烦。

"小理纱负责文化节的行政工作吗？"我问。

"不要加'小'。"理纱回答。

"理纱负责文化节的行政工作吗？"我重新问。

理纱点头。

沉默。

"总之，今天这场筹备委员会已经结束了，对吧？"我问。

理纱点头。

点头传递给我的信息只有一点点，所以话题很难进行下去。

"米尔嘉回去了吗？"我问。

"米尔嘉？"理纱微微皱起眉头，"她来过，早就回去了。"她轻轻咳了一声。

"那个家伙有说什么吗？"尤里问理纱。

"用直尺与圆规进行加减乘除运算和开根号运算。"理纱回答。

"哎呀，我不是问这个。我是说他有没有什么话要跟我说的……"尤里支支吾吾。

虽然交流不怎么顺畅，但我已大致了解了文化节是怎么回事。应该是利用假期，爱好数学的人聚在一起各自发表一些内容的活动，类似于研讨会。看来米尔嘉很积极参与这类数学活动。高中生、大学生、社会人士……她正打破身份的框架，不断拓宽自己的活动范围。

尤里的男朋友 —— 尤里称为那个家伙的初中生，应该也与这次的文化节有关。

态度冷淡却擅长担任负责人的理纱，会负责这次文化节的行政工作。这一点也与往常一样。

"关于三等分角问题，你们谈过 60° 吗？"尤里重新问理纱。

"$\frac{\pi}{3}$。"理纱回答。

"哥哥，$\frac{\pi}{3}$ 是什么？"

"$\frac{\pi}{3}$ 是角的弧度表示。"我补充理纱语义不清的回答，"她只是将角度说成了弧度而已。π 弧度是 180°，所以 $\frac{\pi}{3}$ 弧度是 60°。你们果然谈过 60° 的三等分问题了。"

"这样啊。呜 —— 你们是怎么讨论的喵？"

"有没有留下什么？板书之类的。"我问理纱。

"没有。"理纱操作着笔记本电脑，简单回答。

"虽然很可惜，不过我们还是回去吧。回家我们再一起想吧。"我对尤里说。

"唔……"尤里似乎有些不满。

"$\cos \frac{\pi}{9}$。"理纱说。

"$\cos \frac{\pi}{9}$？那是什么？"

"是 $\cos 20°$ 吧。"我说，"原来如此！"

"什么原来如此？"

"如果 $\cos 20°$ 是规矩数，我们就能画出 20° 的角。反过来，如果可以画出 20° 的角，$\cos 20°$ 就是规矩数。因此，我们只要研究 $\cos 20°$ 就可以了。"

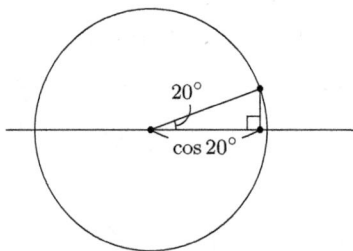

接着，我和尤里讨论了一阵子，确认了今后筹备委员会的日程。

"那今天我们就先回去了。"我对理纱说。

理纱点点头。

我与尤里离开双仓图书馆，刚踏出图书馆就感受到了天气的炎热。理纱站在门口目送我们。

"你们刚才说的文化节就是研讨会那样的数学活动吧？"我和她确认，"海报是什么？"

"发表内容的提纲。"理纱说。

"原来如此。不过要是文化节的话，很少有人会看这种东西吧？大家只会视而不见地走过去。"

理纱侧首，一脸不解。

"我不是在发牢骚。只是数学那么抽象，无法让人轻易看到整体。我们要是不动点脑筋，通过图示让数学变得'看得见'，就很难继续研究下去。"

理纱点头。

"我们先走了。"

"就像建塔那样？"理纱面无表情地说。

"塔？"

5.3.3 离别之际

在回程的电车中，尤里保持沉默。

快到目的地时，她终于开口。

"我是笨蛋吧？"

"尤里才不是笨蛋呢。你怎么了？"

我好久没听到尤里说这种话了。

"我和他不可能一直在一起吧？"

和谁？我吞下差点说出口的话。

尤里指的当然是"那个家伙"。今天尤里没能见到男朋友。因为不在同一所学校，两个人很难见到面。他是尤里的数学伙伴。

"你再跟他联系不就好了。今天的事情也可以当成你们之间的话题。"

我故意用轻松的语气说。

"哥哥，今天很抱歉喵。"

"嗯？"

"你明明在准备考试，我还硬拉你出来……三等分角问题也没有完全弄清楚。"

"什么啊，没关系啦。我们再一起研究数学吧！"

"我们只要研究 cos 20° 就可以吧？"尤里说。

"对，我们只要能证明 cos 20° 这个数不属于规矩数的集合 D 就可以了。但是，要研究 cos 20° 是怎样的数好像很难……重复加减乘除运算与开根号运算能画出 cos 20° 的图吗？"

"使出必杀技呀！微积分或是方程之类的。"

"你别只列出一堆关键词。"我笑着抚摸尤里的头。

如果是平常的话，她会很嫌弃地说"你干嘛"，不过今天她很温顺地让我摸头。

5.4 方程的世界

5.4.1 看穿结构

深夜，我在房间念书。

但是，我一直很在意 cos 20°。其实用可以处理 cos 的计算器，就能算出

$$\cos 20° = 0.939\ 692\ 620\ 785\ 908\ 384\ 054\ 109\ 277\ 324\ 73\ldots$$

但是，我想知道的并不是具体数值。

我想知道的是，cos 20° 是否为规矩数，即对有理数重复进行加减乘除运算与开根号运算，能不能得到 cos 20°。我想证明 cos 20° 不是规矩数，为此我不能只关注数值，必须看穿 cos 20° 所拥有的性质。对，我得用看穿结构的慧眼……

问题 5-3（cos20°的作图可能性）

cos 20° 是规矩数吗？

今天尤里好可怜，没能在双仓图书馆见到"那个家伙"。我想起离别之际她说的话。

使出必杀技呀。

微积分或是方程之类的。

我抚摸尤里的头 —— 嗯？

方程？

我想研究 cos 20° 的性质。既然如此，研究 cos 20° 是何种方程的解怎么样呢？

感觉不错！

我起身，绕着房间走。通过敲打书架来平息新发现带来的兴奋。发现 —— 对，我发现了用来找到答案的问题。

cos 20° 是何种方程的解？

无理数 $\sqrt{2}$ 是 $x^2 - 2 = 0$ 这个方程的其中一个解，而虚数单位 i 是 $x^2 + 1 = 0$ 这个方程的其中一个解。那么

cos 20° 是何种方程的解？

想想吧。

想想吧。

绞尽脑汁挤出自己对 cos 的认识吧。

三角函数、单位圆的 x 坐标、$\cos^2\theta + \sin^2\theta = 1$ 成立、取值范围是

大于等于 −1 小于等于 1、用内积计算、余弦定理、角度…… 角度?

三等分角?

三等分角!

20° 是 60° 的三分之一。我虽然不懂 cos 20°,但是很懂 cos 60°。cos 60° 是 $\frac{1}{2}$。而 cos 20° 与 cos 60° 是相关联的。没错,连接二者的就是三倍角公式!

我们可以马上导出三倍角公式。令旋转 3θ 的矩阵等于旋转 θ 的矩阵的 3 次方,就可以导出三倍角公式,得到解为 cos 20° 的方程!

$$旋转\ 3\theta\ 的矩阵 = 旋转\ \theta\ 的矩阵的\ 3\ 次方$$

$$\begin{pmatrix} \cos 3\theta & -\sin 3\theta \\ \sin 3\theta & \cos 3\theta \end{pmatrix} = \begin{pmatrix} \cos \theta & -\sin \theta \\ \sin \theta & \cos \theta \end{pmatrix}^3$$

计算一下右边。

$$\begin{pmatrix} \cos \theta & -\sin \theta \\ \sin \theta & \cos \theta \end{pmatrix}^3$$

$$= \begin{pmatrix} \cos \theta & -\sin \theta \\ \sin \theta & \cos \theta \end{pmatrix}^2 \begin{pmatrix} \cos \theta & -\sin \theta \\ \sin \theta & \cos \theta \end{pmatrix}$$

$$= \begin{pmatrix} \cos^2 \theta - \sin^2 \theta & -\cos \theta \sin \theta - \sin \theta \cos \theta \\ \sin \theta \cos \theta + \cos \theta \sin \theta & -\sin^2 \theta + \cos^2 \theta \end{pmatrix} \begin{pmatrix} \cos \theta & -\sin \theta \\ \sin \theta & \cos \theta \end{pmatrix}$$

$$= \begin{pmatrix} \cos^3 \theta - 3\cos \theta \sin^2 \theta & \sin^3 \theta - 3\cos^2 \theta \sin \theta \\ -\sin^3 \theta + 3\cos^2 \theta \sin \theta & \cos^3 \theta - 3\cos \theta \sin^2 \theta \end{pmatrix}$$

所以,以下式子成立。左边是"旋转 3θ 的矩阵",右边是"旋转 θ 的矩阵的 3 次方"。

$$\begin{pmatrix} \cos 3\theta & -\sin 3\theta \\ \sin 3\theta & \cos 3\theta \end{pmatrix} = \begin{pmatrix} \cos^3 \theta - 3\cos\theta\sin^2\theta & \sin^3\theta - 3\cos^2\theta\sin\theta \\ -\sin^3\theta + 3\cos^2\theta\sin\theta & \cos^3\theta - 3\cos\theta\sin^2\theta \end{pmatrix}$$

这个矩阵的元素彼此相等，所以我们可以得到三倍角公式。

$$\cos 3\theta = \cos^3\theta - 3\cos\theta\sin^2\theta \qquad \text{比较矩阵的元素得到此式}$$
$$\cos 3\theta = \cos^3\theta - 3\cos\theta(1 - \cos^2\theta) \qquad \text{因为}\sin^2\theta = 1 - \cos^2\theta$$
$$\cos 3\theta = 4\cos^3\theta - 3\cos\theta \qquad \text{计算}$$

三倍角公式

$$\cos 3\theta = 4\cos^3\theta - 3\cos\theta$$

将 $\theta = 20°$ 代入三倍角公式。

$$\cos 60° = 4\cos^3 20° - 3\cos 20°$$

$\cos 60° = \frac{1}{2}$，所以以下式子成立。

$$\frac{1}{2} = 4\cos^3 20° - 3\cos 20°$$

两边乘以 2，整理后可得到以下式子。

$$8\cos^3 20° - 6\cos 20° - 1 = 0$$

想求的是 $\cos 20°$ 的值。将 $\cos 20°$ 设为 X，就可以得出 X 的三次方程。$X = \cos 20°$ 是以下三次方程的其中一个解。

$$8X^3 - 6X - 1 = 0 \qquad \text{满足} X = \cos 20° \text{的方程}$$

令 $x = 2X$，方程会变得更简单。

$$8X^3 - 6X - 1 = 0 \qquad \text{满足 } X = \cos 20° \text{ 的方程}$$
$$(2X)^3 - 3(2X) - 1 = 0 \qquad \text{整理为 } 2X \text{ 的形式}$$
$$x^3 - 3x - 1 = 0 \qquad \text{令 } x = 2X$$

因为 $x = 2X$，所以 $x = 2\cos 20°$ 是方程 $x^3 - 3x - 1 = 0$ 的其中一个解。算到这里，直尺和圆规完全没有发挥作用。我该研究的对象是这个三次方程。

$$x^3 - 3x - 1 = 0$$

这个三次方程有 3 个解，其中一个解是 $2\cos 20°$。所以如果能证明这个方程的解中没有规矩数，便能证明 $2\cos 20°$ 无法用直尺与圆规作图。既然 $2\cos 20°$ 不能作图，那么 $\cos 20°$ 也不能作图；既然 $\cos 20°$ 不能作图，那么 $20°$ 也不能作图；既然 $20°$ 不能作图，$60°$ 就无法通过直尺与圆规实现三等分。我想证明的正是这个！

三次方程 $x^3 - 3x - 1 = 0$ 是 $60°$ 能不能实现三等分的关键，它是 $60°$ 的三等分方程！

问题 5-4（60°的三等分方程）

以下方程有规矩数的解吗？

$$x^3 - 3x - 1 = 0$$

啊，注意注意！

如果 $x^3 - 3x - 1 = 0$ 没有一个解是规矩数，的确可以说明 $2\cos 20°$ 不能通过直尺与圆规画出来。

但是除了 $2\cos 20°$，这个方程也可能有其他解是规矩数……不，这

种事现在说也没用，我还是先集中思考 $x^3 - 3x - 1 = 0$ 是否有规矩数
的解吧。

5.4.2 用有理数练习

深夜，我在自己的房间。写在笔记本上的算式会把我引到哪里呢？

$$x^3 - 3x - 1 = 0 \quad （60°的三等分方程）$$

我想证明这个方程没有规矩数的解。

要证明没有，一定得使用反证法吧。

我设想了一下证明的流程。假设这个方程的解中有规矩数，将这个
解设为 α，计算过程中应该会出现矛盾。而规矩数 α 的形式可能很复杂。
2 次方根可以重复，因为圆规重复使用几次都可以。比如以下形式。

$$2 + \sqrt{3 + \sqrt{\sqrt{5} + \sqrt{\sqrt{7} + 11\sqrt{13} + \sqrt{17}}}}$$

我还没有处理过这种复杂的数。

重新站稳，准备迎战吧。

我还不清楚规矩数集合 D 到底是什么。

先试着用有理数域 $\mathbb{Q}$ 来练习一下吧。虽然这么做可能会浪费一些时间。

首先，不在规矩数 D，而在有理数域 $\mathbb{Q}$ 的范围内思考吧。

问题 5-5（60°的三等分方程和有理数的解）

以下方程有有理数的解吗？

$$x^3 - 3x - 1 = 0$$

因为 $\mathbb{Q} \subset D$，所以方程 $x^3 - 3x - 1 = 0$ 在 $\mathbb{Q}$ 的范围内应该无解。我的预想如下。

想证明的命题：$x^3 - 3x - 1 = 0$ 没有有理数的解

用反证法来证明，即假设上述命题的否定形式。

反证法的假设：$x^3 - 3x - 1 = 0$ 有有理数的解

有理数的解可以写成 $\frac{A}{B}$，A 与 B 是整数，$B \neq 0$。即使假设 A 与 B 互质，这一结论也具有普遍性。A 与 B 互质，指 A 与 B 的最大公约数是 1。也就是说，分数 $\frac{A}{B}$ 是约分后的形式。

$$x^3 - 3x - 1 = 0 \qquad \text{60}° \text{ 的三等分方程}$$

$$\left(\frac{A}{B}\right)^3 - 3\left(\frac{A}{B}\right) - 1 = 0 \qquad \text{代入 } x = \frac{A}{B}$$

$$A^3 - 3AB^2 - B^3 = 0 \qquad \text{两边乘以 } B^3 \text{，消去分母}$$

$$A^3 = 3AB^2 + B^3 \qquad \text{将 } -3AB^2 - B^3 \text{ 移到右边}$$

$$A^3 = (3A + B)B^2 \qquad \text{提取 } B^2$$

这样一来，$x^3 - 3x - 1 = 0$ 就变成了 $A^3 = (3A + B)B^2$ 这种积的形式。不错不错。积的形式便于处理很多整数问题，因为我可以用质因数探情况，还可以用除法分析算式。

A 与 B 都是整数。因为整数的结构通过质因数表示，所以我要注意整数 A 的质因数，也就是除尽 A 的质数。选一个整数 A 的质因数，将其设为 p。

不过，质因数 p 可能不存在。我还是先来处理 $A = 0, 1, -1$ 的情况吧。

我盯着 $A^3 = (3A + B)B^2$ 思考。

<u>当 $A = 0$ 的时候</u>，左边是 $A^3 = 0$，右边是 $(3A + B)B^2 = B^3$，因此 $B = 0$。不符合 $B \neq 0$，所以 $A \neq 0$。

<u>当 $A = 1$ 的时候</u>，左边是 $A^3 = 1$，右边是 $(3A + B)B^2 = (B + 3)B^2$。它不可能等于1，所以 $A \neq 1$。

<u>当 $A = -1$ 的时候</u>，左边是 $A^3 = -1$，右边是 $(3A + B)B^2 = (B - 3)B^2$。它不可能等于-1，所以 $A \neq -1$。

由此可见，A 不是 0、1、-1，所以可以选出一个质因数 p。而且即使 $A > 0$，也不会丧失普遍性，因为如果 $A < 0$，反转 B 的正号和负号，也能在不改变 $\frac{A}{B}$ 的值的情况下让 $A > 0$。我先以 $A > 0$ 来思考吧。

假设 A 的质因数之一是 p，$A^3 = (3A + B)B^2$ 中的 A^3 就能用 p 除尽，因为 A 可以用 p 除尽。

可是，右边的 $(3A + B)B^2$ 不能用 p 除尽。A 可以用 p 除尽，$3A$ 也可以用 p 除尽。因此，$3A + B$ 除以 p 的余数等于 B 除以 p 的余数。而 A 与 B 互质，B 除以 p 的余数不可能是 0，所以 <u>$3A + B$ 不能用 p 除尽</u>。

此外，<u>B^2 也不能用 p 除尽</u>，因为如果 B^2 可以用 p 除尽，p 便是质数，B 也能用 p 除尽，如此一来，A 与 B 便不互质，A 与 B 的最大公约数也不是 1。因此，右边的 $(3A + B)B^2$ 不能用 p 除尽。

根据以上推论，等式 $A^3 = (3A + B)B^2$ 会产生以下的矛盾

- 左边可以用 A 的质因数 p 除尽
- 右边不能用 A 的质因数 p 除尽

因此，反证法的假设不成立。

反证法的假设的否定：$x^3 - 3x - 1 = 0$ 没有有理数的解

证明完毕。

解答 5-5（60° 的三等分方程与有理数的解）

以下方程没有有理数的解。

$$x^3 - 3x - 1 = 0$$

60° 的三等分方程没有有理数的解。这符合我的预料。

可是，前面讲的内容只是练习。虽然 $x^3 - 3x - 1 = 0$ 没有有理数的解，但我不能说它没有规矩数的解。

规矩数是对有理数重复进行加减乘除运算与开根号运算的数。虽说可以在有限次的范围内重复好多次，但这个重复到底该怎么处理呢？

5.4.3   一步的重复

我在房间独自与方程搏斗。60° 的三等分方程没有有理数的解已经证明完成。

但是，我想知道的是 60° 的三等分方程有没有规矩数的解。

问题 5-4（60° 的三等分方程）

以下方程有规矩数的解吗？

$$x^3 - 3x - 1 = 0$$

规矩数中出现的重复开根号到底该怎么处理呢？

重复好多次 …… 不对，不管重复多少次都是一步一步积累而成的。

试着只前进一步吧！限制只使用一个 2 次方根。

假设只进行一次开根号运算的数为 $p + q\sqrt{r}$。

方程 $x^3 - 3x - 1 = 0$ 有 $p + q\sqrt{r}$ 这种形式解吗?

这里的 p、q、r 是怎样的数?我闭目思考。

5.4.4 能进入下一个步骤吗?

我突然惊醒,原来我趴在桌上睡着了。

这里是我的房间。我看了下时钟,现在是凌晨一点半。

我在思考什么来着……对了,是方程 $x^3 - 3x - 1 = 0$ 的解是否会变成 $p + q\sqrt{r}$ 的形式。我的想法是

让"重复好多次"归结为"一步一步进行积累"。

也就是说,我想证明的命题是方程 $x^3 - 3x - 1 = 0$ 的解

无法以 $p + q\sqrt{r}$ 的形式表示,$p, q, r \in \mathbb{Q}$。

如果能证明这个命题,应该就可以证明重复有限次的开根号运算不能得到解。不对不对,冷静。我还是按照顺序来思考吧。

首先,假设 $K = \mathbb{Q}$,方程 $x^3 - 3x - 1 = 0$ 的解

无法以 $p + q\sqrt{r}$ 的形式表示,$p, q, r \in K$。

接着令 $p, q, r \in K$,假设形式为 $p + q\sqrt{r}$ 的数的集合为 K',则方程 $x^3 - 3x - 1 = 0$ 的解

无法以 $p' + q'\sqrt{r'}$ 的形式表示,$p', q', r' \in K'$

如此重复下去。

无法以 $p'' + q'' \sqrt{r''}$ 的形式表示，$p'', q'', r'' \in K''$。

无法以 $p''' + q''' \sqrt{r'''}$ 的形式表示，$p''', q''', r''' \in K'''$。

依序思考 $K, K', K'', K''', \cdots$ 的集合，其中 $k = \mathbb{Q}$。这种集合是**域**，而且是米尔嘉以前说过的"通过**添加**数而形成的域"！

能进行加减乘除运算的数构成集合，在此集合中加入"一滴新的数"—— $\sqrt{r}$。

这一滴新的数会使数的范围一下子扩展开来。

接着往下思考。现在把 K 当作域。假设

$$K' = \{p + q\sqrt{r} \mid p, q, r \in K, \sqrt{r} \notin K\}$$

这里的 K' 是 K 加上 $\sqrt{r}$ 所形成的域，也就是

$$K' = K(\sqrt{r})$$

K' 变成域 $K(\sqrt{r})$。实际进行四则运算马上就能证明这一点。若方程 $x^3 - 3x - 1 = 0$ 在域 K 的范围内没有解……

$$x^3 - 3x - 1 = 0 \text{ 在域 } K(\sqrt{r}) \text{ 的范围内没有解}$$

这是我想证明的事。如果可以证明这一步，再重复这个步骤，便能证明重复有限次的开根号不能求得解！

前提条件：$x^3 - 3x - 1 = 0$ 在 <u>域 K</u> 的范围内没有解

想证明的事：$x^3 - 3x - 1 = 0$ 在 <u>域 $K(\sqrt{r})$</u> 的范围内没有解

使用反证法证明。

反证法的假设： $x^3 - 3x - 1 = 0$ 在域 $K(\sqrt{r})$ 的范围内有解

我的目标是将这个假设导向矛盾。假设 $x^3 - 3x - 1 = 0$ 在域 $K(\sqrt{r})$ 的范围内有解，将这个解设为 $p + q\sqrt{r} \in K(\sqrt{r})$。

此时，$q \neq 0$，因为如果 $q = 0$，$p + q\sqrt{r} = p \in K$，这就违反了方程 $x^3 - 3x - 1 = 0$ 在域 K 的范围内无解的前提条件。同样，$r \neq 0$。

因为 $p + q\sqrt{r}$ 是方程的解，所以将 $x = p + q\sqrt{r}$ 代入式子 $x^3 - 3x - 1$，结果应该等于 0。

$$
\begin{aligned}
x^3 - 3x - 1 &= (p + q\sqrt{r})^3 - 3(p + q\sqrt{r}) - 1 \\
&= (p^3 + 3p^2 q\sqrt{r} + 3pq^2\sqrt{r}^2 + q^3\sqrt{r}^3) - 3p - 3q\sqrt{r} - 1
\end{aligned}
$$

不考虑虚数解，所以 $r > 0$，使用 $\sqrt{r}^2 = r$ 与 $\sqrt{r}^3 = r\sqrt{r}$。

$$
= (p^3 - 3p - 1 + 3pq^2 r) + 3p^2 q\sqrt{r} + q^3 r\sqrt{r} - 3q\sqrt{r}
$$

提取 $q\sqrt{r}$。

$$
\begin{aligned}
&= (p^3 - 3p - 1 + 3pq^2 r) + (3p^2 + q^2 r - 3)q\sqrt{r} \\
&= 0
\end{aligned}
$$

因此，

$$
\underbrace{(p^3 - 3p - 1 + 3pq^2 r)}_{\text{属于域 } K} + \underbrace{(3p^2 + q^2 r - 3)q}_{\text{属于域 } K}\sqrt{r} = 0
$$

也就是说，如果假设 $P = p^3 - 3p - 1 + 3pq^2 r$，$Q = (3p^2 + q^2 r - 3)q$，便能得到 $P \in K$，$Q \in K$，$P + Q\sqrt{r} = 0$。

可是，这代表什么呢？

现在，在"在域 K 的范围内没有解"的前提条件下，我想证明

$$在域 K(\sqrt{r}) \text{ 的范围内没有解}$$

然后……我闭目思考。

5.4.5　发现了吗?

我突然惊醒，原来我又趴在桌上睡着了。

我看了下时钟，时间是凌晨三点半，夜更深了。

我在思考什么来着?

在"方程 $x^3 - 3x - 1 = 0$ 在域 K 的范围内没有解"的前提条件下，假设在域 $K(\sqrt{r})$ 的范围内有 $p + q\sqrt{r}$ 这种形式解，会产生矛盾。

设 $P = p^3 - 3p - 1 + 3pq^2r$ 和 $Q = (3p^2 + q^2r - 3)q$，则 $P + Q\sqrt{r} = 0$ 成立。

但是，要怎么引出矛盾呢? 我还不知道该怎么做。

我虽然异常清醒，但喉咙非常渴。

我去厨房喝水。夜晚的空气好沉闷。

刚刚，我做了梦。我在梦中意识到了什么东西……纽带?

纽带是什么?

我意识到了什么。纽带 —— 应该是家人之间的纽带吧。

理纱的妈妈是双仓博士，双仓博士是米尔嘉的阿姨。算起来，米尔嘉与理纱是表姐妹。我的表妹是尤里。不对，我不该想这种事，不要想纽带。

是轭才对。

泰朵拉说

婚姻是"与你共轭"的约定。

米尔嘉说

共轭的解共同拥有方程这个轭。

就是这个!

若二次方程有 $a + bi$ 这个解，此方程也会有 $a - bi$ 这个解。$a + bi$ 与 $a - bi$ 是共轭复数。如果将 i 写成 $\sqrt{-1}$，则此共轭复数会变成

$$a + b\sqrt{-1} \quad 和 \quad a - b\sqrt{-1}$$

继续推导，若方程 $x^3 - 3x - 1 = 0$ 拥有 $p + q\sqrt{r}$ 这个解，此方程是否也有 $p - q\sqrt{r}$ 这个解呢?

$$p + q\sqrt{r} \quad 和 \quad p - q\sqrt{r}$$

这两个解是否共同拥有 $x^3 - 3x - 1 = 0$ 这个轭呢?

确认一下吧! 我赶紧回到房间。

$x = p - q\sqrt{r}$ 是方程 $x^3 - 3x - 1 = 0$ 的解吗?

代入 $p - q\sqrt{r}$，应该能马上知道答案。

$$\begin{aligned} x^3 - 3x - 1 &= (p - q\sqrt{r})^3 - 3(p - q\sqrt{r}) - 1 \quad 代入 x = p - q\sqrt{r} \\ &= (p^3 - 3p^2 q\sqrt{r} + 3pq^2\sqrt{r}^2 - q^3\sqrt{r}^3) - 3p + 3q\sqrt{r} - 1 \\ &= p^3 - 3p^2 q\sqrt{r} + 3pq^2 r - q^3 r\sqrt{r} - 3p + 3q\sqrt{r} - 1 \\ &= (p^3 - 3p - 1 + 3pq^2 r) - (3p^2 + q^2 r - 3)q\sqrt{r} \\ &= P - Q\sqrt{r} \end{aligned}$$

这竟然与我刚才设的 $P = p^3 - 3p - 1 + 3pq^2 r$ 和 $Q = (3p^2 + q^2 r - 3)q$ 相同。

好有趣!

将 $p + q\sqrt{r}$ 与 $p - q\sqrt{r}$ 代入 $x^3 - 3x - 1$ 的 x 中，结果竟然变成 $P + Q\sqrt{r}$ 和 $P - Q\sqrt{r}$！

等一下，我冒出一个疑问。

我想表达的是 $P - Q\sqrt{r} = 0$，因为我想证明 $p - q\sqrt{r}$ 是 $x^3 - 3x - 1 = 0$ 的解。但是，这成立吗？

问题 5-6（我的疑问）

假设 K 为扩大有理数而形成的域，若 $P, Q, r \in K$，$\sqrt{r} \notin K$，以下式子成立吗？

$$P + Q\sqrt{r} = 0 \implies P - Q\sqrt{r} = 0$$

这个式子应该成立。我想这可以证明。我知道怎么解类似的问题。没问题。我的脑袋很清楚，继续向前冲吧。

5.4.6　预测与定理

虽然已经偏离三等分角问题了，但对整体进行回顾是之后的事情，现在先专注于证明"若 $P + Q\sqrt{r} = 0$，则 $P - Q\sqrt{r} = 0$"吧。

我知道怎么解类似的问题。

升学考试的练习题中有时会出现 $p + q\sqrt{2}$ 这样的数，$p, q \in \mathbb{Q}$。这时常会使用以下定理。

定理： $p + q\sqrt{2} = 0 \iff p = q = 0$ 　　$(p, q, 2 \in \mathbb{Q}, \sqrt{2} \notin \mathbb{Q})$

同样，$p, q, r \in K$，$\sqrt{r} \notin K$ 的域 K 也成立吧？我如此预测。

预测： $p + q\sqrt{r} = 0 \iff p = q = 0$ 　　$(p, q, r \in K, \sqrt{r} \notin K)$

接下来对上面的预测进行证明，毕竟"没有证明不能称为定理"。

思考扩大 $\mathbb{Q}$ 后形成的域 K，以及在 K 中添加 $\sqrt{r}$ 形成的域 $K(\sqrt{r})$ 吧。当然，要以 $r \in K$，$\sqrt{r} \notin K$ 为前提。

▶ $p + q\sqrt{r} = 0 \iff p = q = 0$ 的证明

$\impliedby$ 的证明很简单，因为如果 $p = q = 0$，很明显 $p + q\sqrt{r} = 0$。

▶ $p + q\sqrt{r} = 0 \implies p = q = 0$ 的证明

$\implies$ 的证明又怎么样呢？这个我会。假设 $p + q\sqrt{r} = 0$ 成立。这时，如果 $q = 0$，则 $p = 0$。如果 $q \neq 0$ ……

$$p + q\sqrt{r} = 0$$
$$q\sqrt{r} = -p$$
$$\sqrt{r} = -\frac{p}{q} \qquad \text{因为 } q \neq 0$$

左边的 $\sqrt{r}$ 不属于 K，但右边的 $-\frac{p}{q}$ 属于 K，反证法的假设产生矛盾。因此，一定有 $q = 0$，如此一来，$p + q\sqrt{r} = 0 \implies p = q = 0$ 成立。证明结束。

这样，我的预测就成为定理了！

定理：$p + q\sqrt{r} = 0 \iff p = q = 0 \qquad (p, q, r \in K, \sqrt{r} \notin K)$

这个定理化解了我的疑问（问题 5-6），因为 $P + Q\sqrt{r} = 0$，所以 $P = Q = 0$，$P - Q\sqrt{r} = 0$ 成立。

解答5-6（我的疑问）

假设 K 为扩大有理数而形成的域，若 $P, Q, r \in K$，$\sqrt{r} \notin K$，以下式子成立。

$$P + Q\sqrt{r} = 0 \implies P - Q\sqrt{r} = 0$$

因此，若 $p + q\sqrt{r}$ 为三等分方程 $x^3 - 3x - 1 = 0$ 的一个解，$p - q\sqrt{r}$ 也会是这个方程的解。换句话说，$p + q\sqrt{r}$ 与 $p - q\sqrt{r}$ 的确共轭！

进展不错。接着我该往哪里前进呢？

5.4.7   出路在哪里？

为了找到出路，我需要认真确认自己现在所处的位置。

目前为止，我知道了方程 $x^3 - 3x - 1 = 0$ 的 2 个解。这是三次方程，所以解应该有 3 个，假设这 3 个解为 α、β、γ。

$$\begin{cases} \alpha &= p + q\sqrt{r} \\ \beta &= p - q\sqrt{r} \\ \gamma &= ? \end{cases}$$

因为 $x^3 - 3x - 1 = 0$ 在 K 的范围内没有解，所以 $q \neq 0$ 成立。由此可知，$\beta = p - q\sqrt{r} \notin K$。

那么，$\gamma \in K$ 吗？$\gamma \notin K$ 吗？

我正在使用反证法证明，所以应该将假设导向矛盾。如果 $\gamma \in K$，证明就结束了，因为 $\gamma \in K$ 与"在域 K 的范围内无解"这个前提矛盾。

但是，γ 是怎样的数呢？我完全不清楚……

方程是 $x^3 - 3x - 1 = 0$ 这种形式。

已知 α、β、γ 中的 2 个解。

这 2 个解分别为 $\alpha = p + q\sqrt{r}$ 与 $\beta = p - q\sqrt{r}$。

我想得到 γ 的相关信息，什么都好。

我该怎么做？

我该怎么做？

······我不知道。

对了，泰朵拉好像说过她想要一本书——若有不懂的地方，就会"唰"地一下出现一根手指，帮她指出重点，告诉她这里很重要。

现在就是这种时刻，我好希望也能"唰"地一下出现一根手指，指点指点我。

那时我和泰朵拉在研究解的"和与积"。

因为 $\alpha = p + q\sqrt{r}$，$\beta = p - q\sqrt{r}$，所以解的和是 $\alpha + \beta = (p + q\sqrt{r}) + (p - q\sqrt{r}) = 2p$。$2p$ 属于 K。

我知道了！

是根与系数的关系！

只要使用三次方程的"根与系数的关系"即可！

$$(x - \alpha)(x - \beta)(x - \gamma) = x^3 - (\alpha + \beta + \gamma)x^2 + (\alpha\beta + \beta\gamma + \gamma\alpha)x - \alpha\beta\gamma$$

只要用这个恒等式，多项式 $x^3 - 3x - 1$ 便能写成以下形式。

$$x^3 - 3x - 1 = x^3 - (\alpha + \beta + \gamma)x^2 + (\alpha\beta + \beta\gamma + \gamma\alpha)x - \alpha\beta\gamma$$

比较两边 x^2 的系数。

$$\alpha + \beta + \gamma = 0$$

以上式子成立！这是 $x^3 - 3x - 1 = 0$ 的根与系数的关系。很好！

$$\alpha + \beta + \gamma = 0 \qquad \text{因为根与系数的关系}$$
$$(p + q\sqrt{r}) + (p - q\sqrt{r}) + \gamma = 0 \qquad \text{代入 } \alpha = p + q\sqrt{r}, \beta = p - q\sqrt{r}$$
$$2p + \gamma = 0 \qquad \text{计算}$$
$$\gamma = -2p \qquad \text{将 } 2p \text{ 移到右边}$$

太好了！

导出 $\gamma = -2p$ 了。因为 $p \in K$，所以 $-2p \in K$，$\gamma \in K$！

导出的结果：$x^3 - 3x - 1 = 0$ 在 K 的范围内有解。

前提条件：$x^3 - 3x - 1 = 0$ 在 K 的范围内无解。

二者矛盾。

因此反证法的假设不成立。

在 "$x^3 - 3x - 1 = 0$ 在域 K 的范围内没有解" 的前提条件下，
$x^3 - 3x - 1 = 0$ 在 $K(\sqrt{r})$ 的范围内没有解。

证明完成！

…… 如果要证明得漂亮，应该用数学归纳法。

对于大于等于 0 的整数 n，将域 K_n 定义成以下形式。

$$\begin{cases} K_0 & = \mathbb{Q} \\ K_{k+1} & = \{p + q\sqrt{r} \mid p, q, r \in K_k, \sqrt{r} \notin K_k\} \\ & = K_k(\sqrt{r}) \quad (r \in K_k, \sqrt{r} \notin K_k) \end{cases} \quad \begin{matrix} k = 0, 1, 2, 3, \cdots \\ r \text{ 随着 } k \text{ 固定} \end{matrix}$$

接着，将命题 $P(n)$ 定义为以下形式。

命题 $P(n)$：方程 $x^3 - 3x - 1 = 0$ 在域 K_n 的范围内没有解。

以数学归纳法证明，对大于等于 0 的任何整数 n 而言，命题 $P(n)$ 成立。

步骤(a)：$P(0)$ 用练习时的方法证明。方程 $x^3 - 3x - 1 = 0$ 在 $\mathbb{Q}$，也就是在域 K_0 的范围没有解。

步骤(b)：$P(k) \Rightarrow P(k+1)$ 已经证明过了。因为 $x^3 - 3x - 1 = 0$ 的前提条件是在域 K_k 的范围内没有解，所以 $x^3 - 3x - 1 = 0$ 在域 $K_{k+1} = K_k(\sqrt{r})$ 的范围内没有解。

因为证明了步骤(a)与步骤(b)，根据数学归纳法，对大于等于 0 的任何整数 n 而言，$P(n)$ 成立，方程 $x^3 - 3x - 1 = 0$ 在域 K_n 的范围内没有解。

总之，这个方程从有理数开始，没有重复有限次加减乘除运算与开根号运算后能得到的解。换句话说，它没有规矩数的解。

证明完成！

解答 5-4（60° 的三等分方程）

以下方程没有规矩数的解。

$$x^3 - 3x - 1 = 0$$

从有理数开始，重复有限次加减乘除运算与开根号运算，无法求得 $x^3 - 3x - 1 = 0$ 的解，因为该方程在 $K_0 (= \mathbb{Q})，K_1，K_2，K_3，\cdots$ 任何一个域的范围内都不存在解。

也就是说，在有限的次数范围内使用直尺与圆规，不可能画出 $x^3 - 3x - 1 = 0$ 的解。

因此，$\cos 20°$ 不是规矩数。

解答 5-3（$\cos 20°$ 的作图可能性）

$\cos 20°$ 不是规矩数。

因此，$2\cos 20°$ 以及 $20°$ 不可能用直尺与圆规作图。

解答 5-2（$20°$ 角作图）

用直尺与圆规无法画出 $20°$ 角。

因为 $20°$ 不可能用直尺与圆规画出来，所以 $60°$ 无法用直尺与圆规实现三等分。

太棒了！

我终于证明了三等分角问题！

解答 5-1（三等分角问题）

只使用直尺与圆规，不一定可以三等分给定的角。

比如 $60°$ 的角就不能实现三等分。

我在数学相关的图书中得知三等分角问题。这是源自古希腊时代的问题，于十九世纪被人们解开。

> 只使用直尺与圆规,
>
> 不一定可以三等分给定的角。

只要读过这个命题,将它背起来,任谁都能说:"只使用直尺与圆规,不一定可以三等分给定的角。"

但是今晚,我证明了这个命题。

这是何等的喜悦啊!

人们在十九世纪解决的数学问题,即使我现在解开,在学问上也没有任何突破,毕竟这是已经被解开的问题。但是,对我来说不一样,完全不同。我用自己的头脑,针对一个问题亲自导出结论,这是用言语难以形容的喜悦。

双仓图书馆的文化节要讨论什么呢? 我也想去。可是,我有时间吗? 我得继续看书,准备考试。

先确认日期吧。

我看了一下理纱给我的备忘录 —— 双仓图书馆的文化节将在假期快结束的时候举办。

备忘录中写着"伽罗瓦节"。

伽罗瓦节?

> 我们的主张是,
>
> 不管给定什么样的角,
>
> 都没有在有限次数内使用直尺与圆规将角三等分的方法。
>
> 因此,如果在有限次数内使用直尺与圆规,
>
> 只要有一个无法准确三等分的角,
>
> 便能证明我们的主张。
>
> —— 矢野健太郎《三等分角》[9]

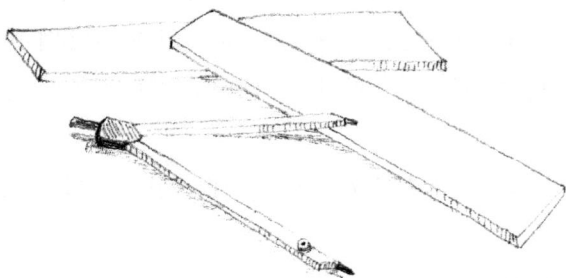

第6章
支撑天空之物

一般化的思路是将某样东西抽象化，

而非像魔法一样，在大雾之中凭空变出东西。

——伊恩·斯图尔特[17]

6.1 维度

6.1.1 庙会

"晚上好!"门口传来声音。

这里是我家，现在是傍晚时分。

我朝着门口走去，只见穿着浴衣①的尤里站在那里。

"可爱吧。"

尤里在门口转了一圈给我看。

她一身可爱的橙色浴衣，手拿着束口袋，马尾上插着小发簪，脚下踩着木屐。日式风格的尤里，真是罕见啊。

"尤里，这身打扮很适合你。"我说。

---

① 一种用棉布做的和服单衣。——编者注

"当然啦!"

"哎呀,是尤里啊。"妈妈来到门口,"你要去庙会吗?"

"对啊。今晚可以借哥哥一用吗?"

"请便请便。拿去当保镖吧。"妈妈说。

"哥哥,我们快点走吧。"

"庙会?"

6.1.2　四维世界

町内会主办的夏季庙会人潮涌动。有小学生团体,也有和家人一起来玩的,还有稀稀落落的情侣。

我与尤里逛着各种小摊儿。章鱼烧、炒面、可丽饼、棉花糖……还有可以捞金鱼和玩射击游戏的小摊。这就是庙会。

但是,没过多久,尤里便开始抱怨浴衣不方便,木屐不好走。我想这一定是因为她不习惯牛仔裤以外的打扮吧。

逛完一圈,我们买了炒面坐在长椅上。

"木屐带硌得脚趾好痛。"

尤里脱下木屐,按摩脚趾。

"咦,你脚上涂指甲油了?"我问。

"没有啊。"

"哦。"

"哥哥,你知道《四维世界》吗?"尤里穿好木屐后说。

"你是说《四维世界》那个电视剧吗?"

尤里最近沉迷于时空旅行的电视剧。

"对,里面出现了四维。

穿越长、宽、高和时间,

我们来趟四维旅行吧！

锵锵！这是片头曲。"

"唱得不错。"我敷衍尤里，"数学上的 n 维是说，指定某个特定的点时需要组合使用 n 个数。"

"这个我当然知道。哥哥，这个给你。"尤里把自己的红姜放到我的碟子上，"所以啊，长、宽、高和时间能定义四维吧？"

"这的确用了 4 个数来表示一点，不算错。那部电视剧讲的四维旅行中，时光机不仅能实现空间移动，还能实现时间移动。除了前后、上下、左右，也可以往过去与未来的方向移动。"

"所以，第 4 个维度是时间吧？"

"这里必须注意，长、宽、高、时间的确是四维，不过在数学上，这只是四维的一个例子。四维并不永远指长、宽、高、时间。数学上也有 n 维，像五维、六维等，但这些维度中不一定会有时间。只是当我们把数学中的维度应用在我们的世界，会将长、宽、高、时间形成的空间视为四维空间。"

"嗯 ——"

尤里吃完炒面，把碟子扔进垃圾桶。

"尤里，我来出一道简单的题吧。"

"什么题？"

"直线是一维图形，但直线在二维空间或三维空间，情况会发生改变。"

"不懂。"

"你可以想象在二维空间放 2 条直线的情况吗？"

"可以啊。在平面上画 2 条直线，对吧？"

"对。从平面上的 2 条直线的位置关系来看，

- 2 条直线重合
- 2 条直线相交于一点
- 2 条直线平行

有这几种可能。"

"我记得以前一起学联立方程组的时候做过这个！"

"对，你记得很清楚嘛。下面给你出道题。这次我们来思考三维空间。在三维空间放置 2 条直线。除了重合、相交于一点、平行这 3 种位置关系，还会形成什么样的位置关系呢？"

"呃……我先吃一个章鱼烧。"

"你还要吃啊？"

"我还在长身体，食欲正旺盛呢！"

问题 6-1（2 条直线的关系）

在三维空间放置 2 条直线，除了

- 重合
- 相交于一点
- 平行

这 3 种位置关系，还会形成什么样的位置关系？

6.1.3　章鱼烧

"好烫啊。"尤里吹着章鱼烧，大口吃下去。

"刚才提到维度。"我说，"我们可以用手指随意指定平面上的一点，也可以在平面上指出从原点横向前进某段距离、纵向前进某段距离的点，就像我们可以用'东经几度和北纬几度'这 2 个数的组合来指定地图上的某个位置一样。"

"2 个数的组合? 的确是。"

"能用 2 个数的组合指定一点的空间，称为**二维空间**；能用 3 个数的组合指定一点的空间，称为**三维空间**。依此类推，能用 4 个数的组合指定一点的空间，称为**四维空间**，不过四维空间无法画成图。"

"嗯……"

"用长、宽、高、时间表示的空间可以称为四维空间。但是，这里的时间只是一个例子。"

"这样啊。"尤里一圈圈转着束口袋说，"啊! 我知道那道题的答案了。很简单嘛，像这样。"

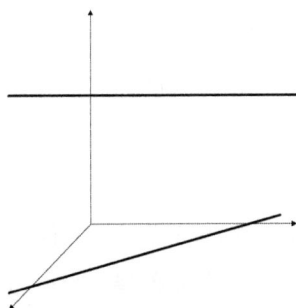

"对对对，这种位置关系称为**异面**。"

"异面……真是这样呢。"

解答6-1（2条直线的关系）

在三维空间放置2条直线，除了

- 重合
- 相交于一点
- 平行

这3种位置关系，还会形成

- 异面的位置关系。

6.1.4　支撑之物

"哥哥，维度是什么？"尤里问。

"咦？我刚才不是一直在说吗？如果是 n 维空间……"

"不是这个。哥哥，直线是一维图形，但是它也可以放在三维空间，对吧？"

"是啊。"

尤里边思考边说话的模样与泰朵拉有点像。虽然上初三的尤里没什么机会见到上高二的泰朵拉，但她们偶尔会一起做数学题。泰朵拉那种坚持不懈的学习方式，我似乎也能在尤里身上看到。

"我在意的是三维空间里的一点明明要用3个数才能表示，而一维图形的直线只用1个数…… 我讲不清楚！"

我想象尤里脑中的想法，接过话头。

"你想说的是直线是一维图形，用1个数便能指定一点，但是三维空间中的一点要用3个数表示，那么三维空间的直线上的一点，要用几个数才能表示？你的疑问是这个吧？"

"对对对！这种情况该怎么办呢？"

"这个问题很棒啊，尤里。"我夸奖她，"三维空间的直线上的一点的

确可以用 (x, y, z) 这 3 个数的组合来表示，但若加上'在这条直线上'的条件，也能用 1 个数表示。用向量的方式来思考会比较清楚。"

我在记事本上画了一张草图。

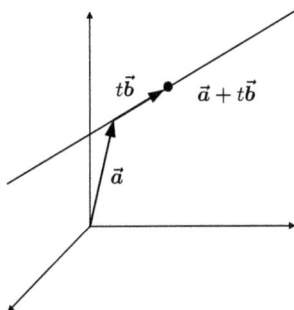

三维空间中的直线

"在这张图中，直线上的一点可以用向量 $\vec{a}$ 与向量 $t\vec{b}$ 的和来表示。也就是说，从原点先走到向量 $\vec{a}$ 的末端，再走到 t 倍向量 $\vec{b}$ 的位置。"

"我不明白。这样为什么是一维？"

"你注意看变量 t。$\vec{a}$ 与 $\vec{b}$ 是决定这条直线的向量，所以 t 的值能决定直线上的一点。因此，直线是一维的。"

"我不知道什么是向量，但数可以代入到这个 t 中吗？要是改变代入到 t 中的数，直线上的点就会移动，对吗？"

"对对对，就是这样。$\vec{a} + t\vec{b}$ 这个式子由向量 $\vec{a}$ 与向量 $\vec{b}$ 来决定直线，并用数 t 来表示在此直线上的一点。在 $\vec{b}$ 的方向上，点可以移动到任何地方，只要改变 t 就可以了。用这个式子可以摆弄这条直线，非常有趣。"

"数学爱好者的发言我听不太懂，不过我很喜欢哥哥讲的东西！"

尤里说着，挽住我的手臂。她身上飘来香皂的气味。

"时间不早了，我们该回家了。"

我们远离庙会的喧嚣，走在回家的路上。夜空中繁星闪烁，尤里的木屐咔嗒咔嗒地响着。

"好漂亮啊，满天的星星。"

"是啊。"

"偌大的宇宙，只用 3 个数的组合便能表示，真不可思议啊！"

"研究宇宙的学者应该会想更多吧。他们好像会用比四维更高的维度来表示宇宙。"

"什么意思？"

"具体我也不太清楚。不过为了准确表示宇宙中的一点，他们应该要用到更多的数，这样才有办法研究空间的性质。"

"我无法想象长、宽、高、时间以外的维度！"

"我也不能。也不知道能否用可见的形式来表示。顶尖的研究者应该会通过算式来看宇宙吧。"

"这样啊。宇宙真大啊！"

穿着浴衣的尤里呼喊着将双手伸向星空。

"尤里……"

"哥哥，我有点饿。"

"大的是尤里的胃吧！"

6.2　线性空间

6.2.1　图书室

"我跟尤里谈了这些。"我说。

"原来说了四维空间啊。"泰朵拉回答。

这里是图书室，今天我从下午开始在图书室准备考试。现在是休息时间，我正在和泰朵拉聊天。米尔嘉也在旁边，不过她好像在写东西。

"尤里最近沉迷于那部电视剧。"我说。

"科幻小说中常出现四维。"泰朵拉说，"四维这个词好像也有另一个世界的意思，跟'异次元'表示的意思差不多。"

"原来如此，或许吧。"

"四维空间这个词听起来很帅气。"泰朵拉转着大眼睛说，"'空间'这个词本身就很帅气，让人觉得很宽广……米尔嘉学姐，数学中的'空间'，英文是不是 space？"

"没错。"米尔嘉边写字边回答，"数学中的'空间'与'集合'的意思大致相同。我们大多将具有某种结构的集合称为空间，比如样本空间、概率空间、线性空间……"

泰朵拉举手。

"样本空间与概率空间我不久前学过。什么是线性空间呢？"

"线性空间是直觉上像空间的空间。"米尔嘉抬起头说，"它的英文是 vector space。"

"vector space……啊！是向量空间？"我说。

米尔嘉提到向量的时候总是说英文 vector。

"你知道线性空间的公理吗？"米尔嘉问我。

"不知道。"

"哦……"

米尔嘉冷淡地眯起眼睛，我慌张地补充道："但是我在书上看到过向量空间这个词。"

"抱歉。"泰朵拉说，"我搞混了。线性空间、vector space 以及向量空间完全一样吗？"

"完全一样，泰朵拉。"

"vector 是向量吧？"

"对。我只是说向量的时候会说 vector，但我不会把标量说成 scalar，没有一致性呢。"米尔嘉微笑，"算了，说 vector 只是我在装模作样——Shall we discuss in English？"

"If you prefer."泰朵拉回答。

"你们两个真是够了。"我赶紧阻止。

泰朵拉像在自言自语一样，说："向量是 vector，标量是 scalar……向量像个箭头，标量有种 scale 的感觉。"

"scale？"我问。

"对，扩增是 scale up，缩减是 scale down。"

"没错。"米尔嘉说，"线性空间中会出现向量与标量。标量会延伸向量或缩短向量。从某种意义上来说，泰朵拉说的 scale up 和 scale down 就是标量的作用。"

"原来如此。"我说。原来标量是这个意思啊。

"还有，线性独立的向量会展开线性空间。最多可以选出多少个线性独立的向量呢？这个个数就是维度。"

"这样啊！"我好像明白了些什么。

"那、那个……"泰朵拉好像还没有反应过来，"抱歉，出现太多新词，我的脑袋转不过来了。"

"我们来谈谈线性空间吧。"米尔嘉开始讲课。

6.2.2 坐标平面

"我们从坐标平面开始。"米尔嘉说，"坐标平面上的一点用 2 个数的组合来表示。比如 $(3, 2)$ 这个点，它是指 x 的坐标为 3、y 的坐标为 2 的点。"

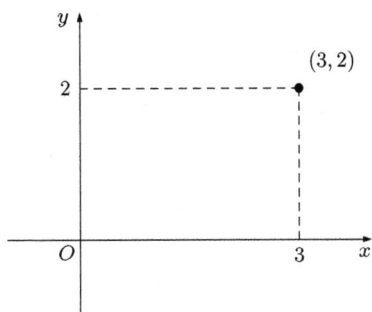

坐标平面

"明白了。"泰朵拉说。

"泰朵拉，坐标到底是什么？"米尔嘉问。

"把坐标平面想成方格纸，刻度 …… 就是坐标吧？"

"没错。制作刻度需要先决定单位刻度是多少，所以 ——"

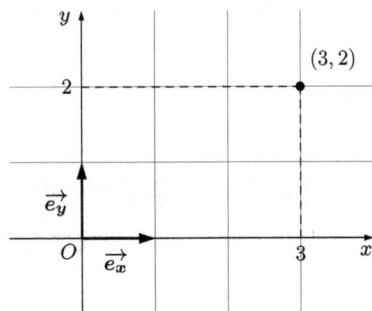

点 $(3, 2)$ 与向量 $\vec{e_x}$, $\vec{e_y}$

"啊 ……"

"这里写了向量 $\vec{e_x}$ 与向量 $\vec{e_y}$。我们将向量 $\vec{e_x}$ 当作 x 轴的单位刻度，将向量 $\vec{e_y}$ 当作 y 轴的单位刻度。"

"明白了。"

"所以 x 坐标是 $\vec{e_x}$ 的倍数，y 坐标是 $\vec{e_y}$ 的倍数。"

"呃……这是坐标平面的基础吧。"

"对，我们只是再确认一下这些基础知识而已。坐标平面上的点 (a_x, a_y) 可以用 a_x 倍的 $\vec{e_x}$ 向量与 a_y 倍的 $\vec{e_y}$ 向量的和来表示。例如点 $(3, 2)$ 是 3 倍的 $\vec{e_x}$ 向量与 2 倍的 $\vec{e_y}$ 向量的和，可以写成以下形式。"

$$3\vec{e_x} + 2\vec{e_y}$$

"这样啊。"泰朵拉点头，"点 $(3, 2)$ 的结构是这样的吧？"

$$\text{点 } (3,2) \quad \longleftrightarrow \quad \underbrace{3}_{x\text{ 坐标}}\vec{e_x} + \underbrace{2}_{y\text{ 坐标}}\vec{e_y}$$

"没错。"米尔嘉点头，"坐标值是实数的坐标平面可以用集合的形式表示，这并不难。"

$$\text{坐标平面上的点的集合} = \{a_x\vec{e_x} + a_y\vec{e_y} \mid a_x \in \mathbb{R}, a_y \in \mathbb{R}\}$$

"抱、抱歉……内容虽然不难，但是我不知道米尔嘉学姐打算做什么。"

"因为坐标平面是我们非常熟悉的数学研究对象，所以我从这里开始讲解。"米尔嘉一边转手指一边说，"接下来我要把坐标平面抽象化。我们观察 $a_x\vec{e_x} + a_y\vec{e_y}$ 这个式子会发现

$$\underbrace{\underbrace{a_x}_{\text{标量}}\ \underbrace{\vec{e_x}}_{\text{向量}}}_{\text{向量}} + \underbrace{\underbrace{a_y}_{\text{标量}}\ \underbrace{\vec{e_y}}_{\text{向量}}}_{\text{向量}}$$
$$\underbrace{\phantom{a_x\vec{e_x} + a_y\vec{e_y}}}_{\text{向量}}$$

这样的结构。也就是说，

- 标量与向量的积是向量

- 向量与向量的和也是向量

这是**线性空间**，也就是**向量空间**的基础。"

"咦？"泰朵拉发出惊喜的声音，"是'相乘、相乘、再相加'吧！好像矩阵。"

"我们将 $a_x\overrightarrow{e_x} + a_y\overrightarrow{e_y}$ 这种形式称为 $\overrightarrow{e_x}$ 与 $\overrightarrow{e_y}$ 的**线性组合**。"

6.2.3　线性空间

"前面都是热身，接下来开始讨论线性空间的相关内容。"米尔嘉说，"首先，思考标量的集合 S 与向量的集合 V，在集合中加入加法运算与乘法运算。"

"意思是定义这两个运算，对吧？"我说。

"对。"米尔嘉加快语速，"在定义具体的线性空间时，必须定义这两个运算。第一个运算是向量与标量的乘法运算。对 S 而言，元素 $s \in S$；对 V 而言，元素 $v \in V$。定义 $sv \in V$，也就是定义标量与向量的乘法运算。就刚才的 $a_x\overrightarrow{e_x}$ 而言，S 是所有实数的集合 $\mathbb{R}$，V 是二维平面上所有向量的集合。针对 $a_x \in \mathbb{R}$ 与 $\overrightarrow{e_x} \in V$，定义 $a_x\overrightarrow{e_x} \in V$。"

"好，我知道。"泰朵拉说。

"第二个运算是向量与向量的和。针对 $v \in V$ 与 $w \in V$，定义 $v + w \in V$，即定义向量与向量的加法。线性组合则思考 $a_x\overrightarrow{e_x}$ 与 $a_y\overrightarrow{e_y}$ 的和 —— $a_x\overrightarrow{e_x} + a_y\overrightarrow{e_y}$。"

"原来如此。"我说。

"在 V 与 S 满足以上规则的情况下，V 称为'S 上的**线性空间**'。整理成公理就是下面这样。"

线性空间的公理

当阿贝尔群 V 与域 S 满足以下公理时，V 称为 "S 上的**线性空间**"。

其中 v 和 w 为 V 的任意元素，s 和 t 为 S 的任意元素。

VS1 sv 是 V 的元素。（向量与标量的积）

VS2 $s(v + w) = sv + sw$ 成立。（标量乘法的分配律）

VS3 $(s + t)v = sv + tv$ 成立。（向量的分配律）

  （左边的加法是标量的和，右边的加法是向量的和）

VS4 $(st)v = s(tv)$ 成立。（标量乘法的结合律）

VS5 $1v = v$ 成立。

"V 是 S 上的线性空间，阿贝尔群 V 的元素称为向量，域 S 的元素称为标量。"米尔嘉说。

"向量与标量……"

"我们来做一道题。先将我们平常使用的坐标平面视为 $\mathbb{R}$ 上的线性空间。既然是 $\mathbb{R}$ 上的线性空间，实数的集合 $\mathbb{R}$ 就相当于标量的集合 S。"

"是的，是这样…… 吧。"泰朵拉犹豫地说。

"若把坐标平面视为 $\mathbb{R}$ 上的线性空间，那么向量的集合 V 会是怎样的集合呢？"

"呃……"泰朵拉开始思考。

"V 是……"我开口。

"我没问你。"米尔嘉把我顶回去。

"抱歉，我不知道。"泰朵拉说。

"V 是整个坐标平面。V 的元素是坐标平面上的点。"米尔嘉说。

"是这样吗？我还是不明白。"

"线性空间的向量集合 V 是定义加法的集合。准确来说，V 是阿贝尔群，也就是交换律成立的群。"

"等一下。"泰朵拉张开手示意停止，确认道，"将坐标平面视为 $\mathbb{R}$ 上的线性空间，向量的集合 V 就相当于坐标平面，向量是坐标平面上的点。V 是阿贝尔群……也就是说，坐标平面上的点可以进行加法运算？"

"没错。泰朵拉，你会点的加法吧？"

"会啊！例如 $(2,3) + (1,2) = (3,5)$。"

"对，老师教我们时也把坐标平面上的点称为**位置向量**。向量这个词语具有一定的整合性。"

"原来如此。我有点懂了。"泰朵拉说。

我凝神倾听两位数学少女的对话，总觉得米尔嘉回答泰朵拉的方式很有趣。

"向量的集合 V 是坐标平面上的点的集合。那么，向量与标量相乘是什么意思呢？"泰朵拉问。

"泰朵拉，你知道实数与向量相乘表示什么吗？"

"知道，在不改变方向的情况下延伸向量或缩短向量……①"

"对，这就是向量与标量相乘的意义。只是平面上向量与实数的积表示成了向量与标量的积而已。但是，向量的方向或大小不会出现在线性空间的公理中，因此我们必须导入内积。"

"原来如此。"

"我们用坐标平面来了解线性空间的基础吧！标量与向量的积是向量，向量与向量的和也是向量。我们在学校学向量时，这些都是理所当然的事情。所以，我们在听到线性空间的公理时，会觉得它只是把听起来理所当然的事情换成了一种复杂的说法。"

"但是，这种感觉以前也有过好几次吧。"我插嘴，"出现公理的时候

---

① 正数乘向量不改变向量的方向，负数乘向量使向量反向。——编者注

总会这样。一开始并不觉得有趣。"

"之后会变得有趣。"米尔嘉继续说,"因为我们会找到满足相同公理的其他数学研究对象,将一般不认为是向量的东西视为向量。"

"就像把鬼脚图称为群?"我说。

"就像把有理数的集合称为域?"泰朵拉说。

确实如此。我们给满足公理的数学研究对象取了群或域这种抽象的名称,从而开启了新世界。我们有好几次这样的经验。线性空间也一样吧。

"一般不认为是向量的东西是什么?"泰朵拉问。

"例如……复数。"米尔嘉回答。

"复数是向量吗?"泰朵拉反问。

"算是。"

6.2.4 $\mathbb{R}$ 上的线性空间 $\mathbb{C}$

米尔嘉在图书室继续"讲课"。她一边讲,一边在笔记本上写记号、字母等。

"现在我们来思考线性空间的例子。你们应该很熟悉坐标平面上的向量,但从现在开始,即使是那些通常不认为是向量的东西,只要它满足线性空间的公理,我们也称之为向量。首先是复数。"

"把复数当作向量,对吧?"泰朵拉说。

"对。令复数的集合 $\mathbb{C}$ 为向量的集合,令实数的集合 $\mathbb{R}$ 为标量的集合。只要将复数与实数的积看作向量与标量的积,将复数的和看作向量的和,便能将 $\mathbb{C}$ 视为 $\mathbb{R}$ 上的线性空间。

复数的集合 $\mathbb{C}$ 向量的集合

实数的集合 $\mathbb{R}$ 标量的集合

将 ℂ 视为 ℝ 上的线性空间

"原来是这样！"我说，"只要想想复平面就能马上明白，为什么能同等看待坐标平面上的点与复数了。二者都可以视为线性空间，真有趣。"

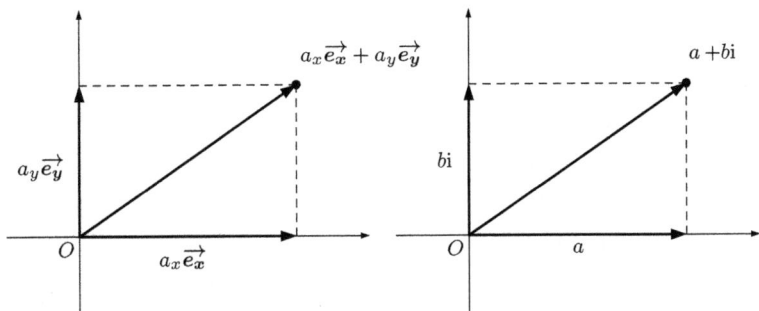

作为线性空间的坐标平面   作为线性空间的复平面

我们沉默了。"坐标平面"与"复平面"这两个不同的乐器，都能演奏出线性空间这首曲子。我们静静听着这首曲子…… 片刻后，泰朵拉开口说：

"我有点了解线性空间了。但是，复平面可以看成坐标平面，我还不明白把它当成线性空间思考的意义。"

泰朵拉说话的口气有点严厉。虽然她很热情、有礼貌而且谦虚，但她还是会把想说的话忠实地说出来。

"嗯。"米尔嘉抱着胳膊，"下个例子，我们把 $\mathbb{Q}(\sqrt{2})$ 视为 $\mathbb{Q}$ 上的线性空间吧。"

6.2.5 $\mathbb{Q}$ 上的线性空间 $\mathbb{Q}(\sqrt{2})$

"把 $\mathbb{Q}(\sqrt{2})$ 视为 $\mathbb{Q}$ 上的线性空间吧。令在 $\mathbb{Q}$ 中加入 $\sqrt{2}$ 的扩域 $\mathbb{Q}(\sqrt{2})$ 为向量的集合，令有理数域 $\mathbb{Q}$ 为标量的集合，这样一来，我们就可以把 $\mathbb{Q}(\sqrt{2})$ 视为 $\mathbb{Q}$ 上的线性空间。泰朵拉，你记得 $\mathbb{Q}(\sqrt{2})$ 吗？"

在有理数域中添加 $\sqrt{2}$ 的域 $\mathbb{Q}(\sqrt{2})$	向量的集合
有理数域 $\mathbb{Q}$	标量的集合

将 $\mathbb{Q}(\sqrt{2})$ 视为 $\mathbb{Q}$ 上的线性空间

"记得，我有认真学习域！"

"很好。所以，$\mathbb{Q}(\sqrt{2})$ 是 ——"

"我来说明！我想确认自己理解得对不对！"泰朵拉把手高高举起来，"我来解释 $\mathbb{Q}(\sqrt{2})$ ！"

活力少女火力全开。

"$\mathbb{Q}(\sqrt{2})$ 是在 $\mathbb{Q}$ 中添加 $\sqrt{2}$ 形成的域。首先，$\mathbb{Q}$ 是有理数的集合，它可以做四则运算，因此是域。在 $\mathbb{Q}$ 中添加 $\sqrt{2}$ 的域 $\mathbb{Q}(\sqrt{2})$ 是使用有理数与 $\sqrt{2}$ 进行四则运算时形成的域。"

"例如？"

"什么例如？"

"泰朵拉，说几个 $\mathbb{Q}(\sqrt{2})$ 的元素。"

"没问题。示例是理解的试金石嘛。$\mathbb{Q}(\sqrt{2})$ 的元素是用有理数与 $\sqrt{2}$ 进行加减乘除的式子！"

$$1 \qquad 0 \qquad 0.5 \qquad -\frac{1}{3} \qquad \sqrt{2} \qquad \frac{\sqrt{2}}{3} \qquad \frac{1+3\sqrt{2}}{2-\sqrt{2}}$$

"没错。"米尔嘉满意地点点头，"进行加减乘除的式子称为**有理式**。"

"有理式……知道了。"泰朵拉回答。

"整数的有理式的值是有理数。"米尔嘉说。

"原来如此。"泰朵拉思考，"整数的有理式的值是有理数。这么说的话，有理数的有理式的值都是有理数。"

"没错。因为有理数的集合是封闭的域。"

"嗯!" 泰朵拉用力点头。

"我来出道题吧。" 米尔嘉说。

$\sqrt{\sqrt{2}} \in \mathbb{Q}(\sqrt{2})$，成立吗？

"咦？不成立。将有理数与 $\sqrt{2}$ 进行加减乘除无法求得 $\sqrt{\sqrt{2}}$，$\sqrt{\sqrt{2}}$ 不是有理数与 $\sqrt{2}$ 形成的有理式的值。"

"没错。"

泰朵拉总是果断地回答米尔嘉提出的问题，虽然经常答错，但她从不气馁。

"扩域 $\mathbb{Q}(\sqrt{2})$ 可以用一个故事来解释。" 泰朵拉说，"假设某人拥有有理数。你把无理数 $\sqrt{2}$ 送给他。虽然他过去只能求出有理数，但只要用 $\sqrt{2}$ 这份礼物，便能求出新的数，拓宽世界。可喜可贺，可喜可贺。就是这样的故事。"

"好吧。" 米尔嘉笑着说，"在泰朵拉口中，数学变成了童话故事呢。"

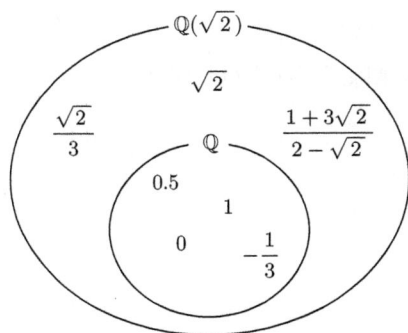

有理数域 $\mathbb{Q}$ 与扩域 $\mathbb{Q}(\sqrt{2})$

"把 0.5 这样的有理数送给只拥有有理数的人，对那个人来说是没用的。"

"没错。"米尔嘉正色道,"在有理数域 $\mathbb{Q}$ 中添加有理数,域不会发生变化。'在有理数域中添加 0.5 的域等于有理数域'可以用算式这么写。"

$$\mathbb{Q}(0.5) = \mathbb{Q}$$

"好的。"

"当然,一般而言,$\mathbb{Q}$(有理数) $= \mathbb{Q}$ 成立。另外,$\mathbb{Q}(\sqrt{2})$ 可以写成这种形式。"

$$\mathbb{Q}(\sqrt{2}) = \{p + q\sqrt{2} \mid p \in \mathbb{Q}, q \in \mathbb{Q}\}$$

"好的。"

"你觉得为什么不把元素写成 $\frac{p+q\sqrt{2}}{r+s\sqrt{2}}$ 这种分数的形式呢?"

"的确是这样。$\mathbb{Q}(\sqrt{2})$ 是域,可以进行加减乘除运算,所以它的元素应该不是 $p + q\sqrt{2}$ 这种形式,而是 $\frac{p+q\sqrt{2}}{r+s\sqrt{2}}$ 吧? 我们必须考虑除法吧?"

"分母有理化。"米尔嘉说。

"啊! 把分母有理化后,会变成 $p + q\sqrt{2}$ 的形式吗?"

"对。既然知道要朝 $p + q\sqrt{2}$ 的方向整理,我们就来算一下,确认 $\mathbb{Q}(\sqrt{2})$ 会因为加减乘除运算而变得封闭吧。"

（加）$(p + q\sqrt{2}) + (r + s\sqrt{2}) = \underbrace{(p + r)}_{\in \mathbb{Q}} + \underbrace{(q + s)}_{\in \mathbb{Q}}\sqrt{2}$

（减）$(p + q\sqrt{2}) - (r + s\sqrt{2}) = \underbrace{(p - r)}_{\in \mathbb{Q}} + \underbrace{(q - s)}_{\in \mathbb{Q}}\sqrt{2}$

（乘）$\quad (p + q\sqrt{2})(r + s\sqrt{2}) = \underbrace{(pr + 2qs)}_{\in \mathbb{Q}} + \underbrace{(ps + qr)}_{\in \mathbb{Q}}\sqrt{2}$

（除）
$$\begin{aligned}
\frac{p + q\sqrt{2}}{r + s\sqrt{2}} &= \frac{p + q\sqrt{2}}{r + s\sqrt{2}} \cdot \frac{r - s\sqrt{2}}{r - s\sqrt{2}} \qquad \text{分母有理化} \\
&= \frac{(p + q\sqrt{2})(r - s\sqrt{2})}{(r + s\sqrt{2})(r - s\sqrt{2})} \\
&= \frac{(pr - 2qs) + (qr - ps)\sqrt{2}}{r^2 - 2s^2} \\
&= \underbrace{\frac{pr - 2qs}{r^2 - 2s^2}}_{\in \mathbb{Q}} + \underbrace{\frac{qr - ps}{r^2 - 2s^2}}_{\in \mathbb{Q}}\sqrt{2}
\end{aligned}$$

"原来如此。分母有理化说不定是为此而存在的。"泰朵拉说，"我们在确认公理时，也会确认 $\mathbb{Q}(\sqrt{2})$ 因加减乘除运算而封闭这一点，但这时元素的形式为'有理数 + 有理数 $\sqrt{2}$'。现在我才明白这种式子变形的意图与方向。"

"喂，米尔嘉。"我说，"关于 $\mathbb{Q}(\sqrt{2})$，可以把它想成在 $\mathbb{Q}$ 中添加 $\sqrt{2}$，然后通过加减乘除运算而扩张的域吧？"

"可以。"米尔嘉回答，"不过我们常把它理解为包含 $\mathbb{Q}$ 与 $\sqrt{2}$ 的最小的域。这里说的最小是将包含关系看作了大小关系。我们来做道题吧。"

假设 n 为正整数，什么时候 $\mathbb{Q}(\sqrt{n}) = \mathbb{Q}$ 呢？

"很简单啊。"泰朵拉说，"$\sqrt{n}$ 是有理数的时候！因为拥有有理数域的人，就算给他有理数，数的世界也不会变大。也就是说，n 为 $1^2, 2^2, 3^2, 4^2, \cdots$ 这种平方数的时候，$\mathbb{Q}(\sqrt{n}) = \mathbb{Q}$！"

"没错。"

6.2.6 扩张的程度

"不知道为什么，我一想到线性空间就觉得好开心。"

听了泰朵拉的话，米尔嘉迅速起身离席，我们的视线紧跟着她。听米尔嘉"讲课"，会自然而然地产生想知道更多的心情。这是为什么呢？

"因为我们可以用线性空间表示扩张的程度。"

米尔嘉说，"与空间这个名字相符，线性空间中有扩张的性质，而向量能以数学的方式来表示扩张的程度。"

"扩张的程度是什么？"泰朵拉问。

"你觉得是什么？"米尔嘉问我。

"该不会 ——"我的耳边传来尤里的木屐咔嗒咔嗒的声响。

"是维度？"

"没错。"米尔嘉猛然竖起了食指。

◎　　◎　　◎

没错。

维度是什么？

首先，我们将**基**定义为向量的集合，这个向量的集合能将线性空间中任意的点用线性组合表示，而且是唯一的表示方法。

接着，将"基的元素数"称为维度。也可以将维度解释为在用线性组合表示线性空间的任意一点时必要且充分的向量个数。

坐标平面上的任意一点 (a_x, a_y) 可以用 $\vec{e_x}$ 和 $\vec{e_y}$ 这两个向量的线性组合 $a_x\vec{e_x} + a_y\vec{e_y}$ 来表示，而且是唯一表示方法，所以这个线性空间是二维的。

任意的复数 $a + bi$ 可以用 1 与 i 这两个向量的线性组合 $a \cdot 1 + b \cdot i$ 来表示，而且是唯一表示方法，所以这个线性空间是二维的。

如果觉得难以理解，可以像刚才观察 $a_x\vec{e_x} + a_y\vec{e_y}$ 一样，观察 $a + bi$

这个式子，你会发现以下结构。

$$\underbrace{\underbrace{a}_{\text{标量}} \cdot \underbrace{1}_{\text{向量}}}_{\text{向量}} + \underbrace{\underbrace{b}_{\text{标量}} \cdot \underbrace{i}_{\text{向量}}}_{\text{向量}} \qquad a,b \in \mathbb{R}, \quad 1,i \in \mathbb{C}$$

将 $\mathbb{C}$ 视为 $\mathbb{R}$ 上的线性空间

同样，域 $\mathbb{Q}(\sqrt{2})$ 的任意元素 $p+q\sqrt{2}$ 也可以用 1 与 $\sqrt{2}$ 这两个向量的线性组合 $p \cdot 1 + q \cdot \sqrt{2}$ 来表示。这也是二维的。观察 $p+q\sqrt{2}$ 这个式子，你会发现以下结构。

$$\underbrace{\underbrace{p}_{\text{标量}} \cdot \underbrace{1}_{\text{向量}}}_{\text{向量}} + \underbrace{\underbrace{q}_{\text{标量}} \cdot \underbrace{\sqrt{2}}_{\text{向量}}}_{\text{向量}} \qquad p,q \in \mathbb{Q}, \quad 1,\sqrt{2} \in \mathbb{Q}(\sqrt{2})$$

将 $\mathbb{Q}(\sqrt{2})$ 视为 $\mathbb{Q}$ 上的线性空间

◎　◎　◎

"维度与基啊。"泰朵拉记着笔记。

"$\{\vec{e_x}, \vec{e_y}\}$ 是将坐标平面视为 $\mathbb{R}$ 上的线性空间的基之一。"

"原来如此，这个基的元素数就是维度。"我说。

"在将 $\mathbb{C}$ 视为 $\mathbb{R}$ 上的线性空间时，$\{1,i\}$ 是一组基。基也可以是其他内容，可以是 $\{-1,i\}$，也可以是 $\{100,-20i\}$，还可以是 $\{1+i,1-i\}$。但不管什么样的基，基的向量个数必定是 2。"

"二维的二是指基的元素数啊。"我说。

"给定一组向量集合，所有可以用此集合的元素的线性组合表示的点所形成的线性空间称为此集合的'生成空间'。"米尔嘉说，"用此定义，便能将线性空间定义成'基的生成空间'。"

"就像洋伞的骨架？"我说。

"就像支撑建筑物的柱子？"泰朵拉说。

"怎么比喻都行。"米尔嘉说，"总之，广阔的坐标平面可以由 2 个向量组成的基的线性组合创建出来。以有限来掌握无限。"

"原来如此。"泰朵拉说。

"原来如此？"米尔嘉反问，"来做一道小题吧。"

如果将 $\mathbb{Q}(\sqrt{2})$ 视为 $\mathbb{Q}$ 上的线性空间，$\{\sqrt{2}, 2\}$ 是基吗？

"哎呀！等一下。'原来如此'是我无意中说的。"泰朵拉一脸认真地思考，"是的。$\{\sqrt{2}, 2\}$ 是基。"

"理由是什么？"

"基是 $1, \sqrt{2}$ 时可以写成 $p \cdot 1 + q \cdot \sqrt{2}$ 的数在基为 $\{\sqrt{2}, 2\}$ 时可以写成 $q \cdot \sqrt{2} + \left(\frac{p}{2}\right) \cdot 2$，对吧？"

"对。"米尔嘉点头。

"好。"泰朵拉也点头，"因此，$\mathbb{Q}(\sqrt{2})$ 的所有元素都可以用 $\sqrt{2}$ 与 2 的和来表示。"

"用线性组合表示。"米尔嘉迅速更正。

"对，$\mathbb{Q}(\sqrt{2})$ 的所有元素都可以用 $\sqrt{2}$ 与 2 的线性组合表示。也就是说，可以用 $\{\sqrt{2}, 2\}$ 生成 $\mathbb{Q}$ 上的线性空间 $\mathbb{Q}(\sqrt{2})$。是这个意思吧？"

"正确。"

"因为可以生成线性空间，所以 $\{\sqrt{2}, 2\}$ 是基。"

"你漏了唯一性。"米尔嘉说。

"嗯？"

"向量集合的生成空间，是可以用此集合的线性组合来表示任意一点的集合。而线性空间的基则是一组向量集合，这组向量集合可以用线性组合来表示线性空间的任意的点，而且是唯一的表示方法。泰朵拉刚才的说明没有考虑到唯一性，所以不妥当。"

"基的定义……呃，唯一性这个条件是必要的吗？"

"必要。如果基的定义中没有加上唯一性，那么 $\{1, \sqrt{2}, 2\}$ 这 3 个元素所形成的集合也可以说是 $\mathbb{Q}(\sqrt{2})$ 的基。之所以这么说，是因为泰朵拉所举的例子 $p \cdot 1 + q \cdot \sqrt{2}$ 这个数也可以表示成下面这样。

$$\frac{p}{3} \cdot 1 + q \cdot \sqrt{2} + \frac{p}{3} \cdot 2 \qquad (1 、 \sqrt{2} 、 2 的线性组合)$$

如果没有唯一性，向量的个数就不固定，维度也定义不了。"

泰朵拉听了米尔嘉的话，突然陷入沉思。我安静等待着，米尔嘉也暂停"讲课"。我们保持沉默，因为我们知道这么做有助于让她好好思考。

原来是这样——我在给尤里解释四维时说能用 4 个数表示一点就是四维。虽然我这样讲不算错，但从数学的角度来说，这个说明是不充分的。"4 个数"的背后有"4 个基元素"，而任意一点都可以用基的线性组合表示，而且是唯一的表示方法。这"4 个数"指的是用多少标量倍的 4 个基元素取和，即这 4 个基元素对应的 4 个标量。

过了一阵子，泰朵拉开口说：

"基的元素必须是凌乱的吧？"

"凌乱？"米尔嘉反问。

"就像刚才米尔嘉学姐说的那样，如果基集合中已经有元素 2，再添加 1 就不太妥当了，因为这么做会使线性组合的唯一性消失……虽然我没办法说清楚，但我认为如果基集合中已经有 2，就不能将可以由 2 得到的 1 添加到基。如果把 2 与 $\sqrt{2}$ 添加到基，就不能将可以从 2 与 $\sqrt{2}$ 得到的 $2 + \sqrt{2}$ 添加到基，否则会使线性组合的唯一性消失。所以……

米尔嘉学姐，我不知道用什么词表达。"

"表达什么?"我问。

"我不知道该用什么词表达'能否用线性组合得出向量'。"泰朵拉着急地说，"不是'可以得出'与'不能得出'，我觉得这个概念一定有一个专有名词！"

"你已掌握概念了，泰朵拉。"米尔嘉说，"这称为线性相关与线性独立。"

"线性相关与线性独立。"

"如果可以用线性组合得出向量，就是线性相关；如果不可以用线性组合得出向量，就是线性独立。"米尔嘉说，"待会儿我们来好好定义吧。"

"英文叫什么呢?"泰朵拉问。

"线性相关是 linear dependence，线性独立是 linear independence。"

"原来如此！这次是真的'原来如此'。考虑的是向量是否依存于其他向量啊。原来如此。"泰朵拉进入自己的世界，像是做梦一样，"如果线性组合可以得出向量，就是 be dependent on，即依存于对方；如果线性组合不能得出向量，就是 be independent of，即不依存于对方。或许在线性空间上，线性独立的向量之间是彼此无可替代的存在……"

"偏离数学了。"米尔嘉说。

6.3　线性独立

6.3.1　线性独立

"在线性空间领域，线性独立是一个重要的概念。"

米尔嘉再次开始"讲课"，她加快速度。

◎　◎　◎

在线性空间领域，线性独立是一个重要的概念。

给定一个向量，此向量与标量的积可以产生无数个向量。可是，只有**线性独立**的向量的线性组合才能实现超越向量与标量的积所能达到的扩张程度。

让我好好说明线性独立吧。在 S 上的线性空间中，按下面的方式定义向量 v 与向量 w 是线性独立的。

线性独立

假设 V 是 "S 上的线性空间"，$v, w \in V$ 且 $s, t \in S$。

若以下条件成立，向量 v 与向量 w 就是**线性独立**的。

$$sv + tw = 0 \Longleftrightarrow s = 0 \wedge t = 0$$

向量 v 与 w 若不是线性独立的，则是**线性相关**的。

线性独立又称为**一次无关**，线性相关又称为**一次相关**。

"若将 V 视为 S 上的线性空间，则向量 v 与向量 w 是线性独立的"可以用以下式子表示。

$$sv + tw = 0 \Longleftrightarrow s = 0 \wedge t = 0 \qquad (s, t \in S)$$

"若将坐标平面视为 $\mathbb{R}$ 上的线性空间，向量 $\vec{e_x}$ 与向量 $\vec{e_y}$ 是线性独立的"可以用以下式子表示。

$$a_x \vec{e_x} + a_y \vec{e_y} = 0 \Longleftrightarrow a_x = 0 \wedge a_y = 0 \qquad (a_x, a_y \in \mathbb{R})$$

将 $\mathbb{C}$ 视为 $\mathbb{R}$ 上的线性空间，线性独立的条件会作为实数与复数的基本命题出现。

$$a + bi = 0 \Longleftrightarrow a = 0 \wedge b = 0 \qquad (a, b \in \mathbb{R})$$

如果将 $\mathbb{Q}(\sqrt{2})$ 视为 $\mathbb{Q}$ 上的线性空间，线性独立的条件如下所示。

$$p + q\sqrt{2} = 0 \Longleftrightarrow p = 0 \wedge q = 0 \qquad (p, q \in \mathbb{Q})$$

◎　◎　◎

"啊！"我大叫，"我在解三等分角问题时用过这个。"

"因为在线性空间领域，线性独立很重要。"米尔嘉满不在乎地说。

"全部都是一样的形式。"泰朵拉说。

"的确……"

◎　◎　◎

我很感动。

这种感觉就好像在用不同乐器演奏的曲子中发现了同样的旋律一样。这个旋律就是线性独立。

- 在线性空间中，$s\boldsymbol{v} + t\boldsymbol{w} = \boldsymbol{0} \Longleftrightarrow s = 0 \wedge t = 0$
- 在坐标平面中，$a_x\overrightarrow{e_x} + a_y\overrightarrow{e_y} = \boldsymbol{0} \Longleftrightarrow a_x = 0 \wedge a_y = 0$
- 在复数域中，$a + b\mathrm{i} = 0 \Longleftrightarrow a = 0 \wedge b = 0$
- 在域 $\mathbb{Q}(\sqrt{2})$ 中，$p + q\sqrt{2} = 0 \Longleftrightarrow p = 0 \wedge q = 0$

在数学考试中，"复数 $a + b\mathrm{i}$ 等于 0"与"a 与 b 都等于 0"等价常常出现，但我没想到这和向量有关。$a + b\mathrm{i} = 0 \Longleftrightarrow a = 0 \wedge b = 0$ 这个命题是将 $\mathbb{C}$ 视为 $\mathbb{R}$ 上的线性空间时的"线性独立"的条件。命题中的 $\boldsymbol{1}$ 与 i 是线性独立的。

我思考着。$a + b\mathrm{i} = 0$ 其实就是 $a = -b\mathrm{i}$。如果 $a \neq 0$，则 $\boldsymbol{1} = -\frac{b}{a} \cdot \mathrm{i}$。向量 $\boldsymbol{1}$ 可以用向量 i 的线性组合来写。此外，如果 $b \neq 0$，则 $\mathrm{i} = -\frac{a}{b} \cdot \boldsymbol{1}$。向量 i 可以用向量 $\boldsymbol{1}$ 的线性组合来写。也就是说，$a = 0 \wedge b = 0$ 这个条件

主张 1 不能用 i 的线性组合来写，i 也不能用 1 的线性组合来写。

1 与 i 都不能用对方的线性组合来表示。这就是线性独立。

◎　　◎　　◎

"前面我们说的都是二维。"米尔嘉说，"我们将线性独立一般化吧。"

线性独立（一般化）

将 V 视为 S 上的线性空间，$v_k \in V$ 且 $s_k \in S(k = 1, 2, 3, \cdots, m)$。若以下算式成立，向量 $v_1, v_2, \cdots, v_m$ 是**线性独立**的。

$$s_1 v_1 + s_2 v_2 + \cdots + s_m v_m = 0 \iff s_1 = 0 \land s_2 = 0 \land \cdots \land s_m = 0$$

若不成立，向量 $v_1, v_2, \cdots, v_m$ 是**线性相关**的。

"好多词充满我的脑袋！"泰朵拉说。

"试着看看整体吧。"米尔嘉淡淡地说，"向量的数如果太少，就无法生成整个线性空间。"

- $\vec{e_x}$ 的实数倍只能得出直线，不能得出坐标平面
- 1 的实数倍只能得出 $\mathbb{R}$，不能得出 $\mathbb{C}$
- 1 的有理数倍只能得出 $\mathbb{Q}$，不能得出 $\mathbb{Q}(\sqrt{2})$

"确实如此。"我说，"只靠向量与标量的积无法扩张那么大。"

"另一方面。"米尔嘉继续说，"向量的数如果太多，表示线性空间的点的方法就不唯一了。"

"对，唯一性会消失。"泰朵拉说。

"为了让线性空间中任意的点有唯一的表示方法，需要有基这一充分且必要的向量集合。因为要让任意的点有唯一的表示方法，所以基必须

是生成整个线性空间最小的向量集合，而且必须是线性独立最大的向量集合。最小和最大是指元素数。另外，虽然基的选法不止一种，但不管怎么选基，元素数都不会改变。"

米尔嘉的眼睛闪闪发光。

不变的东西有命名的价值。

"我们赋予线性空间的基集合的元素数的名字是维度。"

6.3.2　维度的不变性

"不变的东西有命名的价值听起来好有趣！"泰朵拉说。

"的确。"我同意，"米尔嘉好厉害！"

"在物理学上，不变性称为守恒。"米尔嘉把视线从我们身上移开说，"为守恒量与守恒定律命名是理所当然的事情吧。"

我从未这样想过。数学中的概念只要有人说明就能明白，定理也一样。虽然难度较大的定理还是很难消化，但只要自己肯努力便能理解。可是，米尔嘉刚才说的"不变的东西有命名的价值"这种思考方式到底是什么呢？它出自哪里呢？

"米尔嘉学姐！良定义！"泰朵拉在胸前握紧双手说。

"什么？"米尔嘉一脸困惑。

"以前你在讲不依赖选法进行定义的概念时提到过良定义。在线性空间中，基的选法有很多种，但属于基的向量的个数不会因选法而发生改变，所以维度这一概念才能被定义。既然如此，我认为维度的概念正是良定义的。那个，我说了什么奇怪的话吗？"

听到此话的米尔嘉浮现出一抹笑容。

"泰朵拉，你到底是什么人？你过来。算了，还是我过去吧。"

米尔嘉快步走到泰朵拉身边，张大双臂轻轻抱住活力少女并亲吻了她的脸颊！

"哇哇哇！米米米尔嘉学姐！"

"我就喜欢聪明的孩子。"

6.3.3 扩张次数

在图书室太过吵闹会引来瑞谷老师，所以我们格外注意。要是声音太大，后果不堪设想，于是我们赶紧降低音量。

"你研究过域吗？"我问泰朵拉。

"研究过！"泰朵拉很开心地说，"我想深入思考之前我们讨论过的 $\mathbb{Q}(\sqrt{判别式})$ 来着，但我只看了一点书，连定理和证明都搞不懂。"

"果然如此。"

我也有这种经历。数学专业书里都是我懂的单词，示例我也明白，但要跟着书的论述，按照定理→证明→定理→证明→定理→证明的流程来看非常辛苦。

"在 $\mathbb{Q}$ 的范围内无法解开的二次方程，可以在 $\mathbb{Q}(\sqrt{判别式})$ 的范围内解开，只要思考一下求根公式就能明白了……感觉好像懂了。继续探索域的话题，好像可以发现很多宝物。"泰朵拉说。

"我们经常对在 $\mathbb{Q}$ 中添加 $\sqrt{判别式}$ 的域进行思考。"米尔嘉说，"如果 $\sqrt{判别式} \in \mathbb{Q}$，则扩域等于 $\mathbb{Q}$，即 $\mathbb{Q} = \mathbb{Q}(\sqrt{判别式})$。"

"没错。保持原样。"

"若 $\sqrt{判别式} \notin \mathbb{Q}$，扩域会扩大成 $\mathbb{Q}(\sqrt{判别式})$。"

"对，$\mathbb{Q}$ 收到礼物，从而扩展数的世界！"

"那么，会扩展多少呢？"米尔嘉问。

"多少是什么意思？"泰朵拉嘴巴微张，一脸惊讶。

"扩展的程度啊。"米尔嘉笑着说。她有时会用这种表情吊人胃口，引发对方回应。

"扩展的程度是什么？"

"说成扩张的程度可能更合适。"米尔嘉眯起眼睛说。

"扩张的程度……是维度！"

"是啊。"米尔嘉用右手握住泰朵拉的手，动作非常自然，"域的扩张可以用线性空间的观点来理解。域 $\mathbb{Q}$ 与扩域 $\mathbb{Q}(\alpha)$ 之间扩张的程度，可以用维度来记述。"

我恍然大悟，想惊呼，但没有顺利发出声音。

"再说得准确一些吧。"米尔嘉用左手握住我的手。

（好温暖）

"把域 $\mathbb{Q}(\alpha)$ 视为 $\mathbb{Q}$ 上的线性空间。此时，我们最多可以选择多少个线性独立的向量呢？也就是说，$\mathbb{Q}(\alpha)$ 在 $\mathbb{Q}$ 上是几维的呢？要回答这个问题，就要定量掌握域的扩张，也就是给 α 这个元的某个方面赋予某个特征，而这与线性空间的研究有关。"

"研究？什么研究？"我问。

"当然是对方程解法的研究。"

"方程？"我疑惑不解。为什么会提到方程呢？

"用代数方式解方程，关键在于因式分解。做因式分解，必须厘清哪个域来思考。如果是包含方程的全部解的扩域，方程可以因式分解成一次式的积。方程论就是域的理论。"

米尔嘉像唱歌一样继续说：

"在域中添加元素时，域会扩张多少呢？使用线性空间的维度概念可以定义扩张的程度——**扩张次数**。用线性空间的维度概念可以计算域的扩张。方程的解、解的个数、方程的次数、求根公式这些概念对应于线性空间的什么概念呢？这非常有意思，因为——"

米尔嘉用力握紧我们的手。

"因为线性空间是连接'方程的世界'与'域的世界'的桥梁。"

"又来了。"我感叹。

又来了。

在数学旅程中随处可见的两个世界。

在费马大定理中，这两个世界是"代数"与"几何"。

它们还可以是"代数"与"分析"。

在哥德尔不完备定理中，这两个世界是"形式"与"意义"。

在三等分角问题中，这两个世界是"作图"与"数"。

而这次，这两个世界是"方程"与"域"。

数学家喜欢为两个世界架起桥梁。

"用线性空间这个概念连接两个世界啊。"我说。

米尔嘉轻轻将食指贴在嘴唇上。

"当在两个世界之间架起桥梁时，我总是非常开心。"

向量空间的意义在于提供了这样一个角度：

从数学的许多研究对象中，

只挑出加法与点积这个"运算的骨架"来看。

——志贺浩二[12]

第 7 章

拉格朗日预解式的秘密

年轻的王子心中没有任何怀疑，

他相信自己所做的冒险决定。

他受到爱与荣誉的激励，

决定朝那座城堡前进。

——《睡美人》

7.1　三次方程的求根公式

7.1.1　泰朵拉

"啊，学长！"泰朵拉说。

"你很努力嘛。"我窥探她的笔记本。

这里是学校的图书室。和往常一样，上午在补习班上完课后，我来到这里。明明是假期，我却常遇到泰朵拉，真是不可思议。

泰朵拉一直盯着笔记本。

"学长，算式好难。"

她的笔记本上写着许多算式，看来她正在进行各种演算。

"你在解方程吗？"

"村木老师要我在假期练习计算。他给了我 7 张卡片呢！"

"练习计算？真稀奇啊。"

"你看。"泰朵拉把彩色卡片拿给我看,"确实是让我练习计算的……
不过据说依序解开这些算式,就可以导出三次方程的求根公式。"

她将 7 张卡片排成一排。红、橙、黄、绿、蓝、靛、紫,一道彩虹
在书桌上展开,十分炫目。

"导出三次方程的求根公式吗?"我看着卡片。

- 红色卡片:契尔恩豪森转换
- 橙色卡片:根与系数的关系
- 黄色卡片:拉格朗日预解式
- 绿色卡片:3 次方的和
- 蓝色卡片:3 次方的积
- 靛色卡片:从系数到解
- 紫色卡片:三次方程的求根公式

"我还没解开。三次方程的求根公式比二次方程的求根公式要难吧?"

"应该是的。三次方程的求根公式到底是什么形式的呢?你进行到哪
里了?"

"我跟学长说明一下吧!到这里来。"

泰朵拉把旁边的椅子拉过来,要我坐下。

我们开始了求"三次方程的求根公式"的旅行。

7.1.2　红色卡片:契尔恩豪森转换

第 1 张是红色卡片,上面写着"契尔恩豪森转换"。

"契尔恩豪森?"

"对,据说是位数学家的名字。"

问题 7-1（契尔恩豪森转换）

给定如下关于 y 的三次方程（$a \neq 0$）。

$$ay^3 + by^2 + cy + d = 0$$

进行变量转换。

$$y = x - \frac{b}{3a}$$

如此一来，能得出如下关于 x 的三次方程。

$$x^3 + px + q = 0$$

此时，p 和 q 可以用 a、b、c、d 表示。

"变量转换啊。但是，这里只要把 $y = x - \frac{b}{3a}$ 代入 $ay^3 + by^2 + cy + d$ 就能知道答案吧。的确是计算题。"

"没错，但是……"

泰朵拉给我看笔记本。

◎　◎　◎

将 $y = x - \frac{b}{3a}$ 代入 $ay^3 + by^2 + cy + d$ 中，得到

$$a\left(x - \frac{b}{3a}\right)^3 + b\left(x - \frac{b}{3a}\right)^2 + c\left(x - \frac{b}{3a}\right) + d$$

将 3 次方与 2 次方的部分展开，得到

$$a\left(x^3 - 3 \cdot \frac{b}{3a}x^2 + 3 \cdot \frac{b^2}{9a^2}x - \frac{b^3}{27a^3}\right)$$
$$+ b\left(x^2 - 2 \cdot \frac{b}{3a}x + \frac{b^2}{9a^2}\right) + c\left(x - \frac{b}{3a}\right) + d$$

去括号，得到

$$ax^3 - 3a \cdot \frac{b}{3a}x^2 + 3a \cdot \frac{b^2}{9a^2}x - a \cdot \frac{b^3}{27a^3}$$
$$+ bx^2 - 2b \cdot \frac{b}{3a}x + b \cdot \frac{b^2}{9a^2} + cx - c \cdot \frac{b}{3a} + d$$

整理式子，得到

$$ax^3 - bx^2 + \frac{b^2}{3a}x - \frac{b^3}{27a^2} + bx^2 - \frac{2b^2}{3a}x + \frac{b^3}{9a^2} + cx - \frac{bc}{3a} + d$$

合并 x 的同类项，得到

$$ax^3 + (-b+b)x^2 + \left(\frac{b^2}{3a} - \frac{2b^2}{3a} + c\right)x - \frac{b^3}{27a^2} + \frac{b^3}{9a^2} - \frac{bc}{3a} + d$$

整理式子，得到

$$ax^3 - \frac{b^2 - 3ac}{3a}x + \frac{2b^3 - 9abc + 27a^2d}{27a^2}$$

因此，$ay^3 + by^2 + cy + d = 0$ 可以变为以下形式。

$$ax^3 - \frac{b^2 - 3ac}{3a}x + \frac{2b^3 - 9abc + 27a^2d}{27a^2} = 0$$

因为要把 x^3 的系数变成1，凑出 $x^3 + px + q = 0$ 的形式，所以两边除以 a。

$$x^3 - \frac{b^2 - 3ac}{3a^2}x + \frac{2b^3 - 9abc + 27a^2d}{27a^3} = 0$$

接着，只要与 $x^3 + px + q = 0$ 比较系数，就能求出 p 和 q 了。

$$\begin{cases} p = -\frac{b^2 - 3ac}{3a^2} \\ q = \frac{2b^3 - 9abc + 27a^2d}{27a^3} \end{cases}$$

◎　◎　◎

"嗯。这么仔细地计算式子很有泰朵拉的风格。你觉得哪里有问题？"

"呃，这种变量转换的确属于计算题。代入、展开、合并同类项……但是，这又怎样？我本来以为会发生有趣的事，但是直到计算结束，也没发现。"

她一脸不可思议。

"不不不，不是这样的。"我说，"你仔细比较一下。转换之后，2 次方的那一项消失了。"

$$ay^3 + by^2 + cy + d = 0 \quad \text{关于 } y \text{ 的方程（转换前）}$$

$$\downarrow \text{契尔恩豪森转换}$$

$$x^3 \qquad + px + q = 0 \quad \text{关于 } x \text{ 的方程（转换后）}$$

"啊！真的！"

"我想红色卡片中写的契尔恩豪森转换是指简化方程吧。"我说，"这一定是在为导出三次方程的求根公式做准备。"

解答 7-1（契尔恩豪森转换）

将 $y = x - \frac{b}{3a}$ 代入关于 y 的三次方程 $ay^3 + by^2 + cy + d = 0$ 中进行变量转换，得出关于 x 的三次方程 $x^3 + px + q = 0$，于是 p 和 q 可以用 a、b、c、d 表示为以下形式。

$$\begin{cases} p = -\frac{b^2 - 3ac}{3a^2} \\ q = \frac{2b^3 - 9abc + 27a^2d}{27a^3} \end{cases}$$

7.1.3 橙色卡片：根与系数的关系

"你解出第 2 张卡片中的难题了吗？"

"解出来了。橙色卡片……是这个。"

问题 7-2（根与系数的关系）

　　假设三次方程 $x^3 + px + q = 0$ 的解为 $x = \alpha, \beta, \gamma$，请表示根与系数的关系。

　　"这个计算起来也很简单吧。"我说。

　　"是的。解为 α、β、γ。先展开 $(x - \alpha)(x - \beta)(x - \gamma)$。"

$$(x - \alpha)(x - \beta)(x - \gamma)$$
$$= (x^2 - \beta x - \alpha x + \alpha\beta)(x - \gamma)$$
$$= (x^2 - (\alpha + \beta)x + \alpha\beta)(x - \gamma)$$
$$= x^3 - \gamma x^2 - (\alpha + \beta)x^2 + (\alpha + \beta)\gamma x + \alpha\beta x - \alpha\beta\gamma$$
$$= x^3 - (\alpha + \beta + \gamma)x^2 + (\alpha\beta + \beta\gamma + \gamma\alpha)x - \alpha\beta\gamma$$

　　"得出的式子等于 $x^3 + px + q$，所以通过比较系数可以求出 p 与 q。"

$$x^3 - (\alpha + \beta + \gamma)x^2 + (\alpha\beta + \beta\gamma + \gamma\alpha)x - \alpha\beta\gamma$$
$$= x^3 \qquad\qquad\qquad + \qquad\qquad px + \quad q$$

解答 7-2（根与系数的关系）

　　假设三次方程 $x^3 + px + q = 0$ 的解为 $x = \alpha, \beta, \gamma$，此时，以下式子成立。

$$\begin{cases} 0 = \alpha + \beta + \gamma \\ p = \alpha\beta + \beta\gamma + \gamma\alpha \\ q = -\alpha\beta\gamma \end{cases}$$

"到这里为止我都算了出来，不过下一张卡片我卡住了。"

泰朵拉像鸭子一样嘟起嘴。

7.1.4　黄色卡片：拉格朗日预解式

"也就是说，你正在算黄色卡片中的题目，对吧？"

问题 7-3（拉格朗日预解式）

假设三次方程 $x^3 + px + q = 0$ 的解为 $x = \alpha, \beta, \gamma$。

L 与 R 的定义如下。

$$\begin{cases} L = \omega\alpha + \omega^2\beta + \gamma \\ R = \omega^2\alpha + \omega\beta + \gamma \end{cases}$$

请用 L 与 R 表示 α、β、γ。

假设 ω 是 1 的原始 3 次方根之一。

"对。为了用 L 与 R 表示 α、β、γ，我刚才在解联立方程组，但是怎么都解不出来。问题中所写的式子是 $L = \omega\alpha + \omega^2\beta + \gamma$ 与 $R = \omega^2\alpha + \omega\beta + \gamma$，可是我现在想求的有 α、β、γ。要解有 3 个未知量的联立方程组，需要 3 个式子……"

泰朵拉说着，双手抱头。

"原来如此。"我看着泰朵拉的笔记本思考，"你想利用联立方程组消去 α、β、γ 中的 2 个，对吧？"

"对，但现在还差 1 个式子……"

"不差啊。"

"咦？"

"我们可以使用橙色卡片中出现的 $0 = \alpha + \beta + \gamma$ 这个式子。"

$$\begin{cases} L = \omega\alpha + \omega^2\beta + \gamma \\ R = \omega^2\alpha + \omega\beta + \gamma \\ 0 = \alpha + \beta + \gamma \end{cases}\quad \text{从根与系数的关系中得出}$$

"啊！原来如此！有这 3 个式子，便能解出 α、β、γ！"

泰朵拉跃跃欲试。

我制止她。

"泰朵拉，接下来你可以试试心算。"

"心算吗？"

"ω 是 1 的原始 3 次方根，所以以下式子成立。

$$\omega^3 = 1$$

因为 ω 是分圆多项式 $\Phi_3(x) = x^2 + x + 1$ 的根，所以以下式子成立。

$$\omega^2 + \omega + 1 = 0$$

你看，没错吧？"

"我听不懂……"

"把这 3 个式子的左右两边加起来看看。"

$$
\begin{array}{rrrr}
L = & \omega\alpha + & \omega^2\beta + & \gamma \\
R = & \omega^2\alpha + & \omega\beta + & \gamma \\
+)\quad 0 = & \alpha + & \beta + & \gamma \\
\hline
L + R = & (\omega + \omega^2 + 1)\alpha + & (\omega^2 + \omega + 1)\beta + & (1 + 1 + 1)\gamma \\
L + R = & 0\alpha + & 0\beta + & 3\gamma \\
L + R = & & & 3\gamma
\end{array}
$$

"啊！α 和 β ……"

"消失了。"我说，"因为 $L + R = 3\gamma$，所以 γ 可以用 L 与 R 表示。"

$$\gamma = \frac{1}{3}(L + R)$$

"咦？"

"求 β 时也一样，可以用 $\omega^3 = 1$ 与 $\omega^2 + \omega + 1 = 0$ 来消去未知量。呃 …… 只要考虑 $\omega L + \omega^2 R$ 即可。"

$$
\begin{array}{rllll}
\omega L = & \omega^2\alpha + & \omega^3\beta + & \omega\gamma \\
\omega^2 R = & \omega^4\alpha + & \omega^3\beta + & \omega^2\gamma \\
+)\quad 0 = & \alpha + & \beta + & \gamma \\
\hline
\omega L + \omega^2 R = (\omega^2 + \omega^4 + 1)\alpha + & (\omega^3 + \omega^3 + 1)\beta + & (\omega + \omega^2 + 1)\gamma \\
\omega L + \omega^2 R = (\omega^2 + \omega + 1)\alpha + & (1 + 1 + 1)\beta + & (\omega + \omega^2 + 1)\gamma \\
\omega L + \omega^2 R = & 0\alpha + & 3\beta + & 0\gamma \\
\omega L + \omega^2 R = & & 3\beta &
\end{array}
$$

"真的是这样！$\omega L + \omega^2 R = 3\beta$！也就是说 ……"

$$\beta = \frac{1}{3}(\omega L + \omega^2 R)$$

"没错。α 可以用 $\omega^2 L + \omega R$ 求得。"

$$
\begin{array}{rllll}
\omega^2 L = & \omega^3\alpha + & \omega^4\beta + & \omega^2\gamma \\
\omega R = & \omega^3\alpha + & \omega^2\beta + & \omega\gamma \\
+)\quad 0 = & \alpha + & \beta + & \gamma \\
\hline
\omega^2 L + \omega R = (\omega^3 + \omega^3 + 1)\alpha + & (\omega^4 + \omega^2 + 1)\beta + & (\omega^2 + \omega + 1)\gamma \\
\omega^2 L + \omega R = (1 + 1 + 1)\alpha + & (\omega + \omega^2 + 1)\beta + & (\omega^2 + \omega + 1)\gamma \\
\omega^2 L + \omega R = & 3\alpha + & 0\beta + & 0\gamma \\
\omega^2 L + \omega R = & 3\alpha & &
\end{array}
$$

"哇！这次是 $\omega^2 L + \omega R = 3\alpha$。这样一来就顺利求出 α 了。"

$$\alpha = \frac{1}{3}(\omega^2 L + \omega R)$$

"你看，这样就顺利用 L 与 R 表示出 α、β、γ 了。"

$$\begin{cases} \alpha = \dfrac{1}{3}(\omega^2 L + \omega R) \\ \beta = \dfrac{1}{3}(\omega L + \omega^2 R) \\ \gamma = \dfrac{1}{3}(L + R) \end{cases}$$

解答 7-3（拉格朗日预解式）

假设三次方程 $x^3 + px + q = 0$ 的解为 $x = \alpha, \beta, \gamma$，而且 L 与 R 的定义如下。

$$\begin{cases} L = \omega\alpha + \omega^2\beta + \gamma \\ R = \omega^2\alpha + \omega\beta + \gamma \end{cases}$$

此时，以下式子成立。

$$\begin{cases} \alpha = \dfrac{1}{3}(\omega^2 L + \omega R) \\ \beta = \dfrac{1}{3}(\omega L + \omega^2 R) \\ \gamma = \dfrac{1}{3}(L + R) \end{cases}$$

"$\omega^2 + \omega + 1 = 0$ 的用法好有趣！"

她的目光闪闪发亮，让我有点害羞。

"很有趣吧？α、β、γ 可以用 L 与 R 来表示。如果用系数来表示 L

与 R,就可以得到三次方程的求根公式!下一张卡片是不是求 L 与 R 的问题?"

"呃……好像不是。"泰朵拉看着绿色卡片说,"求的不是 L 与 R,而是 $L^3 + R^3$。"

"竟然是 $L^3 + R^3$?"

7.1.5 绿色卡片:3次方的和

问题 7-4(3次方的和)

假设三次方程 $x^3 + px + q = 0$ 的解为 $x = \alpha, \beta, \gamma$,而且 L 与 R 的定义如下。

$$\begin{cases} L = \omega\alpha + \omega^2\beta + \gamma \\ R = \omega^2\alpha + \omega\beta + \gamma \end{cases}$$

请用 p 和 q 表示 $L^3 + R^3$。

"绿色卡片上好像让我们求的是 $L^3 + R^3$,背面写着这个式子。"泰朵拉把绿色卡片翻了过来。

提示的式子(绿色卡片的背面)

$$(L + R)(L + \omega R)(L + \omega^2 R)$$

"$(L + R)(L + \omega R)(L + \omega^2 R)$ 吗?应该要展开吧。"

"我来!"

$$(L + R)(L + \omega R)(L + \omega^2 R)$$
$$= (L^2 + \omega LR + LR + \omega R^2)(L + \omega^2 R)$$
$$= L^3 + \omega^2 L^2 R + \omega L^2 R + LR^2 + L^2 R + \omega^2 LR^2 + \omega LR^2 + R^3$$
$$= \text{哇……}$$

"哇……式子好复杂。该怎么整理呢?"

"这种时候一般会用某个变量来整理式子。我们来指定一个变量吧。例如,用 L 来进行整理,可以整理出 L^3 的项、L^2 的项和 L 的项,还有常数项。"

$$(L + R)(L + \omega R)(L + \omega^2 R)$$
$$= L^3 + \omega^2 L^2 R + \omega L^2 R + LR^2 + L^2 R + \omega^2 LR^2 + \omega LR^2 + R^3$$
$$= \underbrace{L^3}_{L^3 \text{ 的项}} + \underbrace{(\omega^2 + \omega + 1)RL^2}_{L^2 \text{ 的项}} + \underbrace{(1 + \omega^2 + \omega)R^2 L}_{L \text{ 的项}} + \underbrace{R^3}_{\text{常数项}}$$
$$= L^3 + R^3$$

"哇!"泰朵拉说,"使用 $\omega^2 + \omega + 1 = 0$,可以干脆地消去其他项,只剩下 $L^3 + R^3$!"

"原来如此。你懂这个提示的意思了吗?"

"它是指不要计算 $L^3 + R^3$,而是使用提示的式子 $(L + R)(L + \omega R)$ $(L + \omega^2 R)$ 吧?"

"没错。以下这个**恒等式**就是村木老师给的提示。"

$$L^3 + R^3 = (L + R)(L + \omega R)(L + \omega^2 R)$$

"恒等式……的确,不管 L 和 R 是什么,这个式子都成立。它确实是关于 L 与 R 的恒等式。"

"看来你没有迷失前进的方向。"

"当然。绿色卡片上写的

请用 p 和 q 表示 $L^3 + R^3$

可以换成

请用 p 和 q 表示 $(L + R)(L + \omega R)(L + \omega^2 R)$

这种表述方式，没错吧？因此，我认为只要按

- $(L + R)$
- $(L + \omega R)$
- $(L + \omega^2 R)$

的顺序用 p 和 q 表示即可。$(L + R)$ 在我们解黄色卡片中的题时（解答 7-3）已求得。"

$$\gamma = \frac{1}{3}(L + R)$$
$$L + R = 3\gamma$$

"没错。"

"接着计算 $L + \omega R$。"

"啊，等一下。它也在我们解黄色卡片中的题时出现过。"

$$\beta = \frac{1}{3}(\omega L + \omega^2 R)$$

"咦？"

"两边同乘以 $3\omega^2$。

$$\begin{aligned} 3\omega^2 \cdot \beta &= 3\omega^2 \cdot \frac{1}{3}(\omega L + \omega^2 R) \\ &= \omega^3 L + \omega^4 R \\ &= L + \omega R \qquad\qquad \text{因为 } \omega^3 = 1, \ \omega^4 = \omega \end{aligned}$$

总之，$L + \omega R$ 会变成这样。"

$$3\omega^2\beta = L + \omega R$$

"啊！也就是说，$L + \omega^2 R$ 也……

$$\alpha = \frac{1}{3}(\omega^2 L + \omega R)$$

这次只要两边同时乘以 3ω 就行了！"

$$
\begin{aligned}
3\omega \cdot \alpha &= 3\omega \cdot \frac{1}{3}(\omega^2 L + \omega R) \\
&= \omega^3 L + \omega^2 R \\
&= L + \omega^2 R \qquad\qquad \text{因为 } \omega^3 = 1
\end{aligned}
$$

"嗯。泰朵拉，这样就可以求出 $L + \omega^2 R$ 了。"

$$3\omega\alpha = L + \omega^2 R$$

"对。学长，$L + R$、$L + \omega R$ 和 $L + \omega^2 R$ 都求出来了！"
泰朵拉使劲拉我的手臂。

$$
\begin{cases}
① \ L + R \quad\ = 3\gamma \\
② \ L + \omega R \ \ = 3\omega^2\beta \\
③ \ L + \omega^2 R = 3\omega\alpha
\end{cases}
$$

"对啊，但是到这里还没结束，我们还得把它们乘起来。"
"好！"

$$L^3 + R^3 = \underbrace{(L+R)}_{①}\underbrace{(L+\omega R)}_{②}\underbrace{(L+\omega^2 R)}_{③} \qquad \text{根据提示}$$

$$= \underbrace{(3\gamma)}_{①}\underbrace{(3\omega^2\beta)}_{②}\underbrace{(3\omega\alpha)}_{③} \qquad \text{根据前面的计算}$$

$$= 27\omega^3\alpha\beta\gamma$$

$$= 27\alpha\beta\gamma \qquad\qquad\qquad \text{因为}\ \omega^3 = 1$$

"完成！"

"最后还要用 p 和 q 表示 $L^3 + R^3$。再加把劲！"

"咦？咦？咦？"

"有根与系数的关系（$q=-\alpha\beta\gamma$）可以用啊！"

$$L^3 + R^3 = 27\alpha\beta\gamma$$

$$= -27q \qquad\qquad\qquad \text{因为}\ q = -\alpha\beta\gamma$$

"这样我们就成功解出绿色卡片中的题了！"

解答 7-4（3 次方的和）

$$L^3 + R^3 = -27q$$

7.1.6　蓝色卡片：3次方的积

问题 7-5（3次方的积）

假设三次方程 $x^3 + px + q = 0$ 的解为 $x = \alpha, \beta, \gamma$，而且 L 与 R 的定义如下。

$$\begin{cases} L = \omega\alpha + \omega^2\beta + \gamma \\ R = \omega^2\alpha + \omega\beta + \gamma \end{cases}$$

请用 p 和 q 表示 $L^3 R^3$。

"这次求出 L^3 和 R^3 后将二者相乘。"

"是啊。不对，虽然可以立刻展开 $L^3 = (\omega\alpha + \omega^2\beta + \gamma)^3$，不过先求 LR 会比较轻松。"

"学长对算式变形很敏感啊……"

$$\begin{aligned} LR &= (\omega\alpha + \omega^2\beta + \gamma)(\omega^2\alpha + \omega\beta + \gamma) \\ &= (\omega^3\alpha^2 + \omega^2\alpha\beta + \omega\gamma\alpha) + (\omega^4\alpha\beta + \omega^3\beta^2 + \omega^2\beta\gamma) + (\omega^2\gamma\alpha + \omega\beta\gamma + \gamma^2) \\ &= \alpha^2 + \beta^2 + \gamma^2 + (\omega^2 + \omega^4)\alpha\beta + (\omega^2 + \omega)\beta\gamma + (\omega + \omega^2)\gamma\alpha \\ &= \alpha^2 + \beta^2 + \gamma^2 + (\omega + \omega^2)(\alpha\beta + \beta\gamma + \gamma\alpha) \end{aligned}$$

"这次我也会使用 $\omega^2 + \omega + 1 = 0$！$\omega + \omega^2$ 是 -1！"

$$\begin{aligned} LR &= \alpha^2 + \beta^2 + \gamma^2 + (\omega + \omega^2)(\alpha\beta + \beta\gamma + \gamma\alpha) \\ &= \alpha^2 + \beta^2 + \gamma^2 - (\alpha\beta + \beta\gamma + \gamma\alpha) \qquad \text{使用了 } \omega + \omega^2 = -1 \end{aligned}$$

"使用根与系数的关系 $\alpha\beta + \beta\gamma + \gamma\alpha = p$，式子会变简单。"

$$LR = \alpha^2 + \beta^2 + \gamma^2 - (\alpha\beta + \beta\gamma + \gamma\alpha)$$
$$= \alpha^2 + \beta^2 + \gamma^2 - p \qquad \text{根与系数的关系（第 226 页）}$$
$$= \text{但是……}$$

"但是……$\alpha^2 + \beta^2 + \gamma^2$ 没出现在根与系数的关系中吧？"

"对。不过根与系数的关系中有式子 $\alpha + \beta + \gamma = 0$，所以对该式子取平方后就会出现 2 次方的项，其结果应该等于 0。"

$$(\alpha + \beta + \gamma)^2 = \alpha^2 + \beta^2 + \gamma^2 + 2(\alpha\beta + \beta\gamma + \gamma\alpha)$$
$$0 = \alpha^2 + \beta^2 + \gamma^2 + 2(\alpha\beta + \beta\gamma + \gamma\alpha)$$
$$\alpha^2 + \beta^2 + \gamma^2 = -2(\alpha\beta + \beta\gamma + \gamma\alpha)$$

"原来如此。要让式子出现 2 次方的项啊。"

"如果这里使用 $\alpha\beta + \beta\gamma + \gamma\alpha = p$，以下式子就会成为武器。"

$$\alpha^2 + \beta^2 + \gamma^2 = -2p \qquad \text{（武器）}$$

"哇，正好适用！"

$$LR = \underwave{\alpha^2 + \beta^2 + \gamma^2} - p$$
$$= \underwave{-2p} - p \qquad \text{使用武器}$$
$$= -3p$$

"卡片上的问题是求 $L^3 R^3$，所以我们对 LR 取 3 次方。"

$$L^3 R^3 = (LR)^3 = (-3p)^3 = -27p^3$$

解答 7-5（3 次方的积）

$$L^3 R^3 = -27p^3$$

"对。7 张卡片中，我们已经解决 5 张卡片的问题了。"

"对，还剩 2 张！"

7.1.7　靛色卡片：从系数到解

问题 7-6（从系数到解）

　　假设三次方程 $x^3 + px + q = 0$ 的解为 $x = \alpha, \beta, \gamma$。请用 p 和 q 表示 α、β、γ。

"原来如此。用 p 和 q 表示 α、β、γ 就是用系数表示解，也就是

求三次方程 $x^3 + px + q = 0$ 的求根公式

对吧？"

"问题突然变复杂了！"

"没有突然变复杂，我们已经解开好几张卡片的问题了。"

"这倒是。但是我们只求了 $L^3 + R^3$ 与 $L^3 R^3$。"

"所以这些只是铺垫。"

"啊？"泰朵拉一脸不解。

"不要迷失前进的方向。在解黄色卡片上的问题时，我们已经用 L 与 R 表示了 α、β、γ。也就是说，现在我们只要知道 L 与 R 便可以写出公式。再换句话说，我们只要知道 L^3 与 R^3 即可。"

"抱歉，为什么只要知道 L^3 与 R^3 就行呢？"

"因为只要求出 L^3 的 3 次方根就能求出 L。"

"啊 —— 不对不对，L^3 的 3 次方根有 3 个吧？"

"对啊。"

"明明应该把 3 次方根的 3 个数 —— 我是不是什么地方搞错了？"

"嗯。L^3 的 3 次方根是

$$L、\omega L、\omega^2 L$$

这 3 个数。"

"咦？咦？为什么？"

"因为

$$
\begin{cases}
L^3 & = L^3 \\
(\omega L)^3 & = \omega^3 L^3 = L^3 \\
(\omega^2 L)^3 & = (\omega^2)^3 L^3 = (\omega^3)^2 L^3 = L^3
\end{cases}
$$

所以不管是 L、ωL 还是 $\omega^2 L$，3 次方以后都等于 L^3。"

"啊，我懂了。只要通过 $L^3 + R^3$ 与 $L^3 R^3$ 求出 L^3 与 R^3 就可以了。该怎么做呢？"

如何通过 $L^3 + R^3$ 与 $L^3 R^3$ 求出 L^3 与 R^3？

"嗯？泰朵拉，如果是数学爱好者，这种问题应该要立刻回答出来才行啊。知道两个数的和与积，求这两个数分别是什么，这不就是二次方程吗？"

"二次方程？"

"只要解开这个关于 $\dot{X}$ 的二次方程就能求出 L^3 和 R^3 了。"

$$X^2 - (L^3 + R^3)X + L^3 R^3 = 0$$

"咦？"

"因为可以因式分解啊，即 $X^2 - (L^3 + R^3)X + L^3R^3 = (X - L^3)$ $(X - R^3)$。而且令人开心的是，和与积我们已经求出来了。"

$$L^3 + R^3 = -27q \qquad L^3 R^3 = -27p^3$$

绿色卡片　　　　　蓝色卡片

"啊，真的啊！"

"嗯。所以我们只要解开这个关于 X 的二次方程就可以了。"

$$X^2 + 27qX - 27p^3 = 0$$

"呃……用求根公式吗？"

"对啊。用二次方程的求根公式马上就能解开。"

$$X = \frac{-27q \pm \sqrt{(27q)^2 + 4 \cdot 27p^3}}{2}$$
$$= -\frac{27q}{2} \pm \sqrt{\left(\frac{27q}{2}\right)^2 + 27p^3}$$

"所以，L^3 和 R^3 是以下两个数中的其中一个。"

$$-\frac{27q}{2} + \sqrt{\left(\frac{27q}{2}\right)^2 + 27p^3}, \quad -\frac{27q}{2} - \sqrt{\left(\frac{27q}{2}\right)^2 + 27p^3}$$

"好的。"

"如果在这里设

$$\begin{cases} A = -\dfrac{27q}{2} \\ D = \left(\dfrac{27q}{2}\right)^2 + 27p^3 \end{cases} \qquad \sqrt{}\text{ 里的东西}$$

L^3 和 R^3 就会变成

$$A + \sqrt{D}, \quad A - \sqrt{D}$$

这样。"

"哪个是 L^3 呢?"

"这个不一定,或者说,可以随喜好决定。"

"可是黄色卡片中定义了 L 与 R,我们应该不能随意决定吧?"

"没错,但 L 与 R 是根据 α、β、γ 定义的。α、β、γ 代表三次方程的解,但 α、β、γ 具体代表哪一个解并没有决定。因此,现在要让 L、R 与 α、β、γ 互相结合,比如

$$\begin{cases} L = \sqrt[3]{A + \sqrt{D}} \\ R = \sqrt[3]{A - \sqrt{D}} \end{cases}$$

根据黄色卡片(解答 7-3),$x^3 + px + q = 0$ 的解是这样的。"

$$\begin{cases} \alpha = \dfrac{1}{3}(\omega^2 L + \omega R) = \dfrac{1}{3}\left(\omega^2 \sqrt[3]{A + \sqrt{D}} + \omega \sqrt[3]{A - \sqrt{D}} \right) \\[2mm] \beta = \dfrac{1}{3}(\omega L + \omega^2 R) = \dfrac{1}{3}\left(\omega \sqrt[3]{A + \sqrt{D}} + \omega^2 \sqrt[3]{A - \sqrt{D}} \right) \\[2mm] \gamma = \dfrac{1}{3}(L + R) \quad\;\; = \dfrac{1}{3}\left(\sqrt[3]{A + \sqrt{D}} + \sqrt[3]{A - \sqrt{D}} \right) \end{cases}$$

解答 7-6（从系数到解）

假设三次方程 $x^3 + px + q = 0$ 的解为 $x = \alpha, \beta, \gamma$。此时，$\alpha$、$\beta$、$\gamma$ 可以写成以下形式。

$$
\begin{cases}
\alpha = \dfrac{1}{3}\left(\omega^2 \sqrt[3]{A + \sqrt{D}} + \omega \sqrt[3]{A - \sqrt{D}}\right) \\[2mm]
\beta = \dfrac{1}{3}\left(\omega \sqrt[3]{A + \sqrt{D}} + \omega^2 \sqrt[3]{A - \sqrt{D}}\right) \\[2mm]
\gamma = \dfrac{1}{3}\left(\sqrt[3]{A + \sqrt{D}} + \sqrt[3]{A - \sqrt{D}}\right)
\end{cases}
$$

其中，

$$
\begin{cases}
A = -\dfrac{27q}{2} \\[2mm]
D = \left(\dfrac{27q}{2}\right)^2 + 27p^3
\end{cases}
$$

"学长，我好像理解了 $A = \cdots$ 和 $D = \cdots$ 这种**定义式**的力量。你教过我方程、恒等式和定义式，我那时很讨厌增加符号，感觉式子会变复杂，所以很不擅长处理定义式。但我现在明白了有时增加符号会更加简单，要是不使用 A 与 D 这样的符号，式子得变得多复杂啊。"

"是啊。"

"增加符号更能让我们看穿结构！进一步来说，符号是看穿结构的依据，所以我们要使用符号！"

泰朵拉兴奋地说。

"看穿结构的依据。原来如此。"

"对。使用符号，我们才能看穿'这里和那里一样'以及'$\sqrt[3]{}$'里的内容只有 $+$ 与 $-$ 不同'这种结构！"

泰朵拉兴奋地说着。

7.1.8　紫色卡片：三次方程的求根公式

"来吧。最后的问题很简单，只要计算即可。"我说。

> **问题 7-7（三次方程的求根公式）**
>
> 假设三次方程 $ax^3 + bx^2 + cx + d = 0$ 的解为 $x = \alpha, \beta, \gamma$。请用 a、b、c、d 表示 α、β、γ。

$$
\begin{aligned}
A &= -\frac{27q}{2} \qquad && \text{根据 } A \text{ 的定义}\\
&= -\frac{27}{2} \cdot \frac{2b^3 - 9abc + 27a^2d}{27a^3} \qquad && \text{用 } a \text{、} b \text{、} c \text{、} d \text{ 表示 } q\\
&= -\frac{2b^3 - 9abc + 27a^2d}{2a^3}
\end{aligned}
$$

$$
\begin{aligned}
D &= \left(\frac{27q}{2}\right)^2 + 27p^3\\
&= \left(\frac{27}{2} \cdot \frac{2b^3 - 9abc + 27a^2d}{27a^3}\right)^2 + 27 \cdot \left(-\frac{b^2 - 3ac}{3a^2}\right)^3\\
&= \left(\frac{2b^3 - 9abc + 27a^2d}{2a^3}\right)^2 - \left(\frac{b^2 - 3ac}{a^2}\right)^3\\
&= \frac{27 \cdot (27a^2d^2 - 18abcd + 4b^3d + 4ac^3 - b^2c^2)}{4a^4}
\end{aligned}
$$

解答7-7（三次方程的求根公式）

假设三次方程 $ax^3 + bx^2 + cx + d = 0$ 的解为 $x = \alpha, \beta, \gamma$。此时，$\alpha$、$\beta$、$\gamma$ 可以写成以下形式。（$-\frac{b}{3a}$ 来自契尔恩豪森转换的卡片）

$$\begin{cases} \alpha = \dfrac{1}{3}\left(\omega^2 \sqrt[3]{A + \sqrt{D}} + \omega \sqrt[3]{A - \sqrt{D}} \right) - \dfrac{b}{3a} \\ \beta = \dfrac{1}{3}\left(\omega \sqrt[3]{A + \sqrt{D}} + \omega^2 \sqrt[3]{A - \sqrt{D}} \right) - \dfrac{b}{3a} \\ \gamma = \dfrac{1}{3}\left(\sqrt[3]{A + \sqrt{D}} + \sqrt[3]{A - \sqrt{D}} \right) - \dfrac{b}{3a} \end{cases}$$

其中，

$$\begin{cases} A = -\dfrac{2b^3 - 9abc + 27a^2d}{2a^3} \\ D = \dfrac{27 \cdot (27a^2d^2 - 18abcd + 4b^3d + 4ac^3 - b^2c^2)}{4a^4} \end{cases}$$

7.1.9 描绘"旅行地图"

"学长，谢谢你！村木老师提出的问题全部解开了！但是 ——"泰朵拉扭扭捏捏地说，"呃，但是导出求根公式后，我并没有感觉很高兴…… 对、对不起。"

"怎么了？"

"我们解开问题，最后导出了三次方程的求根公式。但我还是不太明白 —— 我们到底做了什么？"

原来如此。

泰朵拉的想法很实在。

她不认为解开问题就是终点，不觉得自己只要找到答案就可以了。7 张卡片引导我们完成求根公式。为了让我们解开问题，卡片内容循序渐进，甚至还附上了提示。因此，解开问题是理所当然的。跟着线索解开问题之后，我们更应该进行思考。

我们到底做了什么？

这样问问自己并进行回想才是重点。

"但是，该怎么做呢？"我嘀咕。

"我想画出'旅行地图'！"

◎　　◎　　◎

我想画出"旅行地图"！

我们的目的是得到三次方程的求根公式。方程的求根公式就是从系数得到解，也就是用系数来表示解。

$$系数 \xrightarrow{\text{求根公式}} 解$$

我想村木老师并不是要让我们做无意义的计算。只是在计算的过程中，我们只能看见眼前的东西。因此，我从刚才开始便跃跃欲试，想要画出"旅行的地图"。

▶ 在**红色卡片"契尔恩豪森转换"**中，我们转换方程，用 a、b、c、d 表示了 p 和 q。

$$a, b, c, d \xrightarrow{\text{契尔恩豪森转换}} p, q$$

▶ 在**橙色卡片"根与系数的关系"**中，我们用 α、β、γ 表示了 p 和 q。

$$\alpha, \beta, \gamma \xrightarrow{\text{根与系数的关系}} p, q$$

▶ **黄色卡片"拉格朗日预解式"**是一个谜题。解题时导入了我不太懂的 L 与 R。也出现了 ω，不过我知道这是 1 的原始 3 次方根。总之，我们用 L 与 R 表示了 α、β、γ。

$$L, R \xrightarrow{\text{拉格朗日预解式}} \alpha, \beta, \gamma$$

▶ 在**绿色卡片"3 次方的和"**中，我们用 p 和 q 表示了 $L^3 + R^3$。

$$p, q \xrightarrow{\text{3 次方的和}} L^3 + R^3$$

▶ 在**蓝色卡片"3 次方的积"**中，我们用 p 和 q 表示了 $L^3 R^3$。

$$p, q \xrightarrow{\text{3 次方的积}} L^3 R^3$$

▶ 在**靛色卡片"从系数到解"**中，我们根据之前的计算结果，用 p 和 q 表示了 α、β、γ。在计算过程中求出了 L^3、R^3，还有 L 与 R。

$$p, q \xrightarrow{\text{从系数到解}} \alpha, \beta, \gamma$$

▶ 在**紫色卡片"三次方程的求根公式"**中，我们用 a、b、c、d 表示了 α、β、γ。这是对前面内容的整理。

$$a, b, c, d \xrightarrow{\text{三次方程的求根公式}} \alpha, \beta, \gamma$$

从 a、b、c、d 到 α、β、γ，我们仔细观察后能看见大致趋势。

$$a, b, c, d \xrightarrow{\text{契尔恩豪森转换}} p, q$$
$$\xrightarrow{\text{3 次方的和与积}} L^3 + R^3, L^3 R^3$$
$$\xrightarrow{\text{解二次方程}} L^3, R^3$$
$$\xrightarrow{\text{求 3 次方根}} L, R$$
$$\xrightarrow{\text{拉格朗日预解式}} \alpha, \beta, \gamma$$

接着凝神观察整个过程，完成"旅行地图"。

应该是这样吧？

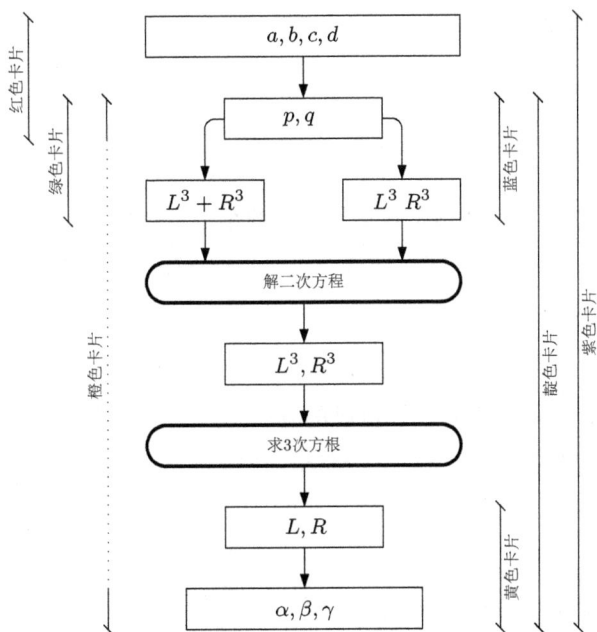

求"三次方程的求根公式"的旅行地图

"原来如此。整体的流程很清楚。"

泰朵拉盯着"旅行地图"。

"学长，我觉得这趟旅行的秘密应该在

$$L 与 R$$

的身上。"

"是吗？村木老师给的提示也很重要，我记得绿色卡片上有提示。"

"虽然提示很重要，但就算没有那个提示，耐心计算应该也能突破难关。但 L 与 R 不行。我无法靠自己想出 L 与 R。"

"的确是这样。"我点头。

"L 与 R 原本就不平衡吧。"

"不平衡?"

$$\begin{cases} L = \omega\alpha + \omega^2\beta + \gamma \\ R = \omega^2\alpha + \omega\beta + \gamma \end{cases}$$

"虽然交换了 α 和 β 的系数,但 γ 的系数维持原样,这难道不奇怪吗? L 与 R 真是奇妙,我觉得这个式子应该有什么秘密。"

我赞叹。

以往与泰朵拉见面的时候,我总是扮演教导泰朵拉的角色。但是现在不同,泰朵拉不断以她自己的方式学习,我从她的身上学到了很多 —— 不是知识方面,而是面对数学的态度。

"……"

"……"

我们凝视着拉格朗日预解式。

然后,我们同时看向正在窗边写东西的黑发少女。

那位带我们在数学的世界中翱翔的人 —— 米尔嘉。

7.2　拉格朗日预解式

7.2.1　米尔嘉

我们把 7 张卡片拿给米尔嘉看,并向她说明我们的研究过程,于是喜欢讲课又能言善道的才女说:

"第一个发现三次方程求根公式的人是十六世纪的塔尔塔利亚 [1]。不过,现在通常把三次方程的求根公式称为卡尔达诺公式,因为卡尔达

---

[1] 意大利数学家,工程师。——编者注

诺 [1] 在自己的著作中公开了解法。"

"这个故事我在书上看到过。"我说，"我记得当时他们互相提出数学问题，彼此争斗。"

"争斗吗？"泰朵拉说。不知为何，她非常兴奋。

"嗯。他们互相提出数学难题。"我说，"只要解开对方提的问题就算赢。他们自己专用的公式就是'武器'。"

"关于此事有许多逸闻。"米尔嘉说，"据说早在塔尔塔利亚之前，就有一位名叫费罗的人发现了三次方程的解法。然而，费罗的学生费奥在数学的公开比赛中输给了塔尔塔利亚……逸闻有很多，我们还是继续研究数学吧。"

"在推导三次方程的求根公式时，我总觉得关键在于拉格朗日预解式。"泰朵拉说，"但是，我不明白 L 与 R 的意义。"

"拉格朗日是十八世纪最伟大的数学家之一，他研究卡尔达诺与欧拉老师等人提出的解法，想从三次方程的解法与四次方程的解法中得到五次方程的解法。"米尔嘉说，"拉格朗日用自己的慧眼看穿隐藏在解法背后的'解的置换'。他将其中一部分内容以拉格朗日预解式的形式表示出来。"

"真是神来一笔啊。"我说，"竟然可以导入 $\omega\alpha + \omega^2\beta + \gamma$ 与 $\omega^2\alpha + \omega\beta + \gamma$ 这样的式子。"

"我们来看一下式子吧。"米尔嘉拿起桌上的黄色卡片说，"这里写着拉格朗日预解式。"

$$\begin{cases} L = \omega\alpha + \omega^2\beta + \gamma \\ R = \omega^2\alpha + \omega\beta + \gamma \end{cases}$$

---

[1] 意大利数学家、物理学家。——编者注

"是啊。"

"泰朵拉认为这个式子不平衡。"

"没错。因为 α 与 β 的系数交换了，而 γ 维持原样。感觉没有规律。"

"这里交换的不是系数而是解。"米尔嘉将食指贴在嘴唇上，闭了一下眼睛说，"首先，我们通过式子来找出规律性。式子中最好包含 $\alpha + \beta + \gamma$。我们暂时去掉 L 与 R 吧。"

米尔嘉重新在笔记本上写式子。

$$\begin{cases} \omega\alpha + \omega^2\beta + \gamma \\ \omega^2\alpha + \omega\beta + \gamma \\ \underline{\alpha + \beta + \gamma} \end{cases}$$

"$\alpha + \beta + \gamma$ 在根与系数的关系里出现过。"我说。

"这样还是忽视了 γ 啊……"泰朵拉说。

"我们来整理式子，看看规律到底是什么吧。"米尔嘉说，"把系数 1 写成 ω^3，然后将 ω 写成 ω^1。"

米尔嘉重新书写式子。

$$\begin{cases} \omega^1\alpha + \omega^2\beta + \omega^3\gamma & \text{根据}\ \omega\alpha + \omega^2\beta + \gamma \\ \omega^2\alpha + \omega^1\beta + \omega^3\gamma & \text{根据}\ \omega^2\alpha + \omega\beta + \gamma \\ \omega^3\alpha + \omega^3\beta + \omega^3\gamma & \text{根据}\ \alpha + \beta + \gamma \end{cases}$$

"啊！"泰朵拉说，"因为 $\omega^3 = 1$ 啊。但是 ω 的指数是 1、2、3 和 2、1、3 以及 3、3、3，没有规律。"

$$\begin{cases} \omega^1\alpha + \omega^2\beta + \omega^3\gamma & \omega\ \text{的指数是}\ 1、2、3 \\ \omega^2\alpha + \omega^1\beta + \omega^3\gamma & \omega\ \text{的指数是}\ 2、1、3 \\ \omega^3\alpha + \omega^3\beta + \omega^3\gamma & \omega\ \text{的指数是}\ 3、3、3 \end{cases}$$

"ω 的华尔兹是 3 拍。"米尔嘉说,"因为 $\omega^3 = 1$,所以 ω^1 可以写成 ω^4,ω^3 可以写成 ω^6 和 ω^9。"

$$
\begin{aligned}
\omega^1 &= \omega^1\omega^3 &= \omega^{1+3} &= \omega^4 \\
\omega^3 &= \omega^3\omega^3 &= \omega^{3+3} &= \omega^6 \\
\omega^3 &= \omega^3\omega^3\omega^3 &= \omega^{3+3+3} &= \omega^9
\end{aligned}
$$

米尔嘉调整了一下眼镜,开始写式子。

$$
\begin{cases}
\omega^1\alpha + \omega^2\beta + \omega^3\gamma & \omega \text{ 的指数是 1、2、3} \\
\omega^2\alpha + \omega^4\beta + \omega^6\gamma & \omega \text{ 的指数是 2、4、6} \\
\omega^3\alpha + \omega^6\beta + \omega^9\gamma & \omega \text{ 的指数是 3、6、9}
\end{cases}
$$

"啊!"泰朵拉张大嘴巴。

"1、2、3 和 2、4、6 以及 3、6、9 有规律性吗? 我写得更明显一些吧。"米尔嘉慢慢写式子。

$$
\begin{cases}
(\omega^1)^1\alpha + (\omega^1)^2\beta + (\omega^1)^3\gamma \\
(\omega^2)^1\alpha + (\omega^2)^2\beta + (\omega^2)^3\gamma \\
(\omega^3)^1\alpha + (\omega^3)^2\beta + (\omega^3)^3\gamma
\end{cases}
$$

"这个!"我也张大了嘴巴。

"我们可以用 α_1、α_2、α_3 代替 α、β、γ 来表示解,把这 3 个式子重新命名为 $L_3(1)$、$L_3(2)$、$L_3(3)$。如此一来,不管横向还是纵向都是 1、2、3。泰朵拉,拉格朗日预解式是有规律的。"

米尔嘉说着,眨了一下眼睛。

$$
\begin{cases}
L_3(1) = (\omega^1)^1\alpha_1 + (\omega^1)^2\alpha_2 + (\omega^1)^3\alpha_3 \\
L_3(2) = (\omega^2)^1\alpha_1 + (\omega^2)^2\alpha_2 + (\omega^2)^3\alpha_3 \\
L_3(3) = (\omega^3)^1\alpha_1 + (\omega^3)^2\alpha_2 + (\omega^3)^3\alpha_3
\end{cases}
$$

> **三次方程的拉格朗日预解式**
>
> $$\begin{cases} L_3(1) = (\omega^1)^1\alpha_1 + (\omega^1)^2\alpha_2 + (\omega^1)^3\alpha_3 \\ L_3(2) = (\omega^2)^1\alpha_1 + (\omega^2)^2\alpha_2 + (\omega^2)^3\alpha_3 \\ L_3(3) = (\omega^3)^1\alpha_1 + (\omega^3)^2\alpha_2 + (\omega^3)^3\alpha_3 \end{cases}$$
>
> 其中,
>
> - ω 是 1 的原始 3 次方根
> - α_1、α_2、α_3 是三次方程的解

"的确,不管横向还是纵向都是 1、2、3,我明白其中的规律了。但是,指数和下标好多,我觉得好乱。"

"泰朵拉,你真是贪心。"米尔嘉笑着说,"下标增多会使式子变复杂,但它能帮助我们看清规律。"

"我懂!"泰朵拉说,"也就是说,传达的信息会因为式子的写法而不同!"

"只要知道规律,就能实现一般化。"

"这样啊!"我从米尔嘉的手上抢过自动铅笔,开始写式子。

$$L_3(k) = (\omega^k)^1\alpha_1 + (\omega^k)^2\alpha_2 + (\omega^k)^3\alpha_3 \qquad (k = 1, 2, 3)$$

"如果把'1 的原始 n 次方根'设为 ζ_n——"米尔嘉说。

我不禁叫出声:"再多一个步骤就可以实现一般化!"

$$L_n(k) = (\zeta_n^k)^1\alpha_1 + (\zeta_n^k)^2\alpha_2 + \cdots + (\zeta_n^k)^n\alpha_n \qquad (k = 1, 2, 3, \cdots, n)$$

"没错。"米尔嘉似乎对我写的式子很满意,"式子已经实现了一般化,我们可以用 $\sum$ 来表示和。根据指数律,$(\zeta_n^k)^j = \zeta_n^{kj}$ 成立,所以可以消掉括号。这样,式子就完成一般化了。我们看穿式子的规律,导出了 n 次方程的拉格朗日预解式。"

$$L_n(k) = \sum_{j=1}^{n} \zeta_n^{kj} \alpha_j \qquad (k = 1, 2, 3, \cdots, n)$$

"啊!"泰朵拉发出奇怪的声音。

---

n 次方程的拉格朗日预解式

$$L_n(k) = \sum_{j=1}^{n} \zeta_n^{kj} \alpha_j$$

其中,

- $k = 1, 2, 3, \cdots, n$
- ζ_n 是 1 的原始 n 次方根
- $\alpha_1, \alpha_2, \alpha_3, \cdots, \alpha_n$ 是 n 次方程的解

7.2.2 拉格朗日预解式的性质

米尔嘉用手指静静地梳着长发,然后指向泰朵拉画的"旅行地图"。

"看到这个,就能明白推导三次方程的求根公式其实就是在解两个方程。第一个是二次方程。"

$$X^2 - (L^3 + R^3)X + L^3 R^3 = 0 \qquad 关于 X 的二次方程$$

"没错。"泰朵拉回答。

"用这个求 $X = L^3, R^3$,接着解三次方程。"

$$Y^3 - L^3 = 0, \; Y^3 - R^3 = 0 \qquad 关于 Y 的三次方程$$

"这个三次方程是从哪里来的?"泰朵拉问。

"这个方程用于求 L^3 与 R^3 的 3 次方根,对吧?"我说,"就是求 L、ωL、$\omega^2 L$ 与 R、ωR、$\omega^2 R$ 的部分。"

"对。"米尔嘉说,"刚才我们为了看出拉格朗日预解式的规律而将注意力集中在了系数 ω^k 上,但其实关注'解的置换'比较有趣。例如,用'迅速转换'交换 α 和 β,L 和 R 就会交换。"

$$L = \omega\alpha + \omega^2\beta + \gamma$$

$$\updownarrow \text{交换} \alpha \text{和} \beta$$

$$R = \omega\beta + \omega^2\alpha + \gamma$$

"我还是不太清楚'解的置换'是什么意思……"泰朵拉说。

"我们来实际计算一下 L^3 吧,也就是计算 $L_3(1)^3$。"米尔嘉回答。

$$L = \omega\alpha + \omega^2\beta + \gamma$$
$$= \omega\alpha_1 + \omega^2\alpha_2 + \alpha_3$$
$$L^3 = (\omega\alpha_1 + \omega^2\alpha_2 + \alpha_3)^3$$
$$= \alpha_1^3 + \alpha_2^3 + \alpha_3^3 + 6\alpha_1\alpha_2\alpha_3$$
$$+ 3\omega^2(\alpha_1\alpha_2^2 + \alpha_2\alpha_3^2 + \alpha_3\alpha_1^2) + 3\omega(\alpha_1^2\alpha_2 + \alpha_2^2\alpha_3 + \alpha_3^2\alpha_1)$$

"没错。"泰朵拉进行演算。

"接着,仔细看 L^3 的展开结果。"米尔嘉说。

$$\alpha_1^3 + \alpha_2^3 + \alpha_3^3 + 6\alpha_1\alpha_2\alpha_3 + 3\omega^2(\alpha_1\alpha_2^2 + \alpha_2\alpha_3^2 + \alpha_3\alpha_1^2) + 3\omega(\alpha_1^2\alpha_2 + \alpha_2^2\alpha_3 + \alpha_3^2\alpha_1)$$

老实的泰朵拉按照吩咐仔细观察式子。

米尔嘉继续说。

"α_1、α_2、α_3 这 3 个解的置换共有 $3! = 6$ 种。将出现于式子 L^3 的 3 个解以 6 种置换方式进行调换,但要先假设无论使用哪种置换方式,S 都不变。"

$$S = \alpha_1^3 + \alpha_2^3 + \alpha_3^3 + 6\alpha_1\alpha_2\alpha_3$$

[123] 是 "扑通向下"，L^3 维持原样。

$$S + 3\omega^2(\alpha_1\alpha_2^2 + \alpha_2\alpha_3^2 + \alpha_3\alpha_1^2) + 3\omega(\alpha_1^2\alpha_2 + \alpha_2^2\alpha_3 + \alpha_3^2\alpha_1)$$
$$= L^3$$

[132] 是 "迅速转换"，交换 L^3 的 α_2 和 α_3。

$$S + 3\omega^2(\alpha_1\alpha_3^2 + \alpha_3\alpha_2^2 + \alpha_2\alpha_1^2) + 3\omega(\alpha_1^2\alpha_3 + \alpha_3^2\alpha_2 + \alpha_2^2\alpha_1)$$
$$= S + 3\omega^2(\alpha_2\alpha_1^2 + \alpha_1\alpha_3^2 + \alpha_3\alpha_2^2) + 3\omega(\alpha_2^2\alpha_1 + \alpha_1^2\alpha_3 + \alpha_3^2\alpha_2)$$
$$= R^3 \qquad \text{(因为该式子用于交换 } L^3 \text{ 的 } \alpha_1 \text{ 和 } \alpha_2\text{)}$$

[213] 是 "迅速转换"，交换 L^3 的 α_1 和 α_2。

$$S + 3\omega^2(\alpha_2\alpha_1^2 + \alpha_1\alpha_3^2 + \alpha_3\alpha_2^2) + 3\omega(\alpha_2^2\alpha_1 + \alpha_1^2\alpha_3 + \alpha_3^2\alpha_2)$$
$$= R^3 \qquad \text{(因为该式子用于交换 } L^3 \text{ 的 } \alpha_1 \text{ 和 } \alpha_2\text{)}$$

[231] 是 "绕圈圈"，把 L^3 的 α_1 旋转到 α_2，把 α_2 旋转到 α_3，把 α_3 旋转到 α_1。

$$S + 3\omega^2(\alpha_2\alpha_3^2 + \alpha_3\alpha_1^2 + \alpha_1\alpha_2^2) + 3\omega(\alpha_2^2\alpha_3 + \alpha_3^2\alpha_1 + \alpha_1^2\alpha_2)$$
$$= S + 3\omega^2(\alpha_1\alpha_2^2 + \alpha_2\alpha_3^2 + \alpha_3\alpha_1^2) + 3\omega(\alpha_1^2\alpha_2 + \alpha_2^2\alpha_3 + \alpha_3^2\alpha_1)$$
$$= L^3$$

[312] 是 "绕圈圈"，把 L^3 的 α_1 旋转到 α_3，把 α_2 旋转到 α_1，把 α_3 旋转到 α_2。

$$S + 3\omega^2(\alpha_3\alpha_1^2 + \alpha_1\alpha_2^2 + \alpha_2\alpha_3^2) + 3\omega(\alpha_3^2\alpha_1 + \alpha_1^2\alpha_2 + \alpha_2^2\alpha_3)$$
$$= S + 3\omega^2(\alpha_1\alpha_2^2 + \alpha_2\alpha_3^2 + \alpha_3\alpha_1^2) + 3\omega(\alpha_1^2\alpha_2 + \alpha_2^2\alpha_3 + \alpha_3^2\alpha_1)$$
$$= L^3$$

[321] 是 "迅速转换"，交换 L^3 的 α_1 与 α_3。

$$S + 3\omega^2(\alpha_3\alpha_2^2 + \alpha_2\alpha_1^2 + \alpha_1\alpha_3^2) + 3\omega(\alpha_3^2\alpha_2 + \alpha_2^2\alpha_1 + \alpha_1^2\alpha_3)$$
$$= S + 3\omega^2(\alpha_2\alpha_1^2 + \alpha_1\alpha_3^2 + \alpha_3\alpha_2^2) + 3\omega(\alpha_2^2\alpha_1 + \alpha_1^2\alpha_3 + \alpha_3^2\alpha_2)$$
$$= R^3 \quad \text{（因为该式子用于交换 } L^3 \text{ 的 } \alpha_1 \text{ 和 } \alpha_2\text{）}$$

"好有趣！交换排列 3 个解的模式有 6 种，但是实际交换排列 L^3 的 α_1、α_2、α_3，结果会变成 L^3 或 R^3 的其中一个！"

"对。而且 L^3 与 R^3 共轭。"米尔嘉说，"这个轭是二次方程 $X^2 - (L^3 + R^3)X + L^3R^3 = 0$。绿色卡片与蓝色卡片提示我们存在轭，告诉我们和与积属于系数域。"

"系数域？"泰朵拉问。

"对。我们要站在域的观点来看。在系数域中添加 $\sqrt{\ }$，接着添加 $\sqrt[3]{\ }$。这样，就能实现**最小分裂域**。"

"最小分裂域是什么？"泰朵拉问。

"最小分裂域是将给定的三次方程分解成一次式的最小的域。普通的三次方程从系数域开始，通过添加 $\sqrt{\ }$ 与 $\sqrt[3]{\ }$，能变成最小分裂域。由此，我们能求得三次方程的求根公式。在系数域中添加有理式的 2 次方根 $\sqrt{D}$，形成新的域后添加求得的有理式的 3 次方根，比如 $\sqrt[3]{A + \sqrt{D}}$ 等，从而形成最小分裂域。**在方程的系数域添加方根，使之变成最小分裂域，并以此解开方程的过程就是以代数方式解方程**。从域的观点来看，如何扩展域很重要，一个是添加 $\sqrt{\ }$，一个是添加 $\sqrt[3]{\ }$，因此泰朵拉所画的'旅行地图'的精髓是下面这样的。"

$$a, b, c, d, \omega \xrightarrow{\ \sqrt[2]{\ }\ } L^3, R^3 \xrightarrow{\ \sqrt[3]{\ }\ } L, R, \alpha, \beta, \gamma$$

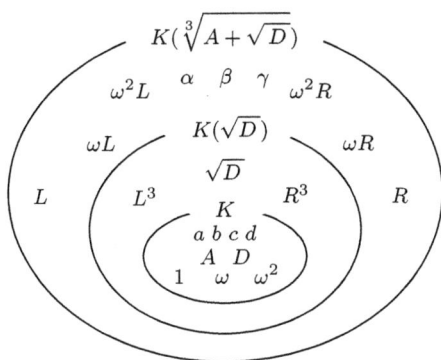

"因为 $[123]\,[231]\,[312]$，所以 L^3 不变。因为'绕圈圈'的 $[231]$ 是生成的循环群，所以 L^3 维持不变。"

"等一下，米尔嘉学姐。我好像把域和群搞混了……为什么会出现循环群呢？"

"等尤里在的时候我再好好讲解吧。"

"咦，尤里？"我说。

"尤里应该正在研究对称群 S_4。"

"啊，好像是。"我回答米尔嘉。说尤里在研究对称群 S_4 有些夸张，不过她的确在努力摸索构成 S_4 的 24 种置换方式。

"群、子群、正规子群和商群。这些概念有点抽象，我们把这些概念变具体会比较好懂。到时跟尤里一起学习吧！你负责把尤里带来。"米尔嘉向我下命令。

"好好好。"

7.2.3 能应用于其他例子吗？

我们根据村木老师给的卡片，推导出了三次方程的求根公式。接着，我们调整三次方程的拉格朗日预解式，找出其中规律，推导出 n 次方程的拉格朗日预解式。也就是说——

"咦？米尔嘉，拉格朗日预解式可以一般化到 n 次就是说可以用相同的做法推导出四次方程的求根公式？"

"虽然不能算'相同做法'，但拉格朗日预解式是会出现的。"

"学长学姐，等一下。我先来推导四次方程的求根公式！"

"好的，泰朵拉，我不会再往下说了。你把挑战四次方程的求根公式当成作业吧。最好先思考一下'二次方程的拉格朗日预解式'与'二次方程的求根公式'的关系。"

"咦？我会背二次方程的求根公式啊。"

"暂时把它忘掉。你是不是需要我亲一下才能忘记呀？"

米尔嘉站起来，一副要走向泰朵拉的样子。

"哇！我忘记了！忘记了！"

问题 7-8（二次方程的拉格朗日预解式）

　　求二次方程的拉格朗日预解式 $L_2(1)$ 与 $L_2(2)$。

7.3　二次方程的求根公式

7.3.1　二次方程的拉格朗日预解式

　　稍加计算后，泰朵拉开始了讲解。

问题 7-8（二次方程的拉格朗日预解式）

　　求二次方程的拉格朗日预解式 $L_2(1)$ 与 $L_2(2)$。

1 的原始 2 次方根是 2 次方后才会变成 1 的数，也就是说，$\zeta_2 = -1$。

$$\zeta_2 = -1$$

接着，使用 n 次方程的拉格朗日预解式。

$$L_2(1) = \sum_{j=1}^{2} \zeta_2^{1j}\alpha_j \qquad n=2, k=1 \text{ 的拉格朗日预解式}$$
$$= \zeta_2^{1\times1}\alpha_1 + \zeta_2^{1\times2}\alpha_2$$
$$= (-1)^{1\times1}\alpha_1 + (-1)^{1\times2}\alpha_2 \qquad \text{因为 } \zeta_2 = -1$$
$$= -\alpha_1 + \alpha_2$$

$$L_2(2) = \sum_{j=1}^{2} \zeta_2^{2j}\alpha_j \qquad n=2, k=2 \text{ 的拉格朗日预解式}$$
$$= \zeta_2^{2\times1}\alpha_1 + \zeta_2^{2\times2}\alpha_2$$
$$= (-1)^{2\times1}\alpha_1 + (-1)^{2\times2}\alpha_2 \qquad \text{因为 } \zeta_2 = -1$$
$$= \alpha_1 + \alpha_2$$

真不过瘾。结果变成下面这样。

$$\begin{cases} L_2(1) = -\alpha_1 + \alpha_2 \\ L_2(2) = \alpha_1 + \alpha_2 \end{cases}$$

解答 7-8（二次方程的拉格朗日预解式）

$$\begin{cases} L_2(1) = -\alpha_1 + \alpha_2 \\ L_2(2) = \alpha_1 + \alpha_2 \end{cases}$$

"泰朵拉认为在求根公式中，L 和 R 是关键。"米尔嘉说。

"没错。先求出了 L^3 与 R^3。"

"L^3 与 R^3 是三次方程的拉格朗日预解式的 3 次方。依此类推，对二次方程的拉格朗日预解式进行 2 次方处理吧！"

"我来试试看！"

$$\begin{cases} L_2(1)^2 = (-\alpha_1 + \alpha_2)^2 = (\alpha_1 - \alpha_2)^2 \\ L_2(2)^2 = (\alpha_1 + \alpha_2)^2 = (\alpha_1 + \alpha_2)^2 \end{cases}$$

"原来如此。"我很佩服。找出规律，进行一般化，接着应用于其他具体例子……像一整套理论。

"$L_2(1)^2$ 等于 $(\alpha_1 - \alpha_2)^2$。这一点关键吗？"

"别抢我的问题。"米尔嘉说，"这是通往求根公式的关键吗？"

泰朵拉凝神看着式子。

"α_1 减去 α_2……还是不行。一有下标，我的脑袋就不清楚了。不用 α_1 和 α_2，我要改用 α 和 β 来思考。"

$$\begin{cases} L_2(1)^2 = (\alpha - \beta)^2 \\ L_2(2)^2 = (\alpha + \beta)^2 \end{cases}$$

"泰朵拉，根与系数的……"我忍不住开口说。

"请别说话！"泰朵拉大声说，"只要推导出二次方程的求根公式就可以吧？用系数来表示解……"

我保持沉默。

"将 $(\alpha - \beta)^2$ 用二次方程 $ax^2 + bx + c = 0$ 的系数来写……系数、系数。"

"嗯……"我差点发出声音。

"啊！用系数表示就是指用基本对称多项式表示！是和与积！没错没

错。$(\alpha - \beta)^2$ 是对称多项式，因为即使交换 α 与 β，值依旧不变！而且，对称多项式可以用基本对称多项式表示！"

$$
\begin{aligned}
L_2(1)^2 &= (\alpha - \beta)^2 \\
&= \alpha^2 - 2\alpha\beta + \beta^2 \\
&= (\underbrace{\alpha + \beta}_{\text{基本对称多项式}})^2 - 4 \underbrace{\alpha\beta}_{\text{基本对称多项式}}
\end{aligned}
$$

"嗯。"米尔嘉发出声音。

"对对对。因为基本对称多项式代表'可以用系数表示解'，所以剩下的部分很简单。"

泰朵拉快速在笔记本上写下式子。

$$
\begin{aligned}
L_2(1)^2 &= (\alpha - \beta)^2 \\
&= (\alpha + \beta)^2 - 4\alpha\beta && \text{用基本对称多项式来写} \\
&= \left(-\frac{b}{a}\right)^2 - 4 \cdot \frac{c}{a} && \text{根据根与系数的关系} \\
&= \frac{b^2 - 4ac}{a^2}
\end{aligned}
$$

"你发现什么了吗？"米尔嘉说。

"出现 $b^2 - 4ac$ 了！"

泰朵拉把大眼睛睁得更大，宣布：

"这是二次方程的判别式！"

7.3.2　判别式

"没错。"米尔嘉平静地说，"只要让二次方程的拉格朗日预解式 2 次方，就能得到二次方程的判别式了。"

$$L_2(1)^2 = \frac{b^2 - 4ac}{a^2} = \frac{判别式}{a^2}$$

"好厉害!"泰朵拉说,"拉格朗日预解式竟然出现在二次方程的求根公式中!"

我一时语塞。

$b^2 - 4ac$ 是我背过的式子。

$b^2 - 4ac$ 出现在二次方程的求根公式中。

$$\frac{-b \pm \sqrt{b^2 - 4ac}}{2a}$$

判别式 $b^2 - 4ac$ 原来可以用二次方程的拉格朗日预解式 $L_2(1)$ 的 2 次方求得!

米尔嘉继续平静地讲解。

"设系数域为 K,二次方程的解属于

$$K(\sqrt{判别式})$$

这个域。这个域可以用

$$K(L_2(1))$$

表示。无论是 $L_2(1)^2 = (\alpha - \beta)^2$,还是 $L_2(2)^2 = (\alpha + \beta)^2$,针对解的置换,它们都不会改变。也就是说,二次方程的拉格朗日预解式是解的对称多项式。因为是解的对称多项式,所以也可以用解的基本对称多项式表示,也就是能用系数的有理式来表示。拉格朗日预解式对于找出求根公式的确很有帮助。而 $L_2(1) = \alpha - \beta$ 不是对称多项式,因此该式子未必可以用系数的有理式来表示。但是,只要将 $L_2(1)$ 添加到系数域,问题就能得到解决,因为解属于新的域 $K(L_2(1))$,而且新的域 $K(L_2(1))$

就是 $K(\sqrt{\text{判别式}})$。"

米尔嘉说完后,泰朵拉思考了一阵子。

"我终于弄明白拉格朗日预解式了!我差点把它叫成泰朵拉日预解式!"

"你太着急了。"米尔嘉冷静地回答,"等你推导出四次方程的求根公式后再这么叫吧。"

我对两位数学女孩的玩笑漠不关心,独自陷入沉思。

拉格朗日预解式 $L_2(1)$……

- 如果是加入 $L_2(1)$ 的系数域,二次方程一定能解开
- 用 $L_2(1)$ 可以得出 $\sqrt{\text{判别式}}$
- $L_2(1)$ 出现在二次方程的求根公式中

求根公式看起来很像答案。可是,看穿式子的形式才是根本。
我忽然想起尤里。

$2a$ 分之负 b 加减根号下 b 平方减 $4ac$
舌头打结了!
根号那块有点绕口。

的确很复杂,不过很有趣,尤里。

7.4 五次方程的求根公式

7.4.1 五次方程是什么

"四次方程的求根公式当作我的作业吧!"泰朵拉说,"对了,五次方程的求根公式一样能用拉格朗日预解式吧?"

"不行。"

"咦?"

"用拉格朗日预解式找不出五次以上的方程的求根公式。"

"因为不存在。"我说。

"对。五次以上的方程不存在求根公式。换句话说,给定一个五次以上的方程,从这个方程的系数开始,通过重复'四则运算与求方根的运算'来表示解的做法未必可行。这已经被鲁菲尼与阿贝尔证明了。"

"未必可行……"

"对,未必可行。因此,'什么样的方程可以用代数的方式解开'就成了下一个问题。回答这个问题的人是伽罗瓦。伽罗瓦在接触数学几年后便解开了这个难题。"

米尔嘉环视我们。

"鲁菲尼与阿贝尔证明了五次方程在一般情况下无法解开。伽罗瓦指出五次方程在什么情况下能解开,在什么情况无法解开。除了五次方程,伽罗瓦还指出了 n 次方程可以用代数方式解开的充分必要条件。"

7.4.2 "五"的意义

"一次、二次、三次、四次……"泰朵拉说,"到四次为止的方程都有求根公式,但五次和五次以上的方程没有求根公式。这真是不可思议。"

"mono、di、tri、tetra……"我不经意地念着。

"我突然想起了费马大定理。"

"嗯?"米尔嘉的眼镜反射出一道光芒。

若 $n \geqslant 3$,方程 $x^n + y^n = z^n$ 没有自然数的解

—— 怀尔斯定理(费马大定理)

"费马大定理的魔法数字是 3,而这次的魔法数字是 5。"

若 $n \geqslant 5$，n 次方程没有求根公式

—— 鲁菲尼 - 阿贝尔定理

"魔法数字?"我问。

"有意思。"米尔嘉说。

"1、2、3、4，接着是 5。"泰朵拉弯手指数着，"在我们所处的世界，5 有那么特别吗？关于方程的求根公式，5 有什么秘密？"

拉格朗日还考虑了其他一些求解三次方程的方法，

并发现在各类情形下都同样潜在着这种思想。

每种情形下的三个根都能导出一个有理表达式，

它在六个可能的置换下仅有两个值，

这说明该表达式满足一个二次方程。

—— 卡茨《数学史通论》[①]

---

① 出自《数学史通论》。李文林等译，高等教育出版社 2004 年出版。——编者注

No.

Date　　.　　.

"我"的笔记本(基本对称多项式)

α_1 的基本对称多项式

$$\alpha_1$$

α_1、α_2 的基本对称多项式

$$\alpha_1 + \alpha_2$$

$$\alpha_1\alpha_2$$

α_1、α_2、α_3 的基本对称多项式

$$\alpha_1 + \alpha_2 + \alpha_3$$

$$\alpha_1\alpha_2 + \alpha_1\alpha_3 + \alpha_2\alpha_3$$

$$\alpha_1\alpha_2\alpha_3$$

α_1、α_2、α_3、α_4 的基本对称多项式

$$\alpha_1 + \alpha_2 + \alpha_3 + \alpha_4$$

$$\alpha_1\alpha_2 + \alpha_1\alpha_3 + \alpha_1\alpha_4 + \alpha_2\alpha_3 + \alpha_2\alpha_4 + \alpha_3\alpha_4$$

$$\alpha_1\alpha_2\alpha_3 + \alpha_1\alpha_2\alpha_4 + \alpha_1\alpha_3\alpha_4 + \alpha_2\alpha_3\alpha_4$$

$$\alpha_1\alpha_2\alpha_3\alpha_4$$

第8章
建造塔

如果你想为昨天感到后悔，

那就后悔吧！

反正你一定会迎接，

为今天后悔的明天。

—— 小林秀雄《我的人生观》[1]

8.1　音乐

8.1.1　咖啡厅

"有一处失误了吧？"米尔嘉说。

"有三处，全在巴赫的曲子里。"盈盈回答，"巴赫的曲子好难！"

这里是音乐厅旁边的咖啡厅。今天我和米尔嘉一起来听盈盈的演奏会。演奏会已结束，我们一起吃总汇三明治作为迟到的午餐。

"你演奏得非常好，我都没发现失误。"我说。

"你怎么这么好。"盈盈说。

盈盈、我、米尔嘉就读同一所高中，都上高三。盈盈是一位钢琴少女，擅长弹钢琴。我一直在学习数学，盈盈则一直在学习音乐。据说她从小

---

① 原书名为『私の人生観』，暂无中文版。——编者注

就跟着专业老师，一位盈盈称之为师父的人学习钢琴。

这场演奏会的演奏者正是这位师父的学生们。每个学生演奏两首曲子，盈盈弹奏了一首巴赫的曲子和一首自作曲。我坐的位置可以看清她的手部动作。与其说是她的手指在敲击琴键，不如说是琴键吸引着她的手指弹出音符。盈盈一头大波浪发型，搭配深绿色礼服，十分迷人。舞台上的盈盈盛装打扮，现在的她还穿着这套服装，让我看得入迷。

"老师会直接告诉你怎么弹吗？"我问。

她的老师胡须花白，是一位白发绅士，不到六十岁。

"不会。"盈盈回答，"师父会先让我们弹，然后问我们弹奏时在想什么。之后他会按照我们说的内容弹一次。接着，他会一边说'刚才你是这样弹的'，一边模仿我们的弹法再弹一次。"

"这样啊。然后呢？"

"哪儿还有什么然后啊。我们很清楚自己无法按照自己想的那样来弹奏，所以很不好受。毕竟想做的事与办得到的事不一样。特别是师父问我们是不是想这样弹，为我们做示范的时候，他弹奏出的旋律真的非常美妙，而且正是我们心中所想。"

"真是一位和善的老师。"米尔嘉说。

"和善的只有语言，师父心眼很坏。"

盈盈比平常更兴奋，吃饭的速度也更快了。

"音乐该如何说明呢？"我问，"说明乐曲是何主题、如何构思之类的吗？"

"比这个更具体。"盈盈回答，"哪个音和哪个音要串起来、哪些音要用同样的力量来弹……每个细节都要具体说明。"

盈盈吃掉最后一口三明治，又开始说了起来。

"师父常说乐谱上不会写没用的音符。整首曲子无法一次就练好，我们必须牢牢巩固每一个音。光这样还不够，曲子并不是由一个个音拼凑而成的，如果不掌握曲子的全貌，就不会明白每个音的作用。师父常说'一个音是为了一首曲子而存在，一首曲子是为了一个音而存在。'"

虽然盈盈说师父心眼坏，但她的语气中满满都是对师父的信赖。

"刚才的第二首曲子以巴洛克风格开始，然后转为混合拍子了吧？在转为混合拍子之前，所有的音突然消失，之后响起的第一个音一直留在我的脑海中。"

"就是这样。"盈盈笑着，"一个音会大大改变乐曲的风格。"

8.1.2 邂逅

用餐结束后，盈盈去找她的师父，我与米尔嘉继续喝茶。

"盈盈要当钢琴家吗？"我问。

"比起钢琴家，她好像更想走作曲的道路。"米尔嘉回答，"两条路都不好走，她应该正在和老师商量。毕业后会去欧洲吧。"

"这样啊。"

对盈盈而言，"无可替代之物"是音乐。

"伽罗瓦也有过这样的'邂逅'。"米尔嘉说。

"伽罗瓦？"

"十五岁的伽罗瓦因为成绩不佳留级一年，但正是此事促成了他与数学的缘分。据说他当时沉迷于数学，仅用两天就读完了勒让德 [1] 的几何学教科书。多亏留级，伽罗瓦遇见了数学，数学也有了伽罗瓦。"

"嗯……"

"十六岁的伽罗瓦虽然报考了巴黎综合理工学院，但准备不足，没有考上。不过，伽罗瓦由此得到了里夏尔老师的指导，这也是一段很棒的缘分。据说，伽罗瓦在探索方程的解法时，里夏尔建议他去读拉格朗日

---

[1] 法国数学家。——编者注

的论文。理查还建议伽罗瓦向专业杂志投稿论文。伽罗瓦考试失败后遇到了最棒的老师。"

"说的是呢。"

"邂逅会大大改变事情的发展。"米尔嘉说。

8.2 讲课

8.2.1 图书室

几天后。

"学长!"

这里是学校。我正要和往常一样进入图书室,泰朵拉突然抓住了我的手臂。

"吓我一跳。怎么了?"

"学长!我有事情想问你……你很忙吧?"

"没关系。可以在图书室说吗?"

"刚才瑞谷老师瞪我了。我们可以去'加库拉'吗?"

8.2.2 扩张次数

"前几天米尔嘉学姐给我解释了扩张次数。"

泰朵拉在学校的学生活动中心"加库拉"开始了她的话题。"加库拉"里有几位因社团活动而来的学生。

"嗯。域的扩张与扩张次数,是吧?"我说。

"没错。"

泰朵拉归纳了前几天米尔嘉讲的内容。

- 域是可以进行四则运算的集合，在里面添加元素，会形成扩域，这是域扩张的方法之一
- 线性空间是满足"向量与标量的乘法"与"向量之间的加法"的集合。用线性独立的向量组成线性组合，可以表示线性空间的任意元素，并且为唯一的表示方法。此线性独立的向量集合称为基，基集合中的元素数称为维度
- 扩域可以视为线性空间，此时的维度称为扩张次数

"你整理得很漂亮。"我说。

"是吗！"她开心地回答。

哎呀，和平常的气氛有些不同。

泰朵拉继续说道："我们可以通过扩张次数得知扩张的程度。讨论完这个话题后，我想举一些例子来确认自己的理解，毕竟'示例是理解的试金石'。我从图书室借来数学书，自己开始研究域的理论。准确来说，我只研究了自己能理解的部分。你可以听我讲吗？"

她用闪闪发光的眼神注视着我，我不能不听。

于是，泰朵拉开始"讲课"。

这堂课最终会以怎样的方式结束呢？此时的我根本想象不到。

8.2.3 扩域与子域

首先，从我们熟知的域开始复习。

我们熟知的域包含有理数域 $\mathbb{Q}$、实数域 $\mathbb{R}$、复数域 $\mathbb{C}$。两个有理数进行加减乘除运算，得到的值还是有理数；两个实数进行加减乘除运算，得到的值还是实数；两个复数进行加减乘除运算，得到的值还是复数。因此，我们知道 $\mathbb{Q}$、$\mathbb{R}$、$\mathbb{C}$ 都是域。

而且，这几个域之间还存在以下关系。

$$\mathbb{Q} \subset \mathbb{R} \subset \mathbb{C}$$

$\mathbb{Q}$ 是 $\mathbb{R}$ 的子集，$\mathbb{R}$ 是 $\mathbb{C}$ 的子集。也可以说 $\mathbb{Q} \subset \mathbb{C}$，即 $\mathbb{Q}$ 是 $\mathbb{C}$ 的子集。

不过，$\mathbb{Q}$、$\mathbb{R}$、$\mathbb{C}$ 之间的运算会自然延拓。自然延拓，举例来说就是即使将有理数 a、b 当成实数，它们的和 $a+b$ 也不会变。有理数的运算与实数的运算一样，也就是说，$\mathbb{Q}$ 不仅是 $\mathbb{R}$ 的子集，也是 $\mathbb{R}$ 的**子域**。

同样，$\mathbb{Q}$ 和 $\mathbb{R}$ 可以称为 $\mathbb{C}$ 的子域。

相反，$\mathbb{C}$ 是 $\mathbb{Q}$ 和 $\mathbb{R}$ 的扩域，$\mathbb{R}$ 是 $\mathbb{Q}$ 的扩域。

所有的域既是自己的子域，又是自己的扩域。

"$\mathbb{C}$ 是 $\mathbb{R}$ 的扩域"就是指"$\mathbb{R}$ 是 $\mathbb{C}$ 的子域"。这一关系该如何用式子表示呢？我看了几本参考书发现可以用表示集合包含关系的符号来书写，即

$$\mathbb{C} \supset \mathbb{R}$$

也可以在域之间插入斜线（ / ），即

$$\mathbb{C}/\mathbb{R} \cdots\cdots \mathbb{C} \text{是} \mathbb{R} \text{的扩域（} \mathbb{R} \text{是} \mathbb{C} \text{的子域）}$$
$$\mathbb{R}/\mathbb{Q} \cdots\cdots \mathbb{R} \text{是} \mathbb{Q} \text{的扩域（} \mathbb{Q} \text{是} \mathbb{R} \text{的子域）}$$
$$\mathbb{C}/\mathbb{Q} \cdots\cdots \mathbb{C} \text{是} \mathbb{Q} \text{的扩域（} \mathbb{Q} \text{是} \mathbb{C} \text{的子域）}$$

3 个以上的域之间的关系可以写成

$$\mathbb{C}/\mathbb{R}/\mathbb{Q}$$

但是

$$\mathbb{C} \supset \mathbb{R} \supset \mathbb{Q}$$

这种写法更为普遍。

像 $\mathbb{C} \supset \mathbb{R} \supset \mathbb{Q}$ 这种连接扩域与子域的形式叫作

域塔

也可以称为**域的扩张列**或**域的升链列**。

到这里为止，我讲的是扩域与子域。

8.2.4 $\mathbb{Q}(\sqrt{2})/\mathbb{Q}$

"到这里为止，我讲的是扩域与子域。"泰朵拉说。

"泰朵拉老师，你讲得很简单易懂。"我说。

我仿佛是泰朵拉的学生。老师与学生的角色对调了。泰朵拉讲得很流畅，我乖乖地作为学生听她讲。

"学长，别这么说。我后来做了这个习题来复习所学的内容。"泰朵拉用手指着习题说。

问题 8-1（扩张次数）

求 $\mathbb{Q}(\sqrt{2})/\mathbb{Q}$ 的扩张次数。

"原来如此。"我说。

"先从符号的意义开始。"

$$\mathbb{Q} \quad\quad\quad\quad \cdots\cdots \quad \text{有理数域}$$
$$\mathbb{Q}(\sqrt{2}) \quad\quad \cdots\cdots \quad \text{在有理数域} \mathbb{Q} \text{中添加了} \sqrt{2} \text{的域}$$
$$\mathbb{Q}(\sqrt{2})/\mathbb{Q} \quad \cdots\cdots \quad \mathbb{Q}(\sqrt{2}) \text{是} \mathbb{Q} \text{的扩域}$$

"如果把 $\mathbb{Q}(\sqrt{2})$ 视为 $\mathbb{Q}$ 上的线性空间，$\mathbb{Q}(\sqrt{2})/\mathbb{Q}$ 的扩大次数就是维度，也就是在把 $\mathbb{Q}(\sqrt{2})$ 视为 $\mathbb{Q}$ 上的线性空间时的'基集合中的元素数'。"

"没错。"

"我在参考书上看到过，$\mathbb{Q}(\sqrt{2})/\mathbb{Q}$ 的扩张次数会写成

$$[\mathbb{Q}(\sqrt{2}) : \mathbb{Q}]$$

看起来有些复杂。"

"原来如此。这种写法方便我们在算式中使用扩张次数。"

"是啊。可以把 $\mathbb{Q}(\sqrt{2})$ 写成下面这样。"

$$\mathbb{Q}(\sqrt{2}) = \{p + q\sqrt{2} \mid p \in \mathbb{Q}, q \in \mathbb{Q}\}$$

"没错。"

"也就是说,属于 $\mathbb{Q}(\sqrt{2})$ 的任意数可以用 $\{1, \sqrt{2}\}$ 这个基写成 $p + q\sqrt{2}$。"

"也就是 $p + q\sqrt{2} = p \cdot \underline{1} + q \cdot \underline{\sqrt{2}}$。"

"没错。而且基 $\{1, \sqrt{2}\}$ 的元素数是 2,所以扩张次数 $[\mathbb{Q}(\sqrt{2}) : \mathbb{Q}]$为 2。因此式子可以写成下面这样。"

$$[\mathbb{Q}(\sqrt{2}) : \mathbb{Q}] = 2$$

解答8-1(扩张次数)

$\mathbb{Q}(\sqrt{2})/\mathbb{Q}$ 的扩张次数是 2。

$$[\mathbb{Q}(\sqrt{2}) : \mathbb{Q}] = 2$$

"没错。"

"扩张次数为 2 的域扩张称为**二次扩张**。$\mathbb{Q}(\sqrt{2})/\mathbb{Q}$ 可以说是二次扩张。"

"泰朵拉老师,我明白了。"我说。

8.2.5 出题

"现在我来出道题。"泰朵拉模仿米尔嘉的口吻。她吐了吐舌头。

$[\mathbb{Q}(\sqrt{3}):\mathbb{Q}]$ 的值是?

"这道题很简单。"我说,"把 $[\mathbb{Q}(\sqrt{2}):\mathbb{Q}]=2$ 的 $\sqrt{2}$ 全部换成 $\sqrt{3}$ 就可以了。也就是说,以 $\{1,\sqrt{3}\}$ 为基,式子可以写成 $\mathbb{Q}(\sqrt{3})=\{p+q\sqrt{3}\mid p\in\mathbb{Q},q\in\mathbb{Q}\}$,所以扩张次数还是 2。"

$$[\mathbb{Q}(\sqrt{3}):\mathbb{Q}]=2$$

"对。$\mathbb{Q}(\sqrt{3})/\mathbb{Q}$ 也是二次扩张。"

"泰朵拉老师,我有一个问题!"我模仿平时的她举起手。

假设 n 为正整数,$[\mathbb{Q}(\sqrt{n}):\mathbb{Q}]=2$ 成立吗?

"成立。"她立刻回答。

"泰朵拉,你很容易上当啊。"

"咦?啊,不对!这道题的答案会根据 $\sqrt{n}$ 是否为有理数而改变!"

"没错。需要看具体情况。"

$$[\mathbb{Q}(\sqrt{n}):\mathbb{Q}]=\begin{cases}1 & (\sqrt{n}\in\mathbb{Q}\text{的时候})\\2 & (\sqrt{n}\notin\mathbb{Q}\text{的时候})\end{cases}$$

"来做下一题吧。"泰朵拉用猜谜节目的台词重振气势。

$[\mathbb{Q}(\sqrt{5}):\mathbb{Q}(\sqrt{5})]$ 的值呢?

"原来如此。$[\mathbb{Q}(\sqrt{5}):\mathbb{Q}(\sqrt{5})]$ 虽然是 $[\mathbb{Q}(\sqrt{5})/\mathbb{Q}(\sqrt{5})]$ 的扩张次数,但扩域是 $\mathbb{Q}(\sqrt{5})$ 本身。所以基是 $\{1\}$ 就可以。因为元素数是 1,所以扩张次数等于 1。"

$$[\mathbb{Q}(\sqrt{5}) : \mathbb{Q}(\sqrt{5})] = 1$$

"没错。因为 $\mathbb{Q}(\sqrt{5})$ 可以写成这样。"

$$\mathbb{Q}(\sqrt{5}) = \{p \cdot 1 \mid p \in \mathbb{Q}(\sqrt{5})\}$$

8.2.6　$\mathbb{Q}(\sqrt{2}, \sqrt{3})/\mathbb{Q}$

"下一个问题。"泰朵拉给我看她的笔记本。

问题 8-2（扩张次数）

　　求 $\mathbb{Q}(\sqrt{2}, \sqrt{3})/\mathbb{Q}$ 的扩张次数。

"原来如此。"

"$\mathbb{Q}(\sqrt{2}, \sqrt{3})$ 是在 $\mathbb{Q}$ 中添加了 $\sqrt{2}$ 和 $\sqrt{3}$ 的域。为了求 $\mathbb{Q}(\sqrt{2}, \sqrt{3})/\mathbb{Q}$ 的扩张次数，也就是求

$$[\mathbb{Q}(\sqrt{2}, \sqrt{3}) : \mathbb{Q}]$$

我做了什么？"

"求基了吧？"

"没错。但我弄错了。我把基想成了 $\{1, \sqrt{2}, \sqrt{3}\}$。"

$$\mathbb{Q}(\sqrt{2}, \sqrt{3}) = \{p + q\sqrt{2} + r\sqrt{3} \mid p \in \mathbb{Q}, q \in \mathbb{Q}, r \in \mathbb{Q}\} \qquad (?)$$

"咦，难道不是吗？我也是这么想的……"

"不对。"泰朵拉一脸严肃。

"$\mathbb{Q}(\sqrt{2}, \sqrt{3})/\mathbb{Q}$ 的基不是 $\{1, \sqrt{2}, \sqrt{3}\}$ 吗？"

"不是。$\mathbb{Q}(\sqrt{2}, \sqrt{3})/\mathbb{Q}$ 的扩张次数不是 3。"

我思考着。

也就是说，域 $\mathbb{Q}$ 中有不能用 $p + q\sqrt{2} + r\sqrt{3}$ $(p, q, r \in \mathbb{Q})$ 这种形式表示的数吧。这些数是什么呢？啊，我懂了。

"如果基是 $\{1, \sqrt{2}, \sqrt{3}\}$，$\sqrt{2}$ 乘以 $\sqrt{3}$ 等于 $\sqrt{6}$，$\sqrt{6}$ 不能用线性组合表示。"

满足 $\sqrt{2}\sqrt{3} = p + q\sqrt{2} + r\sqrt{3}$ 的有理数 p、q、r 不存在。

"不愧是学长，竟然这么快就懂了。我就无法做到这种程度。"

"那么，$\mathbb{Q}(\sqrt{2}, \sqrt{3})/\mathbb{Q}$ 的基是

$$\{1, \sqrt{2}, \sqrt{3}, \sqrt{6}\}$$

这个可以吧？"我说。

"没错。$\mathbb{Q}(\sqrt{2}, \sqrt{3})/\mathbb{Q}$ 的扩张次数是 4。"

$$[\mathbb{Q}(\sqrt{2}, \sqrt{3}) : \mathbb{Q}] = 4 \qquad \mathbb{Q}(\sqrt{2}, \sqrt{3})/\mathbb{Q} \text{ 的扩张次数}$$

"原来 $\mathbb{Q}(\sqrt{2}, \sqrt{3})/\mathbb{Q}$ 是四次扩张。"

"我认真思考过自己弄错的原因，我没有意识到使用了线性组合的'数的形成方法'不同于在域中添加数的'数的形成方法'。"

"什么意思？"

泰朵拉眨了几下眼睛，斟酌用词，然后说："用了线性组合的乘法运算只会在标量与向量之间进行。$\mathbb{Q}(\sqrt{2}, \sqrt{3})/\mathbb{Q}$ 的标量是有理数，所以只有有理数能和作为基集合中的元素的向量进行乘法运算。"

"没错。向量与标量相乘是线性空间的基础。"

"另外，因为 $\mathbb{Q}(\sqrt{2}, \sqrt{3})$ 是扩域，所以 $\mathbb{Q}(\sqrt{2}, \sqrt{3})$ 的元素之间可以自由进行乘法运算。但我只注意到了有理数的乘法运算，漏掉了 $\sqrt{2}$ 与 $\sqrt{3}$ 相乘的可能性。看来我对'线性空间的线性组合'和'域的四则运算'之间的关系还不够了解。因此，我想在这里竖起'不懂的旗子'。"

"'不懂的旗子'是什么?"我苦笑。

"是我给还没弄懂的地方标的记号。不懂的地方容易忘记,因此我标了旗子的记号来提醒自己。"

"原来如此。"我赞叹道,"你好厉害啊,抓住自己不懂的感觉后,思考不懂的理由,最后还竖起了'不懂的旗子'。"

"不敢当,不敢当。"

"你的'不懂'系列可以做成一张列表。"

- 不会不懂装懂
- 找出不懂之处
- 保持不懂的感觉
- 找出不懂的理由
- 竖立不懂的旗子

"还包括'装不懂游戏'吧!"

"没错!"

我们相视而笑。

解答 8-2(扩张次数)

$\mathbb{Q}(\sqrt{2}, \sqrt{3})/\mathbb{Q}$ 的扩张次数是 4。

$$[\mathbb{Q}(\sqrt{2}, \sqrt{3}) : \mathbb{Q}] = 4$$

"这个问题还有下文。"泰朵拉说。

"下文?"

8.2.7 扩张次数的积

活泼少女泰朵拉虽然平常就很有活力，但今天她格外有干劲，一定是扎实学习了。

"对，有下文。关于求扩张次数 $[\mathbb{Q}(\sqrt{2},\sqrt{3}):\mathbb{Q}]$ 这个问题，参考书给的答案是从说明以下等式开始的。"

$$\mathbb{Q}(\sqrt{2},\sqrt{3}) = \mathbb{Q}(\sqrt{2})(\sqrt{3})$$

"咦？右边的 $\mathbb{Q}(\sqrt{2})(\sqrt{3})$ 是什么？"

"$\mathbb{Q}(\sqrt{2})(\sqrt{3})$ 是在域 $\mathbb{Q}(\sqrt{2})$ 中添加了 $\sqrt{3}$ 的域。在 $\mathbb{Q}$ 中添加了 $\sqrt{2}$ 的域是 $\mathbb{Q}(\sqrt{2})$，在 $\mathbb{Q}(\sqrt{2})$ 中添加了 $\sqrt{3}$ 的域写成 $\mathbb{Q}(\sqrt{2})(\sqrt{3})$。"

"这样啊。"

"关于扩张次数 $[\mathbb{Q}(\sqrt{2},\sqrt{3}):\mathbb{Q}]$

$$
\begin{aligned}
&[\mathbb{Q}(\sqrt{2},\sqrt{3}):\mathbb{Q}]\\
&= [\mathbb{Q}(\sqrt{2})(\sqrt{3}):\mathbb{Q}] \qquad\qquad \mathbb{Q}(\sqrt{2},\sqrt{3})=\mathbb{Q}(\sqrt{2})(\sqrt{3})\\
&= \underbrace{[\mathbb{Q}(\sqrt{2}):\mathbb{Q}]}_{2} \times \underbrace{[\mathbb{Q}(\sqrt{2})(\sqrt{3}):\mathbb{Q}(\sqrt{2})]}_{2} \qquad \text{根据扩张次数的积的定理}\\
&= 2 \times 2\\
&= 4
\end{aligned}
$$

像这样，运算过程中使用了扩张次数的积的定理。这个定理好像也称为**链式法则**，它非常有趣。具体来说，这个定理就是'通过添加几个数所形成的扩域的扩张次数'等于'一个数一个数添加的各扩域的扩张次数的积'。为了求在 $\mathbb{Q}$ 中添加了 $\sqrt{2}$ 和 $\sqrt{3}$ 的扩域的扩张次数，要让'在 $\mathbb{Q}$ 中添加了 $\sqrt{2}$ 的扩域的扩张次数'与'在 $\mathbb{Q}(\sqrt{2})$ 中添加了 $\sqrt{3}$ 的扩域的扩张次数'相乘。

$$[\mathbb{Q}(\sqrt{2})(\sqrt{3}):\mathbb{Q}] = [\mathbb{Q}(\sqrt{2}):\mathbb{Q}] \times [\mathbb{Q}(\sqrt{2})(\sqrt{3}):\mathbb{Q}(\sqrt{2})]$$

参考书上也有说明，不过符号太多，我还没有好好读。但我想只要认真分析应该就能懂。"

我默默地听泰朵拉"讲课"，她加快速度。

"既然在 $\mathbb{Q}$ 中添加了 $\sqrt{2}$，扩张次数会变成 2，那么添加 $\sqrt{2}$ 和 $\sqrt{3}$ 后，扩张次数会变成 3 吗？我总觉得扩张次数会变成 3，但是这个答案是错的。"

泰朵拉频频点头。

"只要用链式法则，$\mathbb{Q}(\sqrt{2},\sqrt{3},\sqrt{5},\sqrt{7})/\mathbb{Q}$ 的扩张次数也可以马上求出来。"

$$\begin{aligned}
&[\mathbb{Q}(\sqrt{2},\sqrt{3},\sqrt{5},\sqrt{7}):\mathbb{Q}]\\
&= [\mathbb{Q}(\sqrt{2})(\sqrt{3})(\sqrt{5})(\sqrt{7}):\mathbb{Q}]\\
&= [\mathbb{Q}(\sqrt{2}):\mathbb{Q}]\\
&\quad\times[\mathbb{Q}(\sqrt{2})(\sqrt{3}):\mathbb{Q}(\sqrt{2})]\\
&\quad\quad\times[\mathbb{Q}(\sqrt{2})(\sqrt{3})(\sqrt{5}):\mathbb{Q}(\sqrt{2})(\sqrt{3})]\\
&\quad\quad\quad\times[\mathbb{Q}(\sqrt{2})(\sqrt{3})(\sqrt{5})(\sqrt{7}):\mathbb{Q}(\sqrt{2})(\sqrt{3})(\sqrt{5})]\\
&= 2\times2\times2\times2\\
&= 2^4\\
&= 16
\end{aligned}$$

"这样啊。泰朵拉，你说的是这个意思吧。"

我画出一张图。

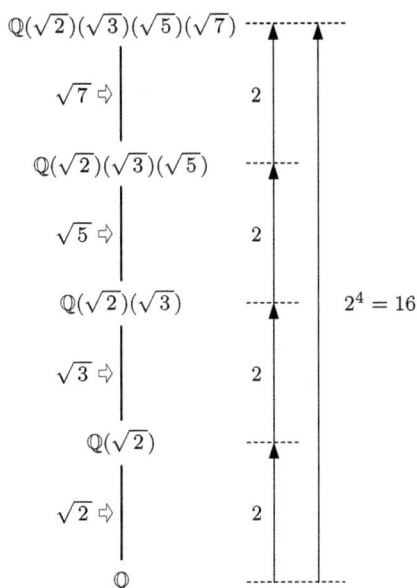

$$\mathbb{Q}(\sqrt{2})(\sqrt{3})(\sqrt{5})(\sqrt{7})$$

$$\sqrt{7} \Rightarrow \qquad 2$$

$$\mathbb{Q}(\sqrt{2})(\sqrt{3})(\sqrt{5})$$

$$\sqrt{5} \Rightarrow \qquad 2$$

$$\mathbb{Q}(\sqrt{2})(\sqrt{3}) \qquad\qquad 2^4 = 16$$

$$\sqrt{3} \Rightarrow \qquad 2$$

$$\mathbb{Q}(\sqrt{2})$$

$$\sqrt{2} \Rightarrow \qquad 2$$

$$\mathbb{Q}$$

域塔

"没错没错！不愧是学长！"

"你前面说到了域塔，我有印象。真的是塔。我们通过添加数建造了域塔！"

$$\mathbb{Q} \subset \mathbb{Q}(\sqrt{2}) \subset \mathbb{Q}(\sqrt{2})(\sqrt{3}) \subset \mathbb{Q}(\sqrt{2})(\sqrt{3})(\sqrt{5}) \subset \mathbb{Q}(\sqrt{2})(\sqrt{3})(\sqrt{5})(\sqrt{7})$$

"的确。学长，数学好有趣！"

"啊，打断你说话了，抱歉。"

"没事。然后 $[\mathbb{Q}(\sqrt{2}, \sqrt{3}, \sqrt{5}, \sqrt{7}) : \mathbb{Q}]$ 就会变成这样。"

$$[\mathbb{Q}(\sqrt{2}, \sqrt{3}, \sqrt{5}, \sqrt{7}) : \mathbb{Q}] = 2^4 = 16$$

"没错。"

"我看到这个后,瞬间想到添加 4 个数后扩张次数会变成 2^4。因为在 $\mathbb{Q}(\sqrt{2}, \sqrt{3})/\mathbb{Q}$ 中添加 2 个数后,扩张次数会变成 2^2,所以我觉得如果添加 n 个数,扩张次数就可能是 2^n。但是,这个想法很肤浅。翻一下参考书就能明白哪里错了。"

"嗯?"

"因为存在只添加 1 个数,扩张次数会变成 4 的示例。"

8.2.8　$\mathbb{Q}(\sqrt{2} + \sqrt{3})/\mathbb{Q}$

问题 8-3（扩张次数）

　求 $\mathbb{Q}(\sqrt{2} + \sqrt{3})/\mathbb{Q}$ 的扩张次数。

"$\mathbb{Q}(\sqrt{2} + \sqrt{3})/\mathbb{Q}$ 的扩张次数是 4 吗?"我问。

"没错!因此,从本质上来说,这个问题是这样的。"

请证明 $[\mathbb{Q}(\sqrt{2} + \sqrt{3}) : \mathbb{Q}] = 4$

"原来如此。但是在这种情况下,我们的思考方式也和原来一样吧。从扩张次数的定义来思考,也就是把域 $\mathbb{Q}(\sqrt{2} + \sqrt{3})$ 当作 $\mathbb{Q}$ 上的线性空间,求它的基和基集合中的元素数。"

"于是,问题就变成了怎样求 $\mathbb{Q}(\sqrt{2} + \sqrt{3})$ 的基。"

"对呀,我怎么没想到。"

"我想了一天,最后还是看了参考书。我看到书上写着让我有些惊讶的式子。"

$$\mathbb{Q}(\sqrt{2} + \sqrt{3})$$
$$= \{p + q(\sqrt{2} + \sqrt{3}) + r(\sqrt{2} + \sqrt{3})^2 + s(\sqrt{2} + \sqrt{3})^3 \mid p, q, r, s \in \mathbb{Q}\}$$

"咦？那基可以是

$$\{1, \ \sqrt{2}+\sqrt{3}, \ (\sqrt{2}+\sqrt{3})^2, \ (\sqrt{2}+\sqrt{3})^3\}$$

吗？元素数是4，所以扩张次数是4吧？"

"对。"

解答 8-3（扩张次数）

$\mathbb{Q}(\sqrt{2}+\sqrt{3})/\mathbb{Q}$ 的扩张次数是 4。

$$[\mathbb{Q}(\sqrt{2}+\sqrt{3}) : \mathbb{Q}] = 4$$

"$\{1, \sqrt{2}+\sqrt{3}, (\sqrt{2}+\sqrt{3})^2, (\sqrt{2}+\sqrt{3})^3\}$ 表示的是可以像

$$\{(\sqrt{2}+\sqrt{3})^0, (\sqrt{2}+\sqrt{3})^1, (\sqrt{2}+\sqrt{3})^2, (\sqrt{2}+\sqrt{3})^3\}$$

这样通过幂运算来制作基吗？"

"对。这种基的做法好像还可以实现一般化。"她匆忙翻着笔记本，"确实。把扩域 $\mathbb{Q}(\theta)/\mathbb{Q}$ 当作 $\mathbb{Q}$ 上的线性空间，基就是

$$\{1, \theta, \theta^2, \theta^3, \cdots, \theta^{n-1}\}$$

这里的数明明不表示角度，为什么还要用 θ 呢？"

"θ 可以是任意数吗？这是真的吗？你的笔记本上有写怎么证明吗？"我看向她的笔记本。

"没有，还没来得及证明……"

"啊，泰朵拉，对于添加的数，你没注意条件。"

"什么？"

（根据泰朵拉的笔记）

对于复数 θ，当满足以下条件的系数为有理数的 n 次多项式 $p(x)$ 存在时，多项式 $p(x)$ 称为数 θ 在 $\mathbb{Q}$ 上的**最小多项式**。

- θ 是 $p(x)$ 的一个根
- $p(x)$ 的 n 次项的系数等于 1
- 有 θ 这个根且系数为有理数的未满 n 次的多项式不存在

此时，如果把扩域 $\mathbb{Q}(\theta)/\mathbb{Q}$ 当作 $\mathbb{Q}$ 的线性空间，基就是

$$\{1, \theta, \theta^2, \theta^3, \cdots, \theta^{n-1}\}$$

"刚才你跳过最小多项式的定义了吧？"

"是的……其实这里我还不懂。看来不能随便跳过条件。"

"我也无法立刻明白其中的含义。"

8.2.9　最小多项式

"这里出现了最小多项式。"泰朵拉重新说，"条件有 3 个，有点难。"

"这样啊。"我看着笔记，思考了一阵子后说，"仔细想想其实并不难。举例来说，

- θ 是 $p(x)$ 的一个根

其实就是思考 $p(\theta) = 0$ 这个方程。"

"原来如此。θ 是 $p(x)$ 的一个根，所以 $p(\theta) = 0$。那其他条件呢？"

"剩下的条件 ——

- $p(x)$ 的 n 次项的系数等于 1

• 有 θ 这个根且系数为有理数的未满 n 次的多项式不存在

这两个条件将多项式减少为一个。"

"减少为一个是什么意思？"

"有 θ 这个根的多项式有无数个吧？"

"是吗？"

"比如根为 $\sqrt{2}$ 的多项式中有 $x^2 - 2$，这个多项式乘以几都可以。比如 $2(x^2 - 2)$ 和 $3(x^2 - 2)$ 等。"我解释道，"也可以乘以其他多项式，比如 $x(x^2 - 2)$ 和 $(x^2 + x + 1)(x^2 - 2)$，它们都拥有 $\sqrt{2}$ 这个根。"

"原来如此。"

"我们再看一次最小多项式的条件吧。"我说。

• θ 是 $p(x)$ 的一个根

• $p(x)$ 的 n 次项的系数等于 1

• 有 θ 这个根且系数为有理数的未满 n 次的多项式不存在

"我觉得只要具备这些条件，拥有 θ 这个根的多项式就是唯一的。也就是说，这些条件一定会让最小多项式拥有唯一性。"

"这需要证明吧？"

"当然。如果没有证明过程，就只能算推测。我想参考书上一定写了与唯一性有关的内容。"

"明白了。我会重读一次。"泰朵拉说，"像学长这样预想参考书上会写某些内容的读法很新鲜，有种主动出击的感觉。"

奇怪，怎么变成战斗的话题了？

"我们要不要具体求出 $\sqrt{2} + \sqrt{3}$ 的最小多项式？"我问。

"那个，学长，请等一下。关于这个部分我有问题。"

…… 时，多项式 $p(x)$ 称为数 θ <u>在 $\mathbb{Q}$ 上的最小多项式</u>

"什么问题？"

"为什么要特意写'在 $\mathbb{Q}$ 上的'？"

"是啊，为什么呢？乐谱上应该不会写没用的音符吧。"

"什么？"

"没事。钢琴演奏会结束后盈盈说过这句话。"

我跟泰朵拉说了前几天我们在咖啡厅聊的内容。

"学长和米尔嘉学姐去听演奏会了呀。"

不知为何，泰朵拉的声音忽然转低。

"嗯。在音乐厅里听钢琴演奏的感觉和在音乐教室里完全不同。"

"这样啊。对了，为什么要预先说明'在 $\mathbb{Q}$ 上的'呢？"

"因为在考虑最小多项式时，需要注意系数域是什么。"

"系数域发生改变的话，最小多项式也会发生改变吗？"

"当然！"我不禁把声音抬高。

"啊！"泰朵拉吓了一跳。

"抱歉抱歉。因为<u>在 $\mathbb{Q}$ 的范围内</u>思考，$\sqrt{2}$ 的最小多项式是 $x^2 - 2$，但在 $\mathbb{Q}(\sqrt{2})$ <u>的范围内</u>思考，$\sqrt{2}$ 的最小多项式就是 $x - \sqrt{2}$。"

"啊！因式分解 $x^{12} - 1$ 的时候也注意系数域了！二者是一回事。"泰朵拉说，"我懂了。我们来求 $\sqrt{2} + \sqrt{3}$ 在 $\mathbb{Q}$ 上的最小多项式吧！"

我思考着。要让系数变成有理数，根号是阻碍……

"原来如此。看来只要逆向解方程即可！"

"学长，请不要自己在脑子里做题目！"

$$x = \sqrt{2} + \sqrt{3} \qquad \text{想求 } \sqrt{2} + \sqrt{3} \text{ 在 } \mathbb{Q} \text{ 上的最小多项式}$$

$$x - \sqrt{3} = \sqrt{2} \qquad \text{移项，准备消去 } \sqrt{2} \text{ 的根号}$$

$$(x - \sqrt{3})^2 = (\sqrt{2})^2 \qquad \bigstar \text{对两边取平方}$$

$$x^2 - 2\sqrt{3}x + 3 = 2 \qquad \text{展开两边}$$

$$x^2 + 3 - 2 = 2\sqrt{3}x \qquad \text{移项，准备消去 } \sqrt{3} \text{ 的根号}$$

$$x^2 + 1 = 2\sqrt{3}x \qquad \text{计算}$$

$$(x^2 + 1)^2 = (2\sqrt{3}x)^2 \qquad \bigstar\bigstar \text{准备消去 } \sqrt{3} \text{ 的根号}$$

$$x^4 + 2x^2 + 1 = 4 \cdot 3x^2 \qquad \text{展开两边}$$

$$x^4 + 2x^2 - 12x^2 + 1 = 0 \qquad \text{计算}$$

$$x^4 - 10x^2 + 1 = 0 \qquad \text{整理}$$

"也就是说，$x^4 - 10x^2 + 1$ 是 $\sqrt{2} + \sqrt{3}$ 在 $\mathbb{Q}$ 上的最小多项式。"

"应该是。不过我们得验证一下才行。如果把 x^4 的系数当作 1，必须证明拥有 $\sqrt{2} + \sqrt{3}$ 这个根且系数为有理数的多项式的次方不会比 4 次方还低。"

"是的。$\bigstar$ 与 $\bigstar\bigstar$ 是什么？"

"这是式子在变形的过程中，值发生变化的地方。例如 $\bigstar$ 处

$$x - \sqrt{3} = \sqrt{2}$$
$$\Downarrow \quad \not\Uparrow$$
$$(x - \sqrt{3})^2 = (\sqrt{2})^2$$

由上到下运算成立，但反过来不成立。"

"因为平方吗？"

"是啊。在对 $x - \sqrt{3} = \sqrt{2}$ 的两边取平方时，$x - \sqrt{3} = \pm\sqrt{2}$ 混进了一个式子里。我们将只拥有 $\sqrt{2} + \sqrt{3}$ 这个解的方程，变成了拥有 $\sqrt{2} + \sqrt{3}$ 和 $-\sqrt{2} + \sqrt{3}$ 这 2 个解的方程。"

"原来如此。$\bigstar\bigstar$ 也一样。对 $x^2 + 1 = 2\sqrt{3}x$ 的两边取平方，其实是

将 $x^2 + 1 = \pm 2\sqrt{3}\,x$ 放到一个式子里，对吧？"

"对。$x^2 + 1 = 2\sqrt{3}$ 这个方程有 $\sqrt{2} + \sqrt{3}$ 和 $-\sqrt{2} + \sqrt{3}$ 这 2 个解，两边只要平方，便会加入方程 $x^2 + 1 = -2\sqrt{3}\,x$ 的 2 个解，也就是 $\sqrt{2} - \sqrt{3}$ 和 $-\sqrt{2} - \sqrt{3}$。最后，$x^4 - 10x^2 + 1$ 这个多项式拥有以下 4 个根。"

$$+\sqrt{2} + \sqrt{3}, \ -\sqrt{2} + \sqrt{3}, \ +\sqrt{2} - \sqrt{3}, \ -\sqrt{2} - \sqrt{3}$$

"也就是说，可以这样因式分解！"

$$x^4 - 10x^2 + 1$$
$$= \left(x - (+\sqrt{2} + \sqrt{3})\right)\left(x - (-\sqrt{2} + \sqrt{3})\right)\left(x - (+\sqrt{2} - \sqrt{3})\right)\left(x - (-\sqrt{2} - \sqrt{3})\right)$$

"算是吧。一般会去掉里面的括号。"

$$x^4 - 10x^2 + 1$$
$$= (x - \sqrt{2} - \sqrt{3})(x + \sqrt{2} - \sqrt{3})(x - \sqrt{2} + \sqrt{3})(x + \sqrt{2} + \sqrt{3})$$

"我故意没有把里面的括号拿掉，因为这样写，根看起来会更清楚。我想让式子的根更显眼一些！"

8.2.10　新发现?

"原来如此。那接下来我们该往哪里前进呢？"

"虽然我们已经知道 $\sqrt{2} + \sqrt{3}$ 在 $\mathbb{Q}$ 上的最小多项式是 $x^4 - 10x^2 + 1$，但那又怎样呢？"

"不，求基以前，我们已经知道 $\mathbb{Q}(\sqrt{2} + \sqrt{3})/\mathbb{Q}$ 的扩张次数是 4 了。"

"嗯，但是我还是不明白。"泰朵拉一边拉着自己软软的脸颊，一边说，"我知道要想求出 $\mathbb{Q}(\theta)/\mathbb{Q}$ 的扩张次数，只需求出 θ 的最小多项式的次数。啊，次数这个词又出现了。毕竟最小多项式的次数等于域的扩张次数……"

泰朵拉每次都会关注用词。

"新发现！新发现！"泰朵拉提高音量。

"怎么了？"

"我发现了'4 头牛'！"

"你在说什么？"

"是轭。刚才的 4 个数

$$+\sqrt{2}+\sqrt{3}, \ -\sqrt{2}+\sqrt{3}, \ +\sqrt{2}-\sqrt{3}, \ -\sqrt{2}-\sqrt{3}$$

共有一个方程 $x^4-10x^2+1=0$，这个方程是它们共同的轭！这 4 个数一定可以是共轭的数。这说不定是一个了不起的新发现！"

泰朵拉脸颊泛红。

"新发现？"我有些纳闷。

"在 $\mathbb{Q}(\sqrt{2}+\sqrt{3})$ 中，与 $\sqrt{2}+\sqrt{3}$ 共轭的数全部属于这个域。写成式子就是下面这样。"

$$+\sqrt{2}+\sqrt{3} \in \mathbb{Q}(\sqrt{2}+\sqrt{3})$$
$$-\sqrt{2}+\sqrt{3} \in \mathbb{Q}(\sqrt{2}+\sqrt{3})$$
$$+\sqrt{2}-\sqrt{3} \in \mathbb{Q}(\sqrt{2}+\sqrt{3})$$
$$-\sqrt{2}-\sqrt{3} \in \mathbb{Q}(\sqrt{2}+\sqrt{3})$$

"或许是这样吧。"我总觉得不对劲。

"一定是这样！"泰朵拉咬着指甲，陷入沉默，"对！因为 $\mathbb{Q}(\sqrt{2}+\sqrt{3})$ 的元素可以用有理数 p、q、r、s 写成 $p+q(\sqrt{2}+\sqrt{3})+r(\sqrt{2}+\sqrt{3})^2+s(\sqrt{2}+\sqrt{3})^3$ 的形式。因此

$$p + q(\sqrt{2} + \sqrt{3}) + r(\sqrt{2} + \sqrt{3})^2 + s(\sqrt{2} + \sqrt{3})^3$$

$$= p + q(\sqrt{2} + \sqrt{3}) + r\left((\sqrt{2})^2 + 2\sqrt{2}\sqrt{3} + (\sqrt{3})^2\right)$$

$$\quad + s\left((\sqrt{2})^3 + 3(\sqrt{2})^2\sqrt{3} + 3\sqrt{2}(\sqrt{3})^2 + (\sqrt{3})^3\right)$$

$$= p + (q\sqrt{2} + q\sqrt{3}) + (2r + 2r\sqrt{6} + 3r)$$

$$\quad + (2s\sqrt{2} + 6s\sqrt{3} + 9s\sqrt{2} + 3s\sqrt{3})$$

$$= \underbrace{(p + 5r)}_{\in \mathbb{Q}} + \underbrace{(q + 11s)}_{\in \mathbb{Q}}\sqrt{2} + \underbrace{(q + 9s)}_{\in \mathbb{Q}}\sqrt{3} + \underbrace{2r}_{\in \mathbb{Q}}\sqrt{6}$$

你看，$\mathbb{Q}(\sqrt{2} + \sqrt{3})$ 是在 $\mathbb{Q}$ 上的线性空间，基可以为 $\{1, \sqrt{2}, \sqrt{3}, \sqrt{6}\}$，因此以下式子成立！

$$\mathbb{Q}(\sqrt{2} + \sqrt{3}) = \mathbb{Q}(\sqrt{2}, \sqrt{3}, \sqrt{6}) = \mathbb{Q}(\sqrt{2}, \sqrt{3})$$

因为 $\mathbb{Q}(\sqrt{2} + \sqrt{3})$ 是在 $\mathbb{Q}$ 中添加 $\sqrt{2}$ 与 $\sqrt{3}$ 的域，所以 $\sqrt{2} + \sqrt{3}$、$-\sqrt{2} + \sqrt{3}$、$\sqrt{2} - \sqrt{3}$、$-\sqrt{2} - \sqrt{3}$ 都属于它。因此'4头牛'的确属于 $\mathbb{Q}(\sqrt{2} + \sqrt{3})$！"

我一边凝神听泰朵拉讲，一边在头脑里做其他计算。

她的声音越来越大。

"学长！我明白为什么要用域扩张来思考最小多项式了！一定是因为在一般情况下，与 θ 的最小多项式 $p(x)$ 共轭的数都属于 $\mathbb{Q}(\theta)$！"

活力少女使劲抓住我的手臂。

"共轭的数属于相同的扩域！共轭的数总会在一起。"

"泰朵拉，抱歉。"我抽出手臂。

"怎么了？"

"把你的猜测转化成问题，就是这样吧？"

> **问题 8-4（最小多项式与共轭的数）**
>
> 假设复数 θ 在 $\mathbb{Q}$ 上的最小多项式为 $p(x)$。
>
> 命题"$p(x)$ 所有的根都属于扩域 $\mathbb{Q}(\theta)$"总是成立吗？

"我认为成立！这个命题多好啊。"

"泰朵拉，你好厉害，能有这样的猜测。你比我更了解域。但是，我发现了反例。"

"反例？"

"我想到了 ω 的华尔兹。"

"什么？"

"你一直关注 $\sqrt{2}$、$\sqrt{3}$、$\sqrt{2}+\sqrt{3}$ 这种 2 次方根，对吧？所以我思考了一下 3 次方根的情况。"

"啊？"

"我们在讨论拉格朗日预解式时提到过，如果存在数 L，那么 L、$L\omega$、$L\omega^2$ 是方程 $x^3 - L^3 = 0$ 的解。ω 是 1 的原始 3 次方根之一，设 $\omega = \frac{-1+\sqrt{3}\,\mathrm{i}}{2}$。"

"嗯？"

"试着思考一下 2 的 3 次方根 $\sqrt[3]{2}$。$\sqrt[3]{2}$ 在 $\mathbb{Q}$ 上的最小多项式是 $x^3 - 2$，所以我们要思考 $x^3 - 2 = 0$ 这个方程。这个方程的解是

$$\sqrt[3]{2}, \quad \sqrt[3]{2}\,\omega, \quad \sqrt[3]{2}\,\omega^2$$

这是与 $\sqrt[3]{2}$ 共轭的 3 个数，也就是共轭的'3 头牛'。"

泰朵拉的表情越来越不安。

"我们来思考在域 $\mathbb{Q}$ 中添加了数 $\sqrt[3]{2}$ 的域 $\mathbb{Q}(\sqrt[3]{2})$。当然，$\sqrt[3]{2}$ 属于 $\mathbb{Q}(\sqrt[3]{2})$，但其他共轭数，也就是 $\sqrt[3]{2}\,\omega$ 和 $\sqrt[3]{2}\,\omega^2$ 不属于这个域。用式子

表示就是

$$\sqrt[3]{2} \in \mathbb{Q}(\sqrt[3]{2})$$
$$\sqrt[3]{2}\omega \notin \mathbb{Q}(\sqrt[3]{2})$$
$$\sqrt[3]{2}\omega^2 \notin \mathbb{Q}(\sqrt[3]{2})$$

这就是我说的反例。"

"但是我们也无法一眼看出这个反例是正确的。$\sqrt[3]{2}\omega$ 和 $\sqrt[3]{2}\omega^2$ 真的不属于 $\mathbb{Q}(\sqrt[3]{2})$ 吗？这得计算才能知道啊。"

"泰朵拉，$\sqrt[3]{2}\omega$ 和 $\sqrt[3]{2}\omega^2$ 不属于 $\mathbb{Q}(\sqrt[3]{2})$，这一点马上就能知道。因为 $\sqrt[3]{2}$ 是实数，所以属于 $\mathbb{Q}(\sqrt[3]{2})$ 的数全是实数，但是 $\sqrt[3]{2}\omega$ 和 $\sqrt[3]{2}\omega^2$ 不是实数，因为虚数单位 i 无法消掉。"

$$\begin{cases} \sqrt[3]{2}\omega = \sqrt[3]{2} \cdot \dfrac{-1+\sqrt{3}\,\text{i}}{2} = -\dfrac{\sqrt[3]{2}}{2} + \dfrac{\sqrt[3]{2}\sqrt{3}}{2}\text{i} \notin \mathbb{R} \\[3mm] \sqrt[3]{2}\omega^2 = \sqrt[3]{2} \cdot \dfrac{-1-\sqrt{3}\,\text{i}}{2} = -\dfrac{\sqrt[3]{2}}{2} - \dfrac{\sqrt[3]{2}\sqrt{3}}{2}\text{i} \notin \mathbb{R} \end{cases}$$

"啊……"

本来很兴奋的泰朵拉突然表情一变。我继续说：

"不是实数的 $\sqrt[3]{2}\omega$ 和 $\sqrt[3]{2}\omega^2$ 不可能属于 $\mathbb{Q}(\sqrt[3]{2})$。"

"我还是考虑不周啊。"泰朵拉紧咬嘴唇。

"不会，但是你理解 ——"

"我光忙着自己兴奋，像个笨蛋一样。不，我就是笨蛋。打扰了学长看书，还说什么新发现，真是个大笨蛋。"

"泰朵拉……"

"学长用一句话便敲醒了我。愚蠢的我该告辞了。"

她快速收拾笔记本，向我鞠躬，离开了"加库拉"。

我什么都来不及说，泰朵拉就走远了，留下我一个人。

解答 8-4（最小多项式与共轭的数）

假设复数 θ 在 $\mathbb{Q}$ 上的最小多项式为 $p(x)$。

命题"$p(x)$ 所有的根都属于扩域 $\mathbb{Q}(\theta)$"不总是成立。

$\theta = \sqrt[3]{2}$，$p(x)=x^3 - 2$ 是反例。

8.3 信

8.3.1 回家路上

在回去的路上，我独自生着闷气。

又不是我的错。

一开始把我叫到"加库拉"的不是泰朵拉吗？

我是为了准备考试才去图书室的。

结果整个下午几乎在听泰朵拉讲话。

上午在补习班参加假期课程，下午在学校的图书室学习，晚上在家念书。

这是我的假期计划。

假期已经过半。

我决定从明天开始不去图书室。

高三学生的假期，应该用来一个人准备考试才对。

这不是我的错。

而且，泰朵拉学习数学的态度有问题。

自己认真思考的东西最终以失败告终是常有的事，就连单纯解数学题都是这样，更何况推进数学理论。我也曾犯过好几次错误，泰朵拉应该从错误中学习。

尽管如此 ——

泰朵拉的猜想（错误）

如果最小多项式的其中一个根属于扩域，其他根也一定属于该扩域。

我只是指出反例，她竟然闹别扭转头离去。

反例：

思考 $\mathbb{Q}$ 的扩域 $\mathbb{Q}(\sqrt[3]{2})/\mathbb{Q}$。

虽然 $\sqrt[3]{2}$ 属于 $\mathbb{Q}(\sqrt[3]{2})$，

但 $\sqrt[3]{2}$ 在 $\mathbb{Q}$ 上的最小多项式的其他根（$\sqrt[3]{2}\omega$ 和 $\sqrt[3]{2}\omega^2$）不属于 $\mathbb{Q}(\sqrt[3]{2})$。

这个反例推翻了泰朵拉的猜想。反例能以非常具体的方式直接推翻主张。

泰朵拉被术语牵着鼻子走。光凭"共轭"这个词的魅力，还不能推进数学理论。

但是，我为什么会如此心烦意乱呢？

8.3.2 家

"我回来了。"

"回来啦？这个给你。"

妈妈穿着围裙出来，递给我一封信。这不是补习班寄来的广告邮件，而是一个平凡无奇的白色信封。我翻过来看，但正反面什么都没写。

"这封信是怎么回事？"

"不知道。"母亲笑吟吟地回到厨房。

这是什么呀？

我正要拆开信封，忽然想起了什么，于是闻了闻信封上的气味。

那是一股很微弱的柑橘芳香。

8.3.3 信

"关于三等分角问题，$\frac{\pi}{3}$ 是反例。"

米尔嘉的信以这句话为开头。没有"敬启"，也没有寒暄语。从泰朵拉的猜想到米尔嘉的信，我扮演的角色完全对调了过来。

我在房间读能言善道的才女给我的信。

◎　◎　◎

关于三等分角问题，$\frac{\pi}{3}$ 是反例。

对尤里来说，60° 可能比 $\frac{\pi}{3}$ 亲切吧。

我听理纱说，你和尤里在伽罗瓦节筹备委员会召开的那天来过双仓图书馆。你今天没来图书室，所以我写了这封信。虽然我觉得你应尤里的要求，应该已经完成了 20° 不可以作图的证明，不过为了更好地享受伽罗瓦节，我想先用域的扩张次数来大致说明一下怎么证明。

8.3.4 规矩数

"我想先用域的扩张次数来大致说明一下怎么证明。"

我抬起头。

的确，我已经用三等分方程和数学归纳法证明了不可能三等分 60°。但米尔嘉如何用域的扩张次数来证明呢？

我继续读米尔嘉的信。

◎　◎　◎

原本从 (0,0) 与 (0,1) 这 2 个点开始思考就已经给作图问题添加了限制。除了这 2 个点，若能给出其他初始状态的图形，作图问题就更偏向于一般化。只要加入 0 和 1，通过加减乘除运算便能构成 $\mathbb{Q}$。因此一般的作图问题，就是在 $\mathbb{Q}$ 中添加给定的数，从而形成新的域，然后从这个域开始，重复二次扩张。

因此，只有作图点的坐标值是规矩数的图形才能通过直尺与圆规画出来。规矩数是从 0 和 1 开始，可以通过加减乘除运算与开根号运算求得的数。

下面尝试用式子表示。α 是规矩数的充分必要条件是"满足以下条件的整数 n 与实数列 $\sqrt{\alpha_0}, \sqrt{\alpha_1}, \sqrt{\alpha_2}, \cdots, \sqrt{\alpha_{n-1}}$ 存在"。

- $K_0 = \mathbb{Q}$
- $K_{k+1} = K_k(\sqrt{\alpha_k}), \ \sqrt{\alpha_k} \notin K_k, \alpha_k \in K_k$ $\quad (k = 0, 1, 2, \cdots, n-1)$
- $\alpha \in K_n$

这意味着以下这样的域塔存在。在 $\mathbb{Q}$ 中添加 $\sqrt{\alpha_k}$，不断扩张域，达到 α 所属的域 K_n 的程度。

$$\mathbb{Q} = K_0 \subset K_1 \subset K_2 \subset \cdots \subset K_{n-1} \subset K_n \quad \text{且} \quad \alpha \in K_n$$

我们要研究这个域塔来证明三等分角问题。值得庆幸的是，扩张次数会告诉我们所需的条件。

相当于域塔各层的域的扩张是 K_{k+1}/K_k，也就是 $K_k(\sqrt{\alpha_k})/K_k$。这时，各层的扩张次数等于 2。

$$[K_{k+1} : K_k] = [K_k(\sqrt{\alpha_k}) : K_k]$$
$$= 2$$

所以，当 α 是规矩数时，$\mathbb{Q}(\alpha)/\mathbb{Q}$ 的扩张次数等于 2^n。

$$[\mathbb{Q}(\alpha) : \mathbb{Q}]$$

$$= [K_n : K_0]$$

$$= [K_1 : K_0] \times [K_2 : K_1] \times \cdots \times [K_n : K_{n-1}]$$

$$= \underbrace{[K_0(\sqrt{\alpha_0}) : K_0]}_{2} \times \underbrace{[K_1(\sqrt{\alpha_1}) : K_1]}_{2} \times \cdots \times \underbrace{[K_{n-1}(\sqrt{\alpha_{n-1}}) : K_{n-1}]}_{2}$$

$$\underbrace{\qquad\qquad\qquad\qquad\qquad\qquad\qquad\qquad\qquad}_{n\,\uparrow}$$

$$= 2^n$$

如果 α 是规矩数，$\mathbb{Q}(\alpha)/\mathbb{Q}$ 就是 $\underline{2^n \text{ 次扩张}}$。

$$[\mathbb{Q}(\alpha) : \mathbb{Q}] = 2^n$$

60° 的三等分可以作图的意思是 $\cos 20°$ 是规矩数。可是，$2\cos 20°$ 在 $\mathbb{Q}$ 上的最小多项式是 $x^3 - 3x - 1$，所以 $\cos 20°$ 在 $\mathbb{Q}$ 上的最小多项式可以表示为三次多项式 $x^3 - \frac{3}{4}x - \frac{1}{8}$。因此，$\mathbb{Q}(\cos 20°)/\mathbb{Q}$ 是 $\underline{\text{三次扩张}}$。

$$[\mathbb{Q}(\cos 20°) : \mathbb{Q}] = 3$$

当然，满足 $2^n = 3$ 的整数 $n \geqslant 0$ 不存在。

因为 3 既不等于 1，也不是偶数。

所以，$\cos 20°$ 不是规矩数。

因此，用直尺与圆规无法三等分 60°。

三等分角问题已经证明完成，60° 是反例。

这样就完成了一项工作。

8.3.5 晚餐

"吃饭了！"

我还没读完米尔嘉的信，妈妈便叫我吃饭。虽然我想继续读信，但妈妈已经叫了我很多次，我只好前往餐厅。我心不在焉地吃着饭，不断回想米尔嘉的信。

用线性空间的维度定义的扩张次数等于最小多项式的次数。作图是个几何问题，它涉及方程、三角函数与代数，又与整数论密切相关。数学渗透在各个领域。在"用直尺与圆规无法三等分60°"的证明中，竟然会出现"因为3不是偶数"这个事实，真令人高兴！

在读那封信时，我的耳边响起了米尔嘉的声音。不，不只是声音，还有柑橘的香气、她的笑容，以及害羞时迅速转移视线的举止，我全都感受到了。

饭后，我赶紧回到自己的房间。

我要把信读完。

8.3.6　朝着方程的可解性前进

"五次方程的求根公式不存在。"

等待我的，是更为惊人的发展。

因为米尔嘉的信将目标转向了五次方程的求根公式。

◎　　◎　　◎

五次方程的求根公式不存在。

这个事实与三等分角问题的不可作图性非常相似。

以下2个问题在结构上很相似。

- 角三等分问题的不可作图性
- 五次方程的代数不可解性

因为二者很相似，所以作图问题被选为伽罗瓦节的研究对象。文化节的工作团队由双仓博士安排。理纱负责行政工作，给聚集在双仓图书馆的志愿者分配任务；我接受双仓博士给的建议，检查所有数学方面的内容；三等分角问题则由尤里的男朋友负责。

我们来整理前述的相似性吧。

▶ 在有限的范围内执行被限制的方法

思考三等分角问题，必须先厘清"作图是什么"。这里所说的作图是指"有限次地使用直尺与圆规的作图"。

与此相同，思考五次方程的求根公式，必须先厘清"解方程是什么"。解方程是指"对系数执行有限次的加减乘除运算及开根号运算，从而得到解"。这叫作"以代数方式解方程"。

▶ 一般与特殊

用直尺与圆规未必可以三等分给定的角，可是某些特定的角可以用直尺与圆规实现三等分。

五次方程也一样。五次方程不存在求根公式，也就是说，给定的五次方程未必能用代数方式解开。不过，某些特定的五次方程能以代数方式解开。

▶ 存在与构造的可能性

所有的角都能三等分，即使它无法用直尺与圆规作图。

所有的五次方程都有解，即使它无法用代数方式解开。

▶ 域塔

这两个问题都会建造塔 —— 域塔。

也就是说，这两个问题都属于扩域问题。

不过，建成塔之后，这两个问题就走上了不同的道路。

扩张次数能解决三等分角问题，但五次方程的可解性问题不能只靠扩张次数解决。

8.3.7   最小分裂域

我怎么也没办法停下读这封信。

我继续读米尔嘉的信。

◎   ◎   ◎

再思考一下解方程与域扩张吧。

从系数域开始，添加方根制作扩域，逐步建造域塔。要扩张到什么程度才能解开方程呢？必须将方程左边的多项式分解成一次式的积，才能解开方程。而将多项式的所有根添加到系数域所形成的域是这个多项式的**最小分裂域**。

"以代数方式解方程"的意思是"在有理数域中添加系数，形成系数域，再添加方根，建造含有最小分裂域的域塔"。针对给定的方程，如果能建成域塔，此方程就可以用代数方式解开；如果不能建成域塔，此方程就无法用代数方式解开。

那么，到底什么样的方程可以建成域塔呢？

8.3.8   正规扩张

我继续读米尔嘉的信。

◎   ◎   ◎

我举一个添加与分解的例子吧。

像泰朵拉享受 $x^{12} - 1$ 带来的乐趣那样，我们来玩 $x^3 - 2$ 吧。

这是一个很有名的例子。

在域 $\mathbb{Q}$ 的范围内无法因式分解 $x^3 - 2$，此多项式是域 $\mathbb{Q}$ 上的**既约多项式**。多项式 $x^3 - 2$ 在域 $\mathbb{Q}$ 的范围内是**既约**的，但在域 $\mathbb{Q}(\sqrt[3]{2})$ 的范围内就变成了**可约**的，该多项式可分解为以下 2 个多项式。

$x^3 - 2 = (x - \sqrt[3]{2})(x^2 + \sqrt[3]{2}\,x + \sqrt[3]{4})$ 　　　在域 $\mathbb{Q}(\sqrt[3]{2})$ 的范围内的因式分解

多项式 $x^2 + \sqrt[3]{2}\,x + \sqrt[3]{4}$ 在域 $\mathbb{Q}(\sqrt[3]{2})$ 的范围内是既约多项式，在域 $\mathbb{Q}(\sqrt[3]{2})$ 的范围内无法继续因式分解。

多项式 $x^2 + \sqrt[3]{2}\,x + \sqrt[3]{4}$ 虽然在域 $\mathbb{Q}(\sqrt[3]{2})$ 的范围内是既约的，但在域 $\mathbb{Q}(\sqrt[3]{2}, \omega)$ 的范围内是可约的，可分解成一次式的积。

$x^3 - 2$ 　　　　　　　　　　　　　在域 $\mathbb{Q}$ 的范围内的既约多项式

$= (x - \sqrt[3]{2})(x^2 + \sqrt[3]{2}\,x + \sqrt[3]{4})$ 　　　在域 $\mathbb{Q}(\sqrt[3]{2})$ 的范围内的 2 个既约多项式的积

$= (x - \sqrt[3]{2})(x - \sqrt[3]{2}\,\omega)(x - \sqrt[3]{2}\,\omega^2)$ 　　　在域 $\mathbb{Q}(\sqrt[3]{2}, \omega)$ 的范围内的 3 个既约多项式的积

其实，域扩张 $\mathbb{Q}(\sqrt[3]{2}, \omega)/\mathbb{Q}$ 具备以下性质。

对于任意的数 α，$\alpha \in \mathbb{Q}(\sqrt[3]{2}, \omega)$，

α 在 $\mathbb{Q}$ 的范围内的最小多项式，

在 $\mathbb{Q}(\sqrt[3]{2}, \omega)$ 的范围内可以因式分解成一次式的积。

也就是说，与 α 共轭的数全部属于 $\mathbb{Q}(\sqrt[3]{2}, \omega)$，这种扩张称为**正规扩张**。

- $\mathbb{Q}(\sqrt[3]{2})/\mathbb{Q}$ 不是正规扩张
- $\mathbb{Q}(\sqrt[3]{2}, \omega)/\mathbb{Q}$ 是正规扩张

$(x - \sqrt[3]{2})(x^2 + \sqrt[3]{2}x + \sqrt[3]{4})$ ----------

$\boxed{\sqrt[3]{2}\omega}$ $\boxed{\sqrt[3]{2}\omega^2}$

$\mathbb{Q}(\sqrt[3]{2})$

$\boxed{\sqrt[3]{2}}$

$\mathbb{Q}$

$x^3 - 2$ ---------- -2

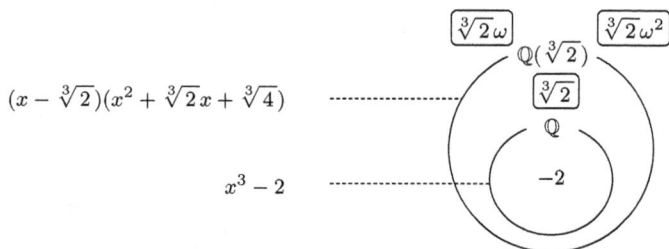

$\mathbb{Q}(\sqrt[3]{2})/\mathbb{Q}$ 不是正规扩张

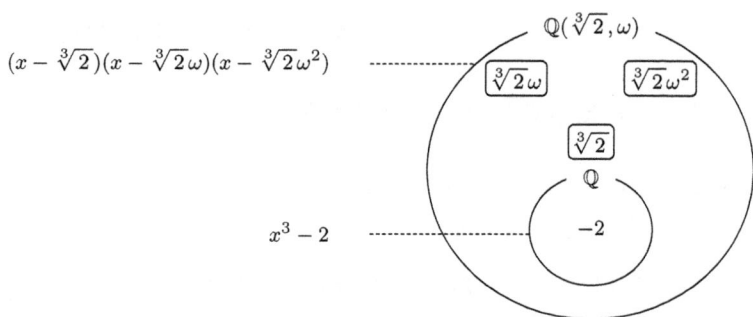

$(x - \sqrt[3]{2})(x - \sqrt[3]{2}\omega)(x - \sqrt[3]{2}\omega^2)$ ----------

$\mathbb{Q}(\sqrt[3]{2},\omega)$

$\boxed{\sqrt[3]{2}\omega}$ $\boxed{\sqrt[3]{2}\omega^2}$

$\boxed{\sqrt[3]{2}}$

$\mathbb{Q}$

$x^3 - 2$ ---------- -2

$\mathbb{Q}(\sqrt[3]{2},\omega)/\mathbb{Q}$ 是正规扩张

$\mathbb{Q}(\sqrt[3]{2},\omega)$ 相当于给 $\mathbb{Q}$ 添加了 $x^3 - 2$ 所有的根所形成的域 $\mathbb{Q}(\sqrt[3]{2}, \sqrt[3]{2}\omega, \sqrt[3]{2}\omega^2)$。

$$\mathbb{Q}(\sqrt[3]{2},\omega) = \mathbb{Q}(\sqrt[3]{2}, \sqrt[3]{2}\omega, \sqrt[3]{2}\omega^2)$$

一般来说，在域扩张 L/K 的范围内，满足以下条件者称为正规扩张。

对于任意的 α，$\alpha \in L$，

α 在 L 的范围内的最小多项式，

在 L 的范围内可以因式分解成一次式的积。

不过，这里的扩张次数只考虑了有限的域扩张。

正规扩张的定义，可以阐释为以下内容。

假设最小多项式有一个根属于扩域，

其他根也一定属于此扩域。

这样的域扩张称为正规扩张。

如果是泰朵拉，应该会把正规扩张叫作"漂亮的扩张"吧。因为在正规扩张的情况下，最小多项式的根拥有对称性。

而且，既然把正规扩张称为"漂亮的扩张"，除了"扩张的程度"，还会涉及"扩张的形式"。

我们拥有观察数学"形式"的工具。

那就是**群**。

在思考方程的可解性时，我们建造了两座塔。

它们分别是"域塔"与"群塔"。

这两座塔精准地对应起来。

位于伽罗瓦理论中心的这个对应关系，称为**伽罗瓦对应**。

我们正在靠近伽罗瓦遗留下来的东西。

啊，瑞谷老师好像开始行动了。快到放学时间了。

暂时完成一项工作。

8.3.9　面对真实的对象

"暂时完成一项工作。"

米尔嘉的信到此结束。

我深吸了一口气。

好有趣。

多么有趣啊。

我看不懂的地方和省略逻辑的地方有很多。

即使如此，还是非常有趣。

域扩张、域塔、最小多项式、最小分裂域、正规扩张。

"群塔"对应于"域塔"？

真是有趣。

我想起泰朵拉的"新发现"。

她的猜测的确是错的。

泰朵拉的猜想（错误）

如果最小多项式的其中一个根属于扩域，其他根也一定属于该扩域。

可是她发现了正规扩张这个"漂亮的扩张"！

正规扩张的定义（换一种表述）

假设最小多项式有一个根属于扩域，其他根也一定属于此扩域。

这样的域扩张称为正规扩张。

没错。

泰朵拉发现了一个重要的概念 —— 正规扩张。

如果是米尔嘉，一定会这么说吧。

泰朵拉，你不知道名称，却先掌握了概念呀。

但我一直在寻找反例，没有察觉这个"新发现"的意义。

我思考邂逅的意义。

寄给我这封信的是米尔嘉。

为我讲解正规扩张概念的是泰朵拉。

无可替代的邂逅一定不能白费。

　　无论有怎样的理由，即使错在对方，我也不能失去一起研究数学的伙伴。我们把辽阔的数学领域当作研究对象，不可因为自己微不足道的想法而失去一起钻研数学的伙伴。我深刻认识到了这一点。

　　能一起学习的时间有限。

　　她们未必能一直在我身边。

　　她们未必会永远在我身边。

　　我在将米尔嘉的信收回信封时，发现信封里还有一张小纸条。

> 伽罗瓦节的最终筹备委员会在下周五举行。
>
> 上午 10 点，双仓图书馆。别忘了告诉尤里。
>
> 米尔嘉

他教室的椅子上坐着优秀的学生。

因为他是优秀的教师，

所以能看透学生的未来，

从而因材施教。

——出自塔尔凯姆写给教师里夏尔的追悼文 [11]

第9章

心情的形式

是什么让图画大于其中单独的线条？

—— 马文·明斯基 [1]

9.1　对称群 S_3 的形式

9.1.1　双仓图书馆

"因此叫作'扑通向下''迅速转换''绕圈圈'。"尤里说。

这里是双仓图书馆的会议室。尤里正在讲她学习到的内容。围坐在椭圆形桌子四周听她说话的人有我、米尔嘉和泰朵拉这些常规成员。跟我说话时无所顾忌的尤里，在米尔嘉面前显得有点紧张。

今天是伽罗瓦节的前一天，明天会有很多人过来，今天算彩排。来彩排的人都是聚集在双仓图书馆的数学爱好者。我虽然不清楚具体情况，但大学生和高中生加起来应该有几十人。筹备委员会分成了几个小组，各小组自行准备海报和立牌。尤里的男朋友上初三，他参加了"三等分

---

① 出自《心智社会：从细胞到人工智能，人类思维的优雅解读》。任楠译，机械工业出版社 2016 年出版。——译者注

角问题"小组，现在应该在图书馆的某个地方做准备。整个图书馆气氛高涨，就像第二天要举办校园文化节一样。

我们今天上午 10 点集合，米尔嘉上来就说让尤里展示准备的假期研究。我们明明是来慰问工作人员的，却不知不觉变成了主办方成员。

"展览场所交给理纱，我们来做海报吧。"米尔嘉强硬地说。双仓理纱听到后露出不高兴的表情。不对，她的表情好像和平常一样。从负责事务性工作的理纱的立场来看，她应该很受不了计划突然被改变的情况。可是，理纱只说了句真麻烦，便马上着手安排。

现在是上午 11 点，我们打算补充尤里介绍的内容。我们计划上午商量内容，下午制作海报，傍晚回家。对于我这个即将参加高考的学生，这算是转换心情的好方法吧。

尤里继续说明。

"我觉得'扑通向下''迅速转换''绕圈圈'这种叫法能够更加清晰地对鬼脚图进行分类。虽说是画鬼脚图，但我们不考虑中间的横线怎么画，只考虑 1、2、3 这些数最后会如何排列。这样一来，只要排列 3 个数就能表示 3 条竖线的鬼脚图的所有模式了。例如'迅速转换'可以写成 [213]。呃，我不擅长说明，大家还是看这张图吧。"

尤里在桌上摊开笔记本。

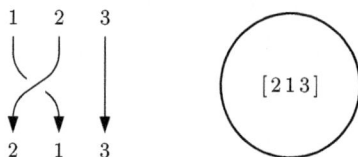

交换左边 2 个数的"迅速转换"

"很好，继续。"米尔嘉说。

"3 条竖线的鬼脚图的模式总共有 3! ＝ 6 种。"尤里继续说，"就像这样。"

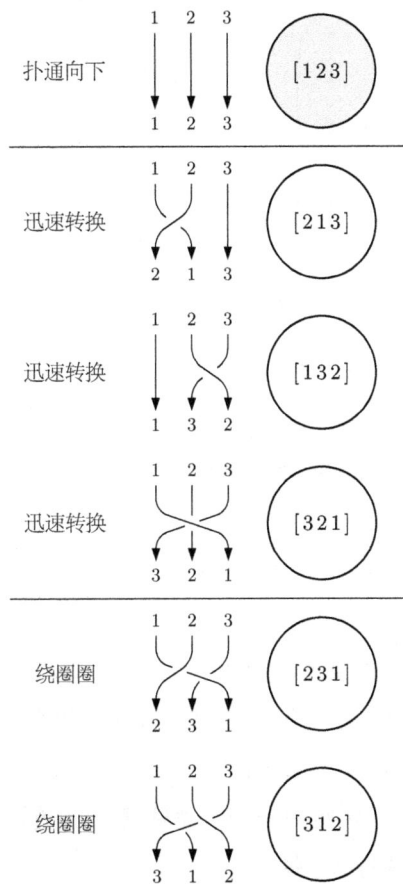

3 条竖线的鬼脚图的所有模式

"继续。"米尔嘉说。

"好的。画出鬼脚图相连的图……"尤里说,"例如在 [213] 的下面连接 [231],结果会变成 [132],这可以写成 [213] ⋆ [231] = [132],如下图所示。"

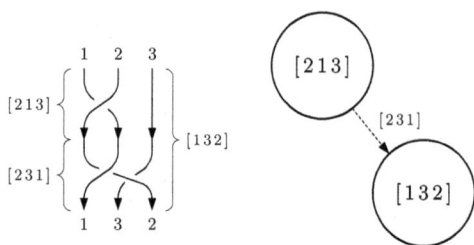

$$[213] \star [231] = [132]$$

“话说，我想起来泰朵拉画过正三角形的图，米尔嘉还把子群圈起来了。”我说。

“3 条竖线的鬼脚图构成**对称群** S_3。”泰朵拉说。

“嗯。但是……”尤里继续说。

◎　◎　◎

嗯。但是……图太复杂容易让人弄混。

将“扑通向下”“迅速转换”“绕圈圈”全部画出来，线条会混在一起，没办法让人一下子明白对称群 S_3 的整体形式，所以我想画得简单点。

我选出一个“迅速转换”与一个“绕圈圈”，也就是 [213] 与 [231]，然后尽可能把图画得简单一些。

就是这张图。上色的地方是单位元。

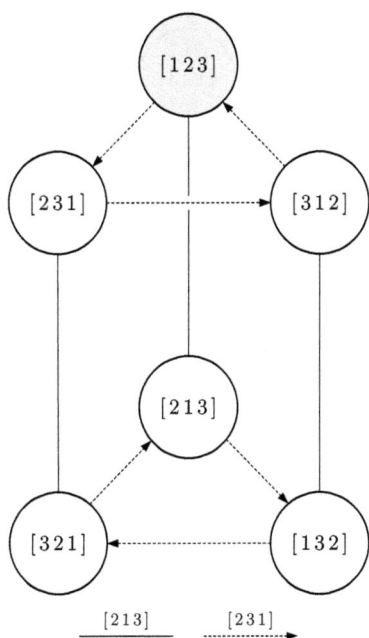

对称群 S_3 的简化图

通过这张图，我们能一下子明白对称群 S_3 的整体形式。

看起来简单，但这张图也是我绞尽脑汁才画出来的。

以"迅速转换"的 [213] 的线为例。因 2 个鬼脚图之间有来有回，所以我去掉了线末端的箭头。但是"绕圈圈" [231] 的箭头方向很重要，所以我没有把箭头去掉。

你看，这张图上面的三角形与下面的三角形明显属于不同的系统。

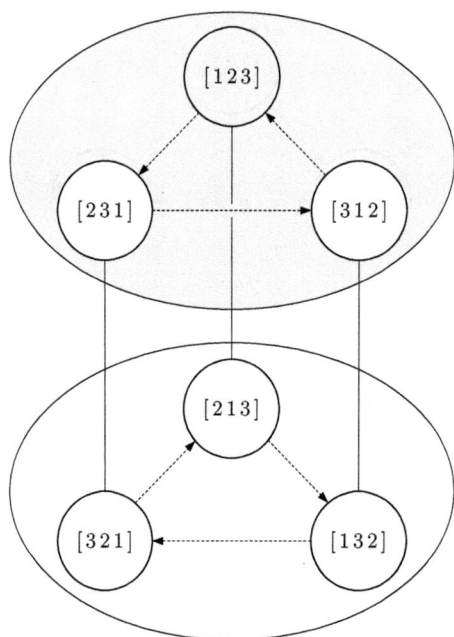

上面的三角形与下面的三角形

但是很可惜！若上面的三角形与下面的三角形的箭头方向相同，图会更漂亮。但上面的三角形呈逆时针旋转，下面的三角形呈顺时针旋转。

呃，总之，我就是这样画出了对称群 S_3。

◎　◎　◎

"我就是这样画出了对称群 S_3。"尤里说。

"确实有趣。"我说，"限制箭头的使用能使'系统'更加清楚。这种'系统'也算一种结构吗？"

"当然。"米尔嘉说。

"但是，关于 S_3，我只认识到上面的三角形与下面的三角形整齐排列，但旋转方向相反这一点。"

"尤里画的图称为凯莱图 [1]。这个图可以帮助我们简化群的整体结构。"

"咦？有名字吗？"尤里很惊讶。

"通过凯莱图，尤里找到了上面的三角形的系统，发现了上面的三角形与下面的三角形在形式上相同。"

我们点头。

"上面的三角形与下面的三角形的关系可以用式子来表示吗？"米尔嘉指着我，如同指挥家对独奏者发出指示一般。

"用式子表示'系统'吗？"我惊慌失措。

"看来你没办法马上回答，还是我来说吧。"

米尔嘉将指着我的手指瞬间收回，开始"讲课"。

9.1.2 类别

米尔嘉面向会议室的白板。

"因为 3 条竖线的鬼脚图是 3 次对称群，所以写成 S_3。"

$$S_3 = \{[123],[231],[312],[213],[321],[132]\}$$

"这是排列集合元素的写法吧？"泰朵拉说。

"对。"米尔嘉说，"'上面的三角形'是对称群 S_3 的子群，它是 3 阶循环群，所以写成 C_3。"

$$C_3 = \{[123],[231],[312]\} \qquad \text{上面的三角形}$$

"好的。"尤里说。

"你们还记得循环群的定义吧？循环群是由一个元素生成的群。比如，上面的三角形 C_3 由 [231] 生成，因此我们可以将式子写成下面这样。"

---

① 凯莱图（Cayley graph）也称为凯莱着色图（Cayley diagram）。

$$C_3 = \langle [231] \rangle \qquad \text{上面的三角形是由} [231] \text{生成的群}$$

"因为'绕圈圈'的 3 次方会变成'扑通向下'！"尤里大叫。

"没错。"米尔嘉竖起食指，"[231] 的 3 次方会恢复成单位元，因此 [231] 是基数为 3 的循环群。"

"我懂了，米尔嘉大人！"

"我们将上面的三角形命名为 C_3，将下面的三角形命名为 X_3。"

$$C_3 = \{[123], [231], [312]\} \qquad \text{上面的三角形}$$
$$X_3 = \{[213], [321], [132]\} \qquad \text{下面的三角形}$$

我们静静聆听。

"这里我给大家出道题。下面的三角形 X_3 是什么群？"

咦？

所有人默不作声，过了 10 秒。

"没有人上当啊。"米尔嘉说。

"X_3 不是群吧？"泰朵拉说。

"对。因为没有单位元，所以 X_3 不是群。既然 X_3 不是群，当然也不是 S_3 的子群。"

"呼——"尤里深呼吸。

米尔嘉继续说："但是，C_3 与 X_3 从外表来看很相似。"

"是啊，X_3 也有一种一圈圈旋转的感觉。"

"C_3 与 X_3 的并集是整个 S_3，C_3 与 X_3 的交集是空集。"

米尔嘉说着，在白板上写式子。

$$\begin{cases} C_3 \cup X_3 = S_3 & C_3 \text{ 与 } X_3 \text{ 的并集是整个 } S_3 \\ C_3 \cap X_3 = \{\} & C_3 \text{ 与 } X_3 \text{ 的交集是空集} \end{cases}$$

"把 C_3 与 X_3 合在一起就是整个 S_3，而且 C_3 与 X_3 没有共同的元素。也就是说，S_3 的元素不遗漏不重复地分成了 C_3 与 X_3。这种分类方式一般称为**类别**。"

"类别。"尤里复述。

"这里我们使用下面这种表示方法吧。"

$$C_3 \star [213]$$

"咦？这个 $\star$ 是什么？"尤里说。

"这个 $\star$ 原本表示在鬼脚图的下方连接鬼脚图的运算。不过，这里它代表的内容发生了扩展。因为这个 $\star$ 不是表示鬼脚图与鬼脚图之间的运算，而是表示

鬼脚图的集合与鬼脚图之间

的运算。"

"呃……"尤里面露难色。

"我来说明 $C_3 \star [213]$ 的意思吧。"

为了配合尤里理解的速度，米尔嘉把语速放慢。

◎　　◎　　◎

我来说明 $C_3 \star [213]$ 的意思吧。

集合 C_3 中的元素全是鬼脚图，这些元素的下面都连接 $[213]$。

我们将这个鬼脚图的集合写成 $C_3 \star [213]$。这不是自然导出的结果，而是我们故意把 $C_3 \star [213]$ 定义成这样的。

我们来具体写出 $C_3 \star [213]$。为了方便大家看，我在 $[213]$ 的下面加上了波浪线。运算方式与分配律有点像。

$$C_3 \star [213] = \{ \ [123], \ [231], \ [312] \ \} \star [213]$$

$$= \{ \ [123] \star [213], \ [231] \star [213], \ [312] \star [213] \ \}$$

$$= \{ \ [213], \ [321], \ [132] \ \}$$

在 C_3 的元素下连接 $[213]$，会形成 $[213][321]$ 和 $[132]$。我们可以通过下图确认。

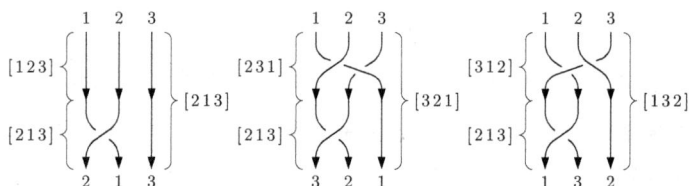

$\{[123],[231],[312]\} \star [213]$的计算

你会发现集合 $C_3 \star [213]$ 等于下面的三角形 X_3。

$$C_3 \star [213] = \{[213],[321],[132]\}$$
$$X_3 = \{[213],[321],[132]\}$$

上面的三角形可以写成 C_3，下面的三角形可以写成 $C_3 \star [213]$。

换句话说，在属于上面的三角形的鬼脚图之下连接 $[213]$ 所形成的鬼脚图的集合是下面的三角形。

整理一下前面的内容，我们用 C_3 来表示集合 S_3 吧。

$$
\begin{array}{ccccc}
S_3 & = & \text{上面的三角形} & \cup & \text{下面的三角形} \\
 & = & \{[123],[231],[312]\} & \cup & \{[213],[321],[132]\} \\
 & = & C_3 & \cup & X_3 \\
 & = & C_3 & \cup & C_3 \star [213]
\end{array}
$$

到这里为止可以理解吗?

9.1.3 陪集

"到这里为止可以理解吗?"米尔嘉看着我们。

"没问题,我可以理解。"我回答。

"勉强可以。"泰朵拉说。

"大概吧。"尤里说。

"大概?"米尔嘉皱眉,"来练一下计算吧。现在开始,对于 $C_3 = \{[123], [231], [312]\}$ 与 $a \in S_3$,求 $C_3 \star a$,也就是完成以下计算。"

$$C_3 \star [123] =$$
$$C_3 \star [231] =$$
$$C_3 \star [312] =$$
$$C_3 \star [213] =$$
$$C_3 \star [321] =$$
$$C_3 \star [132] =$$

我们刚开始计算就察觉到了一件事。

"米尔嘉学姐,计算结果只有 2 种吧?"泰朵拉说。

$$C_3 \star [123] = \{[123], [231], [312]\} = C_3$$
$$C_3 \star [231] = \{[231], [312], [123]\} = C_3$$
$$C_3 \star [312] = \{[312], [123], [231]\} = C_3$$
$$C_3 \star [213] = \{[213], [321], [132]\} = C_3 \star [213]$$
$$C_3 \star [321] = \{[321], [132], [213]\} = C_3 \star [213]$$
$$C_3 \star [132] = \{[132], [213], [321]\} = C_3 \star [213]$$

"对。"米尔嘉点头,"在计算 $C_3 \star a$ 时,元素的顺序可能会发生改变，但最后求得的集合必定是 C_3 或 $C_3 \star [213]$。"

"米尔嘉大人，这真是不可思议。"尤里说，"虽然听你讲的时候我还不太懂，但实际计算一下，我好像明白点什么了。"

"尤里，这一点很重要。"米尔嘉温柔地说。

"米尔嘉学姐，我也明白了。"泰朵拉说，"把 $C_3 \star a$ 这个式子看成子群 C_3 碰上 a，于是就产生了 C_3 或 $C_3 \star [213]$。这的确使用了 C_3 来对 S_3 的元素进行分类。虽然图看起来更加清晰易懂，但算式能用另一种方式让人理解。"

米尔嘉静静地点头，继续讲解。

"使用了 C_3 的分类结果 —— C_3 和 $C_3 \star [213]$，称为 S_3 除以 C_3 的**陪集**。此外，S_3 除以 C_3 的陪集的集合，写成 $C_3 \backslash S_3$。$C_3 \backslash S_3$ 是集合的集合。"

$$C_3 \backslash S_3 = \{C_3, C_3 \star [213]\} \qquad S_3 \text{ 除以 } C_3 \text{ 的陪集的集合}$$

"陪集？"尤里说。

"陪集是什么意思？"泰朵拉问。

"陪集有余数的意思。用 S_3 除以 C_3，使用其余数来分类的结果称为陪集。"

"但是，S_3 是群，C_3 是子群，对吧？群可以除以子群吗？"

"可以。如果觉得 $C_3 \backslash S_3$ 不好理解，也可以用图来进行确认。"

米尔嘉在白板上画图。

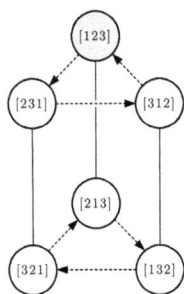 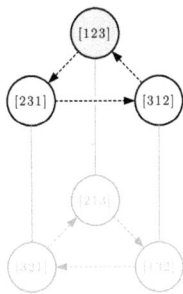 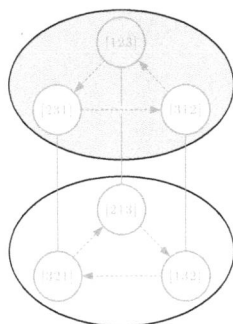

群 S_3 　　　　　　子群 C_3 　　　　　　陪集的集合 $C_3 \backslash S_3$

"原来如此！"泰朵拉说，"看了这张图，我明白 $C_3 \backslash S_3$ 的意思了。其实就是以子群 C_3 为基准，形成 C_3 和 $C_3 \star [213]$。除法这个词我还是觉得有些别扭。"

9.1.4　整齐的形式

我们明明应该商量明天伽罗瓦节要展示的内容，现在却沉迷于米尔嘉的"授课"。6 个元素的对称群 S_3 有很多值得我们思考的地方。

活力少女泰朵拉面露难色地盯着笔记本说："米尔嘉学姐，关于刚才的除法，$C_3 \backslash S_3$ 表示群 S_3 除以子群 C_3。那么 S_3 的所有子群都能整除 S_3 吗？"

"可以，如果想证明——"

"啊，抱歉。"泰朵拉打断米尔嘉的话，"具有一般性的证明待会再想，我想试着用 S_3 除以<u>其他子群</u>。例如除以 2 阶循环群 C_{2a}。"

$$C_{2a} = \{[123], [213]\}$$

"原来如此，泰朵拉。"我说，"因为在凯莱图上 C_{2a} 是一根纵向的柱子，所以 $C_{2a} \backslash S_3$ 应该是 3 根柱子吧？"

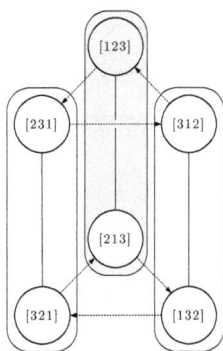

$$C_{2a} \backslash S_3 是 3 根柱子吗$$

"那个，我和学长的想法一样。但是实际操作后发现，柱子没有那么整齐。不知道为什么，柱子是歪着的。"

泰朵拉给我看笔记本。

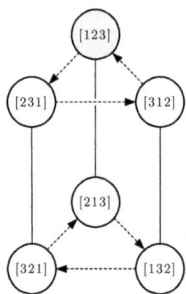

群 S_3

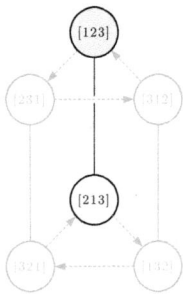

子群 C_{2a}

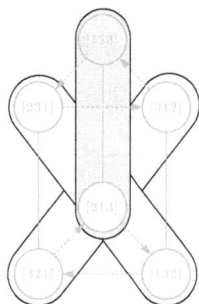

陪集的集合 $C_{2a} \backslash S_3$

"泰朵拉同学，你是怎么画的？"尤里问。

"刚才在讲 $C_3 \backslash S_3$ 时，针对 $a \in S_3$，我们计算了 $C_3 \star a$。所以这次针对 $a \in S_3$，我计算了 $C_{2a} \star a$。"

$$C_{2a} \star [123] = \{[123], [213]\} = C_{2a}$$
$$C_{2a} \star [231] = \{[231], [132]\} = C_{2a} \star [231]$$
$$C_{2a} \star [312] = \{[312], [321]\} = C_{2a} \star [312]$$
$$C_{2a} \star [213] = \{[213], [123]\} = C_{2a}$$
$$C_{2a} \star [321] = \{[321], [312]\} = C_{2a} \star [312]$$
$$C_{2a} \star [132] = \{[132], [231]\} = C_{2a} \star [231]$$

"这样啊。"原来和刚才练习的内容一样。泰朵拉不仅在脑中想象，还实际进行了计算。她算得好快。

"这样一来，就可以用 C_{2a} 表示集合 S_3 了。"

$$
\begin{aligned}
S_3 &= \{[123], [213]\} \quad \cup \quad \{[132], [231]\} \quad \cup \quad \{[312], [321]\} \\
&= \qquad C_{2a} \qquad\quad \cup \qquad C_{2a} \star [231] \quad \cup \quad C_{2a} \star [312]
\end{aligned}
$$

"3 根柱子分别是 $\{[123], [213]\}$ 和 $\{[132], [231]\}$ 以及 $\{[312], [321]\}$。"我说。

"柱子是歪的。"尤里对比图与式子后说。

"是啊，看起来不够整齐。"

"的确。"米尔嘉说，"群 $C_3 \backslash S_3$ 与群 $C_{2a} \backslash S_3$ 哪里不一样呢？换句话说，子群 C_3 与子群 C_{2a} 哪里不一样呢？这是我们该思考的地方。"

"我们来整理一下吧。"泰朵拉说。

- 我们学习了用群除以子群得出陪集的方法
- 用 S_3 除以 C_3 可以得出 2 个整齐的陪集
- 用 S_3 除以 C_{2a} 可以得出 3 个陪集，但这些陪集不够整齐
- C_3 与 C_{2a} 的差别是什么

9.1.5　制作群

　　我、泰朵拉和尤里讨论了一阵子后，对于 C_3 与 C_{2a} 的差别是什么、哪里不整齐，还是没有得出一个结论。

　　"我知道哪里看起来不整齐了。"泰朵拉说，"用图表示 3 个陪集后，我们能发现柱子发生了交叉。"

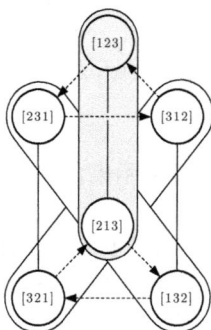

柱子发生交叉

　　"那个，米尔嘉学姐。"泰朵拉小心翼翼地开口，"虽然有点偏离话题，但我想问你式子可以写成 $C_3 \backslash S_3$ 吗？"

　　"嗯？"米尔嘉用手推了推眼镜，看着泰朵拉。

　　"我觉得一般说到 S_3 除以 C_3，会用斜线（/）写成 S_3/C_3。但是，从刚才开始我们就使用逆向的斜线把 S_3 除以 C_3 写成 $C_3 \backslash S_3$。这一点我一直很在意……"

　　"两种写法都有。"米尔嘉打了一个响指，"群除以子群有 S_3/C_3 与 $C_3 \backslash S_3$ 两种写法，不过二者意思不同。具体差别在于到底是用 $a \star C_3$ 还是用 $C_3 \star a$ 来求陪集。"

$$S_3/C_3 = \{\ C_3, [213] \star C_3\ \} \qquad 用\ a \star C_3\ 求得的所有陪集的集合$$

$$C_3 \backslash S_3 = \{\ C_3, C_3 \star [213]\ \} \qquad 用\ C_3 \star a\ 求得的所有陪集的集合$$

"有两种啊！我明白了！我来确认一下。

$a \star C_3$ 是在 C_3 的一个个元素上连接 a 所形成的鬼脚图的集合

$C_3 \star a$ 是在 C_3 的一个个元素下连接 a 所形成的鬼脚图的集合

是这个意思吗？"

"没错。因为我们这么定义了 $\star$。"

"啊！也就是说…… 等我一下！"

泰朵拉慌张地开始在笔记本上画图。

她画了很久。

我们保持沉默等她。

当然，我们也不是什么都不做。

米尔嘉闭上眼睛，食指转来转去。

尤里重看自己的笔记本，在算着什么。

我用自己的方式思考 C_3 与 C_{2a} 的差别。首先，最大的差别是元素数，也就是基数的差别。C_3 的基数是 3，C_{2a} 的基数是 2。

但是，这个差别与陪集的"整齐的形式"有关吗？

"整齐的形式"到底是什么？这种暧昧的语言会让人无法按照数学的方式进行思考。如果这种"整齐的形式"能写成算式就好了……

"我懂了！"过了一阵子，泰朵拉大声说。

"你懂什么了？"我问。

"我懂米尔嘉学姐说的 C_3 与 C_{2a} 的差别了！"

泰朵拉像往常一样兴奋。

"画凯莱图的时候，尤里画的是向下连接的图，我反过来试着画了向上连接的图。于是，

- 在 C_3 的情况下，向下连接的图与向上连接的图一样
- 在 C_{2a} 的情况下，向下连接的图与向上连接的图不一样

也就是说，它们组成系统的方式发生了改变！"

▶ **在 C_3 的情况下（系统不变）**

向下连接的图 向上连接的图

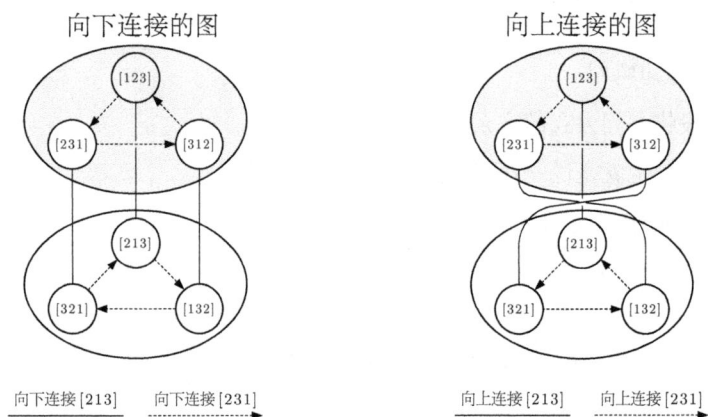

向下连接 [213] 向下连接 [231] 向上连接 [213] 向上连接 [231]

$$C_3 \star [213] = \{[213],[321],[132]\}$$ $$[213] \star C_3 = \{[213],[321],[132]\}$$

▶ **在 C_{2a} 的情况下（系统发生改变）**

向下连接的图 向上连接的图

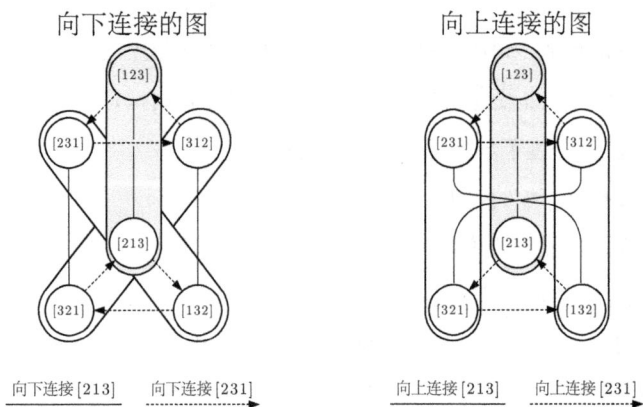

向下连接 [213] 向下连接 [231] 向上连接 [213] 向上连接 [231]

$$C_{2a} \star [231] = \{[231],[132]\}$$ $$[231] \star C_{2a} = \{[231],[321]\}$$

听完泰朵拉的发言，我们好一阵子没有说出话。不，我们并不是震撼到说不出话，而是……

"抱歉，听起来似乎很厉害，可是我听不懂。"

"不懂喵。"尤里开启疲惫的小猫模式。

"啊，我又说奇怪的话了吗？"

米尔嘉慢慢地说："泰朵拉，你说的内容是本质。"

"嗯？"泰朵拉说，"我只是说出了我的发现，它到底意味着什么，我并不知道。"

"我只是为了提出一个课题才问 C_3 与 C_{2a} 的差别是什么的。我本来以为没有人会发现，没想到泰朵拉发现了。"

"发现什么了？"

"正规子群。"

"正规子群？"尤里说。

"我们来整理一下泰朵拉发现的内容吧。"米尔嘉说，"把刚才的图直接写成式子是这样的。"

$$C_3 \star [213] = [213] \star C_3$$
$$C_{2a} \star [213] \neq [213] \star C_{2a}$$

"这个式子是什么意思？"

"是指是否可以交换吧？"

"没错。$C_3 \star [213]$ 等于 $\star$ 左右两端交换的 $[213] \star C_3$。$C_{2a} \star [213]$ 与 $[213] \star C_{2a}$ 不相等。泰朵拉画的图就是这个意思。其实，我们可以证明更一般的情况。"

米尔嘉把眼镜往上推，继续说：

"在 C_3 的情况下，

$$C_3 \star a = a \star C_3$$

这个等式对于 S_3 的任意元素 a 成立。也就是说，$\star$ 的左右两端可以交换。可是，在 C_{2a} 的情况下，这个结论不成立。也就是说，存在

$$C_{2a} \star a \neq a \star C_{2a}$$

的 S_3 的元素 a。这是 C_3 与 C_{2a} 之间非常重要的一个差异。"

"等一下米尔嘉，$C_3 \star a = a \star C_3$ 的等号是针对集合使用的等号吧？"我问。

"没错。"

"哥哥，针对集合使用的等号是什么意思？"尤里问。

"$C_3 \star a$ 与 $a \star C_3$ 都是集合。$C_3 \star a = a \star C_3$ 这个式子的意思是等号两边的集合相等。$C_3 \star a$ 与 $a \star C_3$ 作为集合是相等的，但对于 C_3 的任意元素 x，$x \star a = a \star x$ 不一定成立。"

"嗯。"尤里说。

"米尔嘉学姐。"泰朵拉面露难色，"我明白对于 C_3，$C_3 \star a = a \star C_3$ 这个交换律成立，但那又怎样？虽然 C_3 是正规子群，但 C_{2a} 不是正规子群吧？"

"是啊。"米尔嘉简洁地回答。

- C_3 是 S_3 的正规子群
- C_{2a} 不是 S_3 的正规子群

"C_3 是正规子群又怎样呢？"

"嗯……"米尔嘉停顿了一下，接着一个字一个字地仔细说明，"正规子群的最大特征是

除以正规子群后形成的陪集的集合是**群**。

就是这样。"

"咦?" 发出愚蠢声音的人是我。

"你没听到吗? 除以正规子群后形成的陪集的集合是群。" 米尔嘉说。

看看发呆的我们, 米尔嘉重新说:

"我们研究群的结构时, 会做什么呢?

- 算元素的个数求基数
- 制作群找出生成元
- 找出群所包含的子群
- 除以子群求陪集……

这些是研究群的基本步骤, 除此之外, 找出正规子群也是非常重要的一步。因为群除以正规子群时的陪集的集合会保有群的结构。将陪集的集合视为群的东西称为 **商群** 或 **因子群**。找出群中包含的正规子群, 制作商群, 这是探索群的重要方法。"

我很惊讶。不对, 我惊呆了。

对于数学, 我们要做到这种地步吗?

使用逻辑将凌乱的数学研究对象汇集起来, 变成集合。

定义集合元素间的运算, 在集合中加入群这个结构。

在子集中, 找出形成群的子群。

用群除以子群, 求出陪集的集合。

然后将群加入这个集合, 形成商群。

只要将群除以子群, 便能形成商群……

我脑袋发昏。

"如此一来, $C_3 \backslash S_3$ 就变成商群了吧。" 泰朵拉说。

"对。因为 C_3 是正规子群, 所以商群可以写成 S_3/C_3 或 $C_3 \backslash S_3$。因为 S_3/C_3 和 $C_3 \backslash S_3$ 相等。"

$$C_3 \backslash S_3 = \{C_3, C_3 \star [213]\}$$
$$= \{C_3, [213] \star C_3\} \qquad \text{因为 } C_3 \star [213] = [213] \star C_3$$
$$= S_3/C_3$$

"商群 S_3/C_3 到底是怎样的群?"

"泰朵拉,你知道 S_3/C_3 的元素吗?"

"知道。S_3/C_3 的元素是 C_3 与 $[213] \star C_3$,因为它是陪集的集合。"

$$S_3/C_3 = \{C_3, [213] \star C_3\}$$

"你知道 S_3/C_3 的元素数吗?"

"2 个,分别是 C_3 与 $[213] \star C_3$。"

"你不知道元素数等于 2 的群吗?"

"咦?啊!知道,我知道,世界上只有一个元素数是 2 的群!"

"对,元素数是 2 的群只有和循环群 C_2 同构的群。所以,S_3/C_3 是和循环群 C_2 同构的群。"

"米尔嘉大人……"尤里发出微弱的声音,"我有点跟不上。"

"是吗?"米尔嘉说。

"陪集之间的 $\star$ 是什么意思?"

"我们来谈谈这个运算吧。"

"喂,米尔嘉。"我打断她,"这个的确非常有趣,但我们要现在讨论吗? 明天就是伽罗瓦节了,我们还是集中精力制作尤里的海报吧。"

"我们不就是在讨论这个吗?"米尔嘉一脸不高兴,"正规子群,也就是陪集的集合所形成的群 —— 正是伽罗瓦重视的东西,甚至被写在伽罗瓦决斗前给好友舍瓦利耶的信上。伽罗瓦在追寻方程可以用代数方式解开的条件时,发现了陪集的集合所形成的群 —— **正规子群**的重要性。"

"等一下,米尔嘉。"我说,"你所说的陪集的集合所形成的群,也就是正规子群，听起来好像和能不能解开方程有关。"

"没错。"米尔嘉微笑，"正规子群是方程的代数可解性中最重要的概念之一。尤里与泰朵拉所画的凯莱图可以帮助我们观察正规子群。"

"米尔嘉大人，我肚子饿。"尤里说。

"差不多到午餐时间了吧。"米尔嘉看看时钟。

已经下午 2 点多了。

该吃饭了。

"我们去'Oxygen'吧。"

9.2　写法的形式

9.2.1　Oxygen

我、米尔嘉、泰朵拉和尤里在双仓图书馆三楼的咖啡厅 Oxygen 用餐。室外的开放式座位虽然很舒适，但今天有些闷热，所以我们决定在室内用餐。

一个大学生模样的男生向米尔嘉打招呼，应该是伽罗瓦节的工作人员吧。他们开始谈很难的数学内容，我们在一旁闲得发慌。

"明天应该也是晴天。"泰朵拉对尤里说。

"外面好像很热喵。"

"尤里，你懂正规子群了吗？"我问。

"嗯，算懂吧。"尤里一边绑马尾一边回答，"到 $C_3 \star a = a \star C_3$ 为止的部分我都懂，但我还不懂商群。鬼脚图真的很有趣！"

"是啊。"我说。

泰朵拉一脸认真，说："学长，鬼脚图就是调换各个数吧？"

"什么意思？"我反问。

泰朵拉又提出本质上的问题。

9.2.2 置换的写法

饭后，我们一边喝饮料，一边听泰朵拉讲。

◇　　◇　　◇

鬼脚图就是调换各个数吧？

刚才我谈过鬼脚图的"向下连接"和"向上连接"这2种方法。

在画凯莱图的时候，我很容易就想到向下连接的情况。但"向上连接"就没那么容易想象到了。可能是因为我不够聪明吧。

因此，我发现了其他思考方式。与其思考让鬼脚图"向上连接"，不如思考"调换各个数"。

其实，在 [231] 的下面连接 [213]，并不是在调换各个数。因为 [213] 若交换 1 与 2，那么 [231] 应该变成 [132] 吧？

在 [231] 的下面连接 [213]，其实是调换"从左数第一个位置的数"与"从左数第二个位置的数"。[231] 从左数第一个位置的数是 2，第二个位置的数是 3，所以调换的是 2 与 3。

有点复杂……

回归正题吧。我认为不要从置换位置的角度来思考"在 [231] 的上面连接 [213]"，要把它想成数的置换。

也就是说，在 [231] 的上面连接 [213]，就是在排列成 [231] 的各个数中，交换 1 与 2，使 [231] 变成 [132]。这正是在 [231] 的上面连接 [213] 时所形成的鬼脚图。

它刚好对应于我们研究对称群时学过的用圆括号 ( ) 表示置换的写法。

鬼脚图 [213] 与原本的 [123] 相比，1 和 2 的位置发生了改变。先

是 $1 \to 2$，接着 $2 \to 1$。我们把这个过程写为 (12)，代表 1 与 2 交换。

$$[213]\left\{ \begin{matrix} 1 & 2 & 3 \\ & & \\ 2 & 1 & 3 \end{matrix} \right. \qquad \begin{pmatrix} 1 & 2 & 3 \\ 2 & 1 & 3 \end{pmatrix} \qquad \begin{array}{c} 1 \to 2 \end{array} \qquad (12)$$

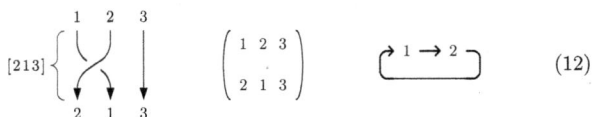

$$[213] \text{与} \begin{pmatrix} 1\,2\,3 \\ 2\,1\,3 \end{pmatrix} \text{与} (12)$$

对于鬼脚图 $[231]$，1 的下面是 2，2 的下面是 3，3 的下面是 1，也就是 $1 \to 2 \to 3$，然后 $3 \to 1$。我们把这个过程写为 (123)，代表 1、2、3 转了一圈。

$$[231]\left\{ \begin{matrix} 1 & 2 & 3 \\ & & \\ 2 & 3 & 1 \end{matrix} \right. \qquad \begin{pmatrix} 1 & 2 & 3 \\ 2 & 3 & 1 \end{pmatrix} \qquad \begin{array}{c} 1 \to 2 \to 3 \end{array} \qquad (123)$$

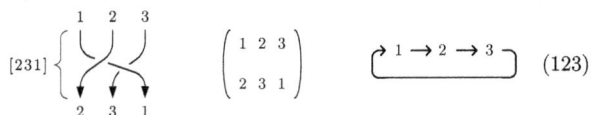

$$[231] \text{和} \begin{pmatrix} 1\,2\,3 \\ 2\,3\,1 \end{pmatrix} \text{和} (123)$$

这样一想，尤里的写法与使用圆括号的写法，存在以下对应关系。

尤里的写法	[123]	[213]	[321]	[231]	[312]	[132]
使用圆括号的写法	()	(12)	(13)	(123)	(132)	(23)

我认为尤里使用的 $[213]$ 这种写法从数学的角度来说不标准，所以如果在海报上画图的话，改成数学中常用的圆括号比较好。你们觉得呢?

◎　　◎　　◎

"你们觉得呢?"泰朵拉为难地说。

尤里也一脸难色。

"尤里的写法在意思的表达上也很明确。"米尔嘉说。看来她和那位大学生的数学对话已经结束了。"的确，[213] 不是表示置换的标准写法。可是，若提前写上定义，使用这种写法也没什么问题，而且这种写法很适合鬼脚图这种直观的模式。"

"原来如此。"我说。

米尔嘉说："而且伽罗瓦的第一论文中有伽罗瓦自创的群的写法。伽罗瓦把方程的解设为 a、b、c、d，并将这些解的置换写成 $abcd$、$bacd$、$cbad$、$dbca$…… 用尤里的写法就是 $[1234][2134][3214][4231]$……这反而更适合伽罗瓦节。"

"啊，没错！"泰朵拉说，"伽罗瓦的第一论文是什么？"

"伽罗瓦的第一论文探讨了用代数方式解方程的充分必要条件。明天再说吧，我准备了海报。"

"好期待！"泰朵拉说。

"不管哪种写法都有长处与短处。"米尔嘉说，"虽然 $[213]$ 与 $\left(\begin{smallmatrix} 1 & 2 & 3 \\ 2 & 1 & 3 \end{smallmatrix}\right)$ 的写法适用于鬼脚图，但这种写法不容易让人理解交换的是哪个和哪个。但写成 (12)，我们就能明白是 1 与 2 发生了交换。"

"如果有能让人立刻明白的写法就好了。"尤里说。

9.2.3 拉格朗日定理

"我知道每个写法都有长处和短处。"泰朵拉说，"不管是用图还是用算式，这些表示方法都有好有坏。但用图易于我们把握整体……"

"嗯！还可以找出'系统'！"尤里说。

"有时候也可以用算式找出模式。"泰朵拉说。

"如果要进行证明，用算式比较好，以免被图骗。"我说。

"但是，很多时候看图比较清楚……说到证明，群除以子群所形成的陪集，其元素数都一样吗？"泰朵拉说。

"什么意思？"尤里说。

"S_3/C_3 的陪集是 C_3 与 $[213] \star C_3$，二者的元素数都等于 3。"

"嗯。"

"S_3/C_{2a} 的陪集是 C_{2a}、$[231] \star C_{2a}$ 以及 $[312] \star C_{2a}$，元素数都等于 2。陪集的元素数全部相等应该不是偶然。这可以证明吧？"

"当然。"米尔嘉开始在餐巾纸上写算式，"$\star$ 写起来很麻烦，所以我省略了，也就是把 $[231] \star [213]$ 写成 $[231][213]$，把 $[213] \star C_3$ 写成 $[213]C_3$。一般情况下，

- $g \star h$ 写成 gh
- $g \star \mathrm{H}$ 写成 $g\mathrm{H}$

这样意思就不会不明确了。"

"类似于将 $a \times b$ 写成 ab 吧。"我补充。

的确，用手写算式，就会想把理所当然的东西省略掉，比如把 $a \times b$ 写成 ab，把 x^1 写成 x。

"泰朵拉的疑问是这样的。"米尔嘉说，"为了消除用词方面的分歧，先假设元素为有限个。"

问题 9-1（陪集的元素数）

针对群 G 与子群 H，假设所有陪集的集合为 G/H。属于 G/H 的陪集，其元素数都等于 H 的元素数吗？

陪集的集合 G/H 可以写成以下形式。

$$G/H = \{gH \mid g \in G\}$$

所以，我们只要证明集合 gH 的元素数等于 H 的元素数即可。

慎重起见，我们来复习一下集合 gH 吧。gH 是 $g \star H$ 的意思。它的定义如下。

$$gH = \{gh \mid h \in H\}$$

总之，先决定 G 的一个元素 g，对 g 乘以 H 的每一个元素 h 所形成的集合就是 gH。

为了让集合 gH 的元素数等于 H 的元素数，必须

(1) 集合 H 的任何一个元素，

　　只会对应于集合 gH 的一个元素。

(2) 集合 gH 的任何一个元素，

　　只会对应于集合 H 的一个元素。

我们只需证明这种对应关系。

首先来看 (1)。让集合 gH 的元素 gh 对应集合 H 的元素 h。符合这个对应关系，与 h 对应的元素只有一个。

接着来看 (2)。跟 (1) 相反，让集合 H 的元素 h 对应集合 gH 的元素 gh。符合这个对应关系，与 gh 对应的元素只有一个。因为如果元素 h' 满足 $gh = gh'$ 且 $h' \in H$，那么对 $gh = gh'$ 的两边乘以 g 的逆元素 g^{-1}，便能得到 $g^{-1}gh = g^{-1}gh'$。因为 $g^{-1}g$ 等于单位元 e，所以 $eh = eh'$ 成立。根据单位元的性质，可以得到 $h = h'$。

对属于 G/H 的任意陪集 gH 而言，gH 的元素数等于 H 的元素数。因此，我们可以说属于 G/H 的陪集，其元素数都等于 H 的元素数。

这就是我们该证明的地方。

Quod Erat Demonstrandum —— 证明结束。

解答 9-1（陪集的元素数）

针对群 G 与子群 H，假设所有陪集的集合为 G/H。属于 G/H 的陪集，其元素数都等于 H 的元素数。

总之，这证明了 H 与 gH 之间存在双射 $f: h \mapsto gh$。

此外，通过这个证明，我们也能知道"G 的元素数"除以"H 的元素数"可以得到"陪集的个数"。

这就是**拉格朗日定理**。

拉格朗日定理

对于群 G 与子群 H，以下式子成立。

$$|G|/|H| = |G/H|$$

但须假设

- $|G|$ 是群 G 的基数（元素数）
- $|H|$ 是子群 H 的基数（元素数）
- $|G/H|$ 是所有陪集的集合 G/H 的元素数（陪集的个数）

"好令人怀念的名字。"泰朵拉说，"这是拉格朗日预解式的拉格朗日呢！"

"对，就是那个拉格朗日。"米尔嘉说，"群 S_3 的元素数是 $|S_3| = 6$，子群 C_3 的元素数是 $|C_3| = 3$，S_3/C_3 的元素数（陪集的个数）是 $|S_3/C_3| = 2$。像 $|S_3|/|C_3|$ 这样用斜线表示除法，让人看起来很舒服。"

$$|S_3| \quad / \quad |C_3| \quad = \quad |S_3/C_3|$$
$$\vdots \qquad\qquad \vdots \qquad\qquad \vdots$$
$$6 \quad / \quad 3 \quad = \quad 2$$

"原来如此。S_3/C_{2a} 也成立，$6/2 = 3$。"

$$|S_3| \quad / \quad |C_{2a}| \quad = \quad |S_3/C_{2a}|$$
$$\vdots \qquad\qquad \vdots \qquad\qquad \vdots$$
$$6 \quad / \quad 2 \quad = \quad 3$$

"而且，根据拉格朗日定理，子群的基数是原来的群的基数的约数。"

"米尔嘉大人！陪集的元素数全部相等，对吧？"尤里也在餐巾纸上一边画图一边说，"这样的图不行吗？"

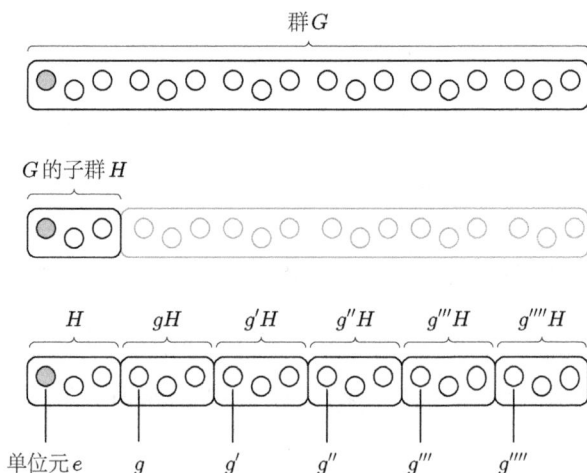

群 G、子群 H 和陪集的集合 G/H 的示意图

"啊！这样画很好懂呀。"我说。

"在陪集里放入代表同一个数的 ○ 是关键！"尤里说。

"没错。"米尔嘉眯起眼睛，"对了，拉格朗日定理虽然是关于陪集的集合的定理，但对于商群也成立。"

"因为商群是由陪集的集合构成的。"我说。

"假设有群 G 和它的正规子群 H，也就是 $G \triangleright H$。此时，商群 G/H 的基数表示为 $(G:H)$，称为**指数**。举例来说，商群 S_3/C_3 的基数如下所示。"

$$(S_3 : C_3) = |S_3/C_3| = 2 \qquad \text{指数}$$

9.2.4 正规子群的写法

"刚才的 $G \triangleright H$ 是用来表示正规子群的吗？"泰朵拉问。

"对。我没有说明吗？H 是 G 的正规子群，写成 $G \triangleright H$，这是标准写法。"

正规子群的定义

假设 G 是群，H 为 G 的子群。

对于群 G 的任意元素 g，以下式子成立。

$$gH = Hg$$

此时，群 H 称为群 G 的正规子群，写成

$$G \triangleright H$$

9.3 部分的形式

9.3.1 孤零零的 $\sqrt[3]{2}$

不知不觉中，餐桌上画满图和式子的餐巾纸已经堆积如山。我们该回会议室了，大家开始动身。

尤里与米尔嘉谈着凯莱图离开餐厅。泰朵拉却还磨磨蹭蹭的。

"泰朵拉,怎么了? 大家都走了。"我说。

"学长,我有话要说。"

她把我拉到咖啡厅的角落。

"学长,真的很抱歉。"泰朵拉深深鞠躬,"那天我说完任性的话转头就走了……"

啊,原来她是指那天的事啊。

"是我让你生气了,对不起。"

"不是,不是这样的。我生气的原因和数学无关,是别的事情。"

"别的事情?"

"演奏会。"

"演奏会?"我一头雾水。

"是盈盈的演奏会。我没去。"

"那件事啊,米尔嘉邀请我去……"我说。

"我是孤零零的 $\sqrt[3]{2}$。"

"咦?"

"我听学长说过 $\sqrt[3]{2}$ 这个数。即使在 $\mathbb{Q}$ 中添加 $\sqrt[3]{2}$,也不会出现 $\sqrt[3]{2}\omega$ 和 $\sqrt[3]{2}\omega^2$。我觉得自己像孤零零的 $\sqrt[3]{2}$……但那只是我任性的想法。学长没有错。"泰朵拉瞥了我一眼后垂下双目,"我只是想为那天的事情道歉……学长,我们回会议室吧! 难得有时间,我们一起完成尤里的海报吧!"

9.3.2 探索结构

我与泰朵拉在走廊追上了米尔嘉她们。

双仓图书馆内的工作人员正在筹备明天的伽罗瓦节。我们边走边看各个房间,中途和推着小型手推车的理纱擦肩而过。她正在忙着把货物发到各个房间，尤里好像在问她什么。

"话说回来，光是鬼脚图就已经很有趣了呢。"我向并肩走路的泰朵拉搭话。

"是啊。"泰朵拉回答，"而且，探索基数与子群也很有意思。"

"拥有结构的东西可以划分成各个部分。"走在前面的米尔嘉回头看我们。

◎　　◎　　◎

拥有结构的东西可以划分成各个部分。

可是，部分并不是散乱的。

画不仅仅是线条的集合。

人不仅仅是细胞的集合。

群不仅仅是元素的集合。

结构中的元素相互连接，构成全体。群论能解开这种相互连接的状态。基数是多少、有什么样的子群、有什么样的正规子群、除以正规子群的商群是什么样的……这些部分会分解群的结构。

正如我们从正十二边形中发现正一边形、正二边形、正三角形、正四边形、正六边形、正十二边形一样，我们也可以从群中找到正规子群，发现隐藏的结构。

这都是在探索群这个结构。

我们只要将群的结构添加到研究对象中，群论就会成为探索结构的武器。

伽罗瓦为了探索方程的结构而使用群。

9.3.3　伽罗瓦的正规分解

我们回到双仓图书馆的会议室。

"刚才说到伽罗瓦将注意力放到了正规子群上。"泰朵拉对米尔嘉说。

"对。虽然伽罗瓦并没有将其称为正规子群，但他关注的正是正规子群。他将使用正规子群分解群称为**正规分解**。"

"正规分解？"泰朵拉问。

"群可以根据子群分解成陪集的和。"米尔嘉说，"举例来说，令 $G/H = \{H, aH, a'H, a''H, a'''H\}$，则以下式子成立。

$$G = H \cup aH \cup a'H \cup a''H \cup a'''H$$

G 被分解为 G/H 的元素。此外，不分解成 G/H 的元素，也可以分解成 $H \backslash G$ 的元素（陪集）。如果 $H \backslash G = \{H, Hb, Hb', Hb'', Hb'''\}$，则以下式子成立。

$$G = H \cup Hb \cup Hb' \cup Hb'' \cup Hb'''$$

H 必须是正规子群，这两种分解才会相等。伽罗瓦称之为正规分解。举例来说，

$$S_3 = C_3 \cup [213]C_3$$

这个式子将群 S_3 用正规子群 C_3 做正规分解[①]。"

9.3.4 进一步除以 C_3

"我思考了为什么要关注正规子群。"泰朵拉说，"群 G 除以正规子群 H 能得到商群 G/H。我觉得这与研究整数 n 的性质时分解质因数类似。

质因数展示了整数的结构

---

① 伽罗瓦使用的不是 $\cup$，而是 +。

同样，

正规子群展示了群的结构

我觉得或许是这么回事！虽然这是通过除法这个词联想出来的，但我认为要调查群 G 的性质，可以使用 H 和 G/H。"

"原来如此！"我大叫。

"真是的，泰朵拉被你吓到了。"米尔嘉说，"没错。刚才我们虽然用群 S_3 除以正规子群 C_3，但 C_3 本身也可以再除以正规子群。"

"咦？"泰朵拉很惊讶，"C_3 还有正规子群吗？"

"有。"

"可是 C_3 的元素只有 3 个。"

"3 是质数。"米尔嘉眨眼示意。

"质数……然后呢？"

"质数 3 的约数是什么？"米尔嘉说。

"咦？是 3 与 1。"

"如果 C_3 有子群，那基数一定是 3 或 1。"米尔嘉说。

"啊！根据拉格朗日定理能得到这个结论！"

"对。C_3 有 2 个子群。一个是 C_3 本身，基数是 3，另一个是单位群 $E_3 = \{[123]\}$，基数是 1。这两个都是 C_3 的正规子群，因为对于 C_3 的任意元素 a，$aC_3 = C_3a$ 与 $aE_3 = E_3a$ 成立。"

"单位群总是正规子群！这和 1 是所有整数的约数相似！"泰朵拉握紧双手说，"这个群本身也是正规子群！这和所有整数都是自己的约数相似！"

"没错，泰朵拉。"米尔嘉温柔地点头，"我们得到了从 S_3 开始的正规子群的关联关系。"

- 群 S_3 有正规子群 C_3
- 群 C_3 有正规子群 E_3

也就是说，

$$S_3 \triangleright C_3 \triangleright E_3$$

我们结合商群，把这个正规子群的关联关系画成图吧。"

米尔嘉在白板上画了一个很大的图。

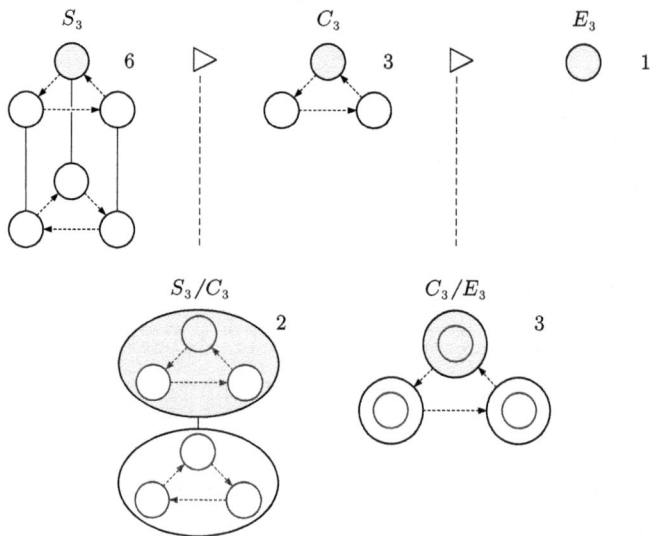

对称群 S_3 的分解（$S_3 \triangleright C_3 \triangleright E_3$）

"哇！"泰朵拉叫出声。

"我们来俯瞰一下全局吧。"米尔嘉说，"从上空俯瞰一切，无视小的结构，看向大的结构。"

理纱推着手推车进来。

红发少女还是老样子，面无表情地工作。

米尔嘉继续说："调查群中包含怎样的正规子群与分解时钟观察其内部结构很像。正如调查哪个齿轮卡住哪个齿轮一样，我们要研究正规子群与商群。"

不知道理纱有没有在听米尔嘉说话。她把收成圆筒状的模造纸、十二色的记号笔、美工刀、展示板等用品拿下手推车，摊在桌子上。

"曾经有个女孩在上小学的时候，拿到了'算术套组'的时钟。那是一种用来教时钟面盘读法的教具。只要用手转背面的刻度盘，长针与短针就会转动。"米尔嘉说。

有个女孩？

"小女孩一回家就分解家里的时钟，拿出齿轮，因为她想知道时钟的内部结构。理纱，我没说错吧？"

原来那个女孩是理纱啊。

理纱无视米尔嘉，继续工作。

米尔嘉绕到理纱的背后，玩弄她的红发。

"住手，米尔嘉小姐！"理纱推开米尔嘉的手咳嗽起来。

"你想研究时钟的内部结构才那么做的吗？"米尔嘉重新问。

"你不是亲眼确认了吗？"理纱平静地回答。

我知道上高一的理纱和上高三的米尔嘉是表姐妹，但是这两人的感情到底是好还是不好呢？

"我可以用这个吗？"泰朵拉指着摊在桌上的文具，"这些都是用来做海报的吧。"

理纱默默点头。

"谢谢。"我说。

真是应有尽有。理纱虽然沉默寡言，但非常细心。

理纱默默地推着手推车离开房间。

9.3.5　除法与同等看待

重看笔记本，泰朵拉又提出问题。

"为什么是除法呢?"

"除法表示同等看待，余数表示分类。"米尔嘉立刻回答。

"我不明白。"

"我们用星期的概念来打比方。假设今天(第 0 天)是星期天，明天(第 1 天)是星期一。那么，想知道第 n 天是星期几要怎么做?"

"啊，用 n 除以 7。"

"对。用 n 除以 7，进行除法运算。对用 n 除以 7 的余数进行分类，余数是 0 则为星期天，余数是 1 则为星期一……换句话说，星期几就是

$$
\text{星期的集合} = \{
$$

$$
\begin{array}{ll}
\{\,0,\ 7, 14, \cdots\,\}, & \cdots\cdots\text{星期天}\\
\{\,1,\ 8, 15, \cdots\,\}, & \cdots\cdots\text{星期一}\\
\{\,2,\ 9, 16, \cdots\,\}, & \cdots\cdots\text{星期二}\\
\{\,3, 10, 17, \cdots\,\}, & \cdots\cdots\text{星期三}\\
\{\,4, 11, 18, \cdots\,\}, & \cdots\cdots\text{星期四}\\
\{\,5, 12, 19, \cdots\,\}, & \cdots\cdots\text{星期五}\\
\{\,6, 13, 20, \cdots\,\}, & \cdots\cdots\text{星期六}
\end{array}
$$

$$
\}
$$

这样的集合。除以 7 的除法运算表示同等看待间距为 7 天的日子，而除以 7 得到的余数则用来确定到底是星期几。"

"原来如此。"泰朵拉说。

除法表示同等看待，余数表示分类

"S_3/C_3 也是一样的。"

$$S_3/C_3 \;=\; \{$$
$$\{[123],[231],[312]\}, \quad \cdots\cdots C_3$$
$$\{[213],[321],[132]\} \quad \cdots\cdots [213]C_3$$
$$\}$$

"原来如此。"泰朵拉说。

我也不自觉地说了句"原来如此"。"原来是通过除法来进行分析的。"米尔嘉稍微加快速度。

"G/H 就是将群 G 以子群 H 的粒度来看。也可以说同等看待子群 H 的元素。"

"这个跟商群有关系吗？"尤里嘀咕。

"有。我们来聊聊集合间的运算吧。"米尔嘉对尤里说，"尤里，我们来定义群元素之间的运算，好吗？"

"好！"

"把群元素间的运算当作集合间的运算，自然延拓。"米尔嘉说。

"自然延拓？"尤里嘀咕。

"假设有群元素 a 和 b。二者的积 $ab=c$。若 a、b 有陪集 aH 与 bH，我们就定义它们的积，使 aH 与 bH 的积 $(aH)(bH)$ 等于 cH。这样你懂吗？"

米尔嘉仔细地说明。

"使 $(aH)(bH)$ 等于 cH 的意思是这样进行定义吗？"尤里问。

"没错。群的运算只要能满足公理便可以自由定义。机会难得，我想定义得有意思一些。我想定义为若 $ab=c$，则 $(aH)(bH)=cH$。"

"嗯，我好像懂了。"尤里有些不安。

"米尔嘉学姐，这是良定义的吧？"泰朵拉从旁插话。

"没错。"米尔嘉说。

"良定义？"

"没错。"泰朵拉干劲十足地说，"$ab = c$ 是元素间的运算。元素间的运算属于小的结构，而 $(aH)(bH) = cH$ 是陪集间的运算，这属于大的结构。"

"嗯？"尤里侧首不解。

"我们将 aH 与 bH 的运算定义成 aH 的任何元素与 bH 的任何元素的运算结果都属于 cH。米尔嘉学姐把它表示为若 $ab = c$，则 $(aH)$$(bH) = cH$。没错吧？"

"正确。"米尔嘉说。

"我不懂！"尤里说，"本来以为我看过算式后会懂，可我还是不懂喵。"

"你可以用凯莱图来思考。"米尔嘉说，"尤里所说的系统是陪集。选一个陪集 aH 的元素，再选一个陪集 bH 的元素来进行计算。结果会属于某个陪集 cH。这么说能听懂吧？"

"能。"

"泰朵拉所说的良定义是指不管从 aH 中选出哪个元素，从 bH 中选出哪个元素，运算结果都一样。 既然从陪集中选出任意一个元素结果都一样，那我们就没有必要思考单个的元素了，把它想成陪集间的运算就行，因为不管选陪集的哪个元素都没有关系。"

"到这里我懂。"尤里说，"但是米尔嘉大人，'不管选陪集的哪个元素都没有关系'能够实际进行吗？"

"未必能实际进行。"米尔嘉微笑，"单纯使用子群的陪集就不行。但是，有的子群可以得出'不管选陪集的哪个元素都没有关系'的陪集，这种子群是——"

"正规子群！"泰朵拉接话。

"而且凯莱图的箭头与'系统'有一致性！"我说。

"嗯。"尤里低吟。

"这时就可以用到正规子群的定义了。"

◎　　◎　　◎

我们来证明当 H 是群 G 的正规子群时，对 G 的任意元素 a 和 b 而言，$(aH)(bH) = (ab)H$ 成立吧。要证明等号成立，只需证明 $\subset$ 与 $\supset$ 成立。

▶ $(aH)(bH) \subset (ab)H$ 的证明

$(aH)(bH)$ 的任意元素可以写成 $(ah)(bh')$，其中 $h \in H$，$h' \in H$。根据结合律，这个元素等于 $a(hb)h'$。因为 H 是正规子群，所以 $Hb = bH$ 成立，存在满足 $hb = bh''$ 的 H 的元素 h''。因此，

$$
\begin{aligned}
(ah)(bh') &= a(hb)h' &&\text{用结合律改变运算顺序}\\
&= a(bh'')h' &&\text{因为 } H \text{ 是正规子群，所以 } hb = bh'' \text{ 且 } h'' \in H\\
&= (ab)(h''h') &&\text{用结合律改变运算顺序}\\
&\in (ab)H &&\text{因为 } H \text{ 是群，所以 } h''h' \in H \text{ 成立}
\end{aligned}
$$

上面的内容显示出 $(aH)(bH)$ 的任意元素属于 $(ab)H$，所以 $(aH)(bH) \subset (ab)H$ 成立。

▶ $(aH)(bH) \supset (ab)H$ 的证明

$(ab)H$ 的任意元素可以写成 $(ab)h$，其中 $h \in H$。根据结合律，这个元素等于 $a(bh)$，因为 $a \in aH$，$bh \in bH$，所以元素 $(ab)H$ 属于 $(aH)(bH)$。

$$
\begin{aligned}
(ab)h &= a(bh) &&\text{用结合律改变运算顺序}\\
&\in (aH)(bH) &&\text{因为 } a \in aH,\ bh \in bH
\end{aligned}
$$

上面的内容显示出 $(ab)H$ 的任意元素属于 $(aH)(bH)$，所以 $(aH)(bH) \supset (ab)H$ 成立。

因为 $(aH)(bH) \subset (ab)H$ 与 $(aH)(bH) \supset (ab)H$ 都得到证明，所以

$$(aH)(bH) = (ab)H$$

◎　　◎　　◎

"在群 G 除以正规子群 H 的陪集集合中，群的结构自然而然地被添加了进去。这个群的结构就是商群 G/H。在商群 G/H 中，我们可以无视陪集内部的小结构，关注陪集与陪集之间的大结构，从微观的角度移到宏观的角度来观察。暂时不要看森林里的一棵棵树木，要飞上天空，看森林的全貌。"

米尔嘉环视我们。

"你们学会俯瞰森林了吗？"

9.4　对称群 S_4 的形式

会议室

已经下午 4 点了。

"对了，我们还没决定海报的制作方针。"我说，"我们来整理之前尤里和泰朵拉画的对称群 S_3 的图吧。"

"尤里，你研究过 4 次对称群 S_4 吗？"米尔嘉说。

"算研究过吧。"尤里回答，"刚开始我把 S_4 的图也画得很复杂，后来把整张图简化了一下。模式共有 $4! = 24$ 种！"

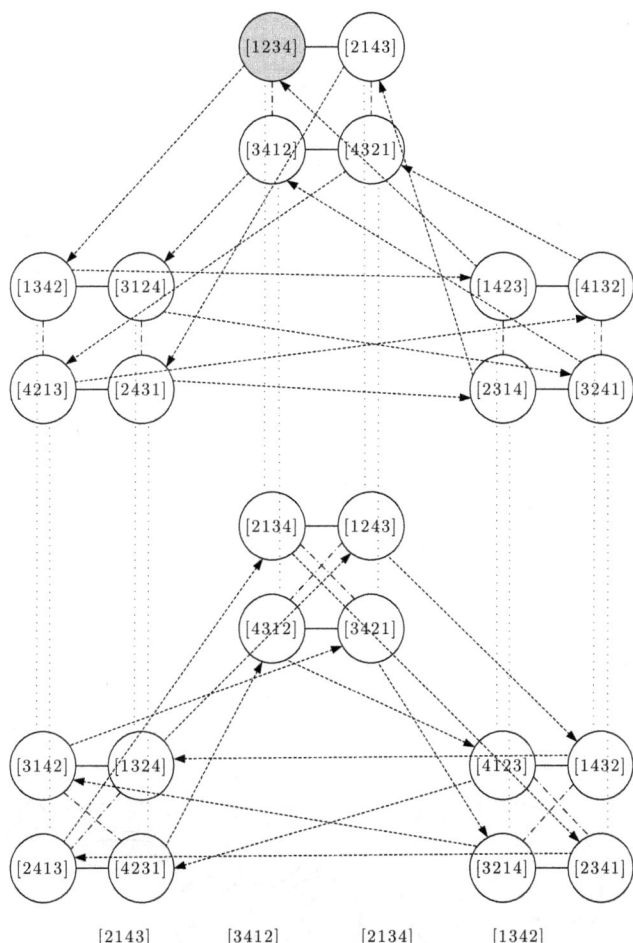

对称群 S_4 的凯莱图

"这是凯莱图。"米尔嘉说。

"米尔嘉大人，我发现 S_4 的图也存在'系统'。它有上面的三角形与下面的三角形这样的'系统'。不过在 S_4 的情况下这个系统不是普通的三角形，而是以四边形构成的三角形，感觉像'系统中的系统'。"

"的确。"我说。

"好有趣。"泰朵拉说。

"米尔嘉大人，听了你的说明，我想问这个 S_4 的凯莱图可以用除法运算得出商群吗？"

"当然。我们现在一起来试试看吧。建造一个由对称群 S_4 缩小为单位群 E_4 的正规子群塔吧。这时，尤里所说的'以四边形构成的三角形'就能按照数学的方式来表示了。"

我们花了很多时间画出 S_4 的正规子群的结构。

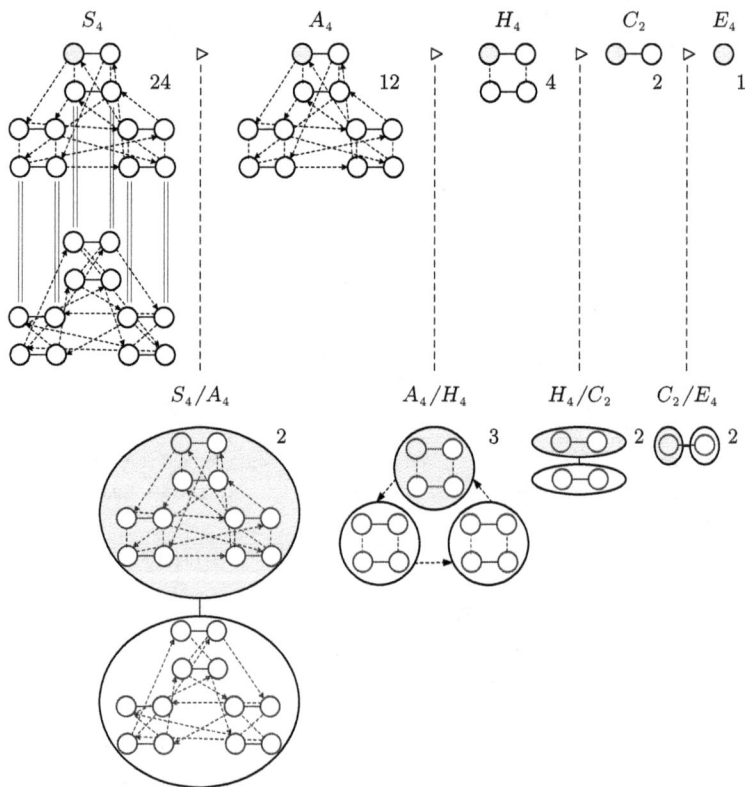

对称群 S_4 的结构（ $S_4 \triangleright A_4 \triangleright H_4 \triangleright C_2 \triangleright E_4$ ）

我们合作完成了几张海报。

前面画的图、用语的定义、鬼脚图的具体例子……这些内容全部完成后，天已经黑了。

真是充实的一天啊。

我第一次在山丘上的双仓图书馆待这么久。

此时我的心情很放松。

我完全不知道山丘下发生了什么事。

9.5　心情的形式

9.5.1　Iodine

"回不去？怎么回事？"我说。

"电车故障，明天早上才恢复通车。"理纱说着，微微咳了一下。

"也就是说明天早上以前没有电车……"泰朵拉又重复了一遍。

这起突发事故竟让我们目睹了理纱的本事，让人觉得她不是一个高中一年级的学生。

理纱将所有人召集到会场"Iodine"，使用屏幕说明现在的状况——电车不通。今晚大家要在双仓图书馆过夜。

双仓图书馆里有几间可以用来休息的房间，大家可以在那里过夜；未成年人要联系监护人；明天的伽罗瓦节照常举行；不准熬夜工作。

"禁止熬夜。"

有几个人对理纱的这个命令发出嘘声，不过理纱淡漠地说：

"晚上 11 点熄灯。"

她给所有人发放房间分配表。女生在另一栋楼。

我们依照理纱的指挥，把寝具搬到房间，准备过夜。

"好像被困在'暴风雪山庄'了呢。"尤里一边搬枕头一边嘀咕。

"没有暴风雪。"理纱一边拿床单一边回答,"也不是山庄。"

9.5.2   熄灯时间

现在是晚上 9 点 25 分。不知道是不是因为禁止熬夜的命令,会场的准备工作顺利完成。

"努力就能成功呢。"理纱说。

晚上 10 点,所有成员聚在 Oxygen 享受消夜时间。大学生与高中生有 40 人,初中生有 5 人。我们一边用餐一边愉快地聊数学。有一位大学生想偷偷带进来不知从哪里弄来的啤酒,被理纱抓到,给予严重警告。

晚上 10 点 45 分,理纱用计算机操作投影机,把要给大家讲的话放映在咖啡厅的墙壁上。

"严守晚上 11 点熄灯的规定。明天早上 5 点以前禁止工作。"

我们在 Oxygen 收拾了一下,便移动到各自的房间。

中途米尔嘉把我叫去大厅。

"你和泰朵拉说什么了?"米尔嘉推了推眼镜说。

"没说什么。"我莫名心跳加速。

"算了,明天还要旅行。"

"旅行?"

"伽罗瓦第一论文的旅行。"

"咦?"

"今天还是好好睡一觉吧。"

"嗯。但是用脑过度很难睡好吧?"

"也是。"

米尔嘉歪头思考。难得能在这种时间和米尔嘉共处,我实在冷静不下来,总觉得应该说些什么。

这时，馆内的照明切换成微弱的灯光。

变暗的双仓图书馆与白天的样子差别很大。微弱的亮光与天空的星光反射在楼梯井的玻璃上，有点梦幻。

熄灯时间到 —— 我正要开口这么说。

米尔嘉无声地移动。

她凑近脸庞，深邃的瞳孔捕捉到了我。

我的脸颊瞬间被柔软的触感覆盖。

（好温暖）

"这样就能睡着了。"说完，米尔嘉走向另一栋楼。

留下柑橘的芳香。

换句话说，当群 G 包含群 H 时，

若群 G 是 $G = H + HS + HS' + \cdots$

这时，G 就被分解成 H 乘以相同置换所得的组合，

若群 G 是 $G = H + TH + T'H + \cdots$

G 就被分解成相同置换乘以 H 所得的组合。

这两种分解结果通常不相等。

若相等，则称为正规分解。

——埃瓦里斯特·伽罗瓦[15]

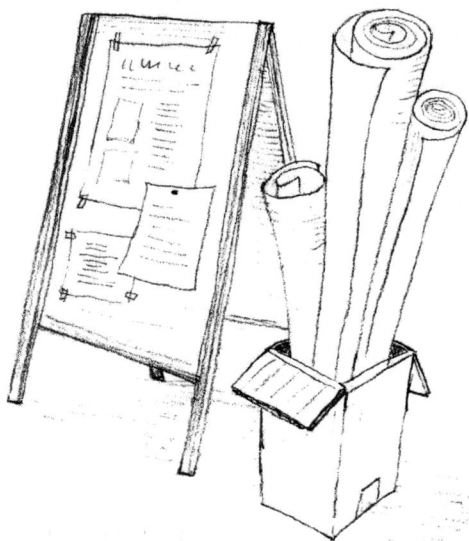

第10章
伽罗瓦理论

要是我现在因为交通事故而死，

一定没有人能明白我文件夹中的资料是什么意思。

把这些资料变得让所有人都能懂，

也就是将之写成文章，一种类似于遗言的东西，

那就是论文……

—— 森博嗣《喜岛老师的平静世界》[1]

10.1 伽罗瓦节

10.1.1 简略年表

"学长，这边！"泰朵拉说。

"你睡过头了，哥哥！"尤里说。

"你睡得很好嘛。"米尔嘉喝着咖啡，一脸正经地说。

现在是伽罗瓦节的早晨，这里是双仓图书馆三楼的咖啡厅 Oxygen。咖啡厅里飘散着牛角面包的香气。

昨晚我们在双仓图书馆过夜，今天又在 Oxygen 一起吃早餐 —— 和

---

① 出自『喜嶋先生の静かな世界』一书。该书暂无中文版。——编者注

平常在学校才见面的她们一起吃早餐可真新鲜。当然，除了表妹尤里。

"文化节终于来了！"泰朵拉说。

图书馆到处都有"伽罗瓦节"的指示牌，指示牌上贴着会场的指示图。馆内弥漫着一股与平时不同的节日气氛。

双仓图书馆举办伽罗瓦节的目的是让一般人也能接近伽罗瓦理论。伽罗瓦节由聚在双仓图书馆的数学爱好者策划和准备。

"哥哥，你看过宣传册了吗？"尤里递给我小册子。

那是一本写着"伽罗瓦节"的宣传册。尤里给我看的页面刊登着伽罗瓦的简略年表。

年龄	公历	
0 岁	1811 年 10 月	25 日，埃瓦里斯特·伽罗瓦出生
11 岁	1823 年 10 月	进入路易皇家中学就读
15 岁	1827 年 1 月	留级，邂逅数学
16 岁	1828 年 8 月	第一次参加巴黎综合理工学院的入学考试（落榜）
	1828 年 10 月	遇到里夏尔老师
17 岁	1829 年 5 月	向法国科学院提交论文
		柯西建议他重新投稿参加数学论文大赛
	1829 年 7 月	伽罗瓦的父亲自杀
		第二次参加巴黎综合理工学院的入学考试（落榜）
		丧失巴黎综合理工学院的报考资格
	1829 年 8 月	烦恼过后，参加巴黎高等师范学院的入学考试（考取）
18 岁	1830 年 2 月	向法国科学院提交数学论文大赛论文
		（这篇论文因审查者傅里叶的去世而遗失）
19 岁	1831 年 1 月	因在校报上发表文章抨击校长而遭到退学处分
		向法国科学院提交论文
		7 月，审查者泊松和拉克鲁瓦驳回此篇论文
		（这篇论文是现存的第一论文）
	1831 年 5 月	因为"干杯事件"被捕入狱
	1831 年 6 月	宣判无罪
	1831 年 7 月	再次被捕入狱
20 岁	1831 年 12 月	宣判有罪（服刑至 1832 年 4 月 29 日）
	1832 年 3 月	因霍乱流行，从监狱移至疗养所
		邂逅医生的女儿斯蒂芬妮
	1832 年 5 月	29 日，给好友舍瓦利耶写了最后一封信，推敲第一论文
		30 日，决斗
		31 日，在医院去世

伽罗瓦简略年表

"伽罗瓦度过了被命运捉弄的一生。"米尔嘉说，"第一次入学考试没考上，第二次考试之前父亲自杀，他再次落榜。向法国科学院提交的论文因为审查者去世而遗失，整理了方程代数可解性的历史性论文被驳回。

他为了参加共和主义活动，对抗法国大革命后的反动保守势力而被关进监狱，最后决斗而亡。"

"决斗而亡……好壮烈啊。"泰朵拉说。

"但是好帅喵。"

"尤里！"米尔嘉发出尖锐的声音。

整个餐厅鸦雀无声，大家都看向我们这边。

"别说这种话。"米尔嘉放低声音。

"对不起。"尤里乖乖道歉。

米尔嘉沉默了一阵子后说：

"很少有数学家像伽罗瓦这样度过轰轰烈烈的一生。许多人猜测伽罗瓦决斗的原因。可能是革命的余波，也可能是同胞的背叛，又或者与恋爱有关。可是，比起决斗的原因，更让我震惊的是 ——"

米尔嘉平静地闭上眼睛。

"他还不到 21 岁。"

一阵沉默。

理纱轻轻咳嗽，米尔嘉睁开眼睛。

"伽罗瓦死了，可是数学还活着。我们一起踏上追寻伽罗瓦第一论文的旅行吧。"

10.1.2 第一论文

"第一论文……昨天有提到过它吧？"泰朵拉问。

"对。方程是伽罗瓦研究的主题之一。"米尔嘉说，"伽罗瓦想把自己的方程论整理成三篇论文。伽罗瓦把第一篇命名为第一论文(le premier mémoire)，这篇论文就是在不幸被遗失的论文的基础上修改而成的，也是被泊松驳回的那篇论文。在第一论文中，伽罗瓦寻找的是能够以代数的方式解方程的充分必要条件。

伽罗瓦希望能找出这个充分必要条件，使我们只要考虑给定方程的条件，便能判定这个方程是否能以代数的方式解开。这是在研究方程的可解性。不过，要实际去找这个充分必要条件是非常困难的。这篇第一论文上写的日期是1831年1月16日，可是伽罗瓦在决斗的前一晚（1832年5月29日）似乎对论文做过修改。伽罗瓦在明天可能会有不测的情况下，写信给好友舍瓦利耶，同时不断推敲这篇第一论文。"

"真是惊人。"我说。

"读懂伽罗瓦留下的信息就是给他最好的礼物了。"米尔嘉说。

"论文是用法语写的吗？"泰朵拉问。

"原文是法语，也有英语翻译版。"米尔嘉回答，"不过，第一论文不好读懂，连当时最优秀的数学家之一泊松都难以读懂。因为论文中省略了很多代词，而且伽罗瓦不会用群与域等术语。总之，让人难以读懂的理由有很多。他之所以不会用群与域等术语，是因为当时这些术语还未出现。难以读懂的最大理由，我认为是在这篇论文中，能否以代数方式解方程的充分必要条件并不是用'系数'，而是用'解的置换群'来表示的。"

"好像很难啊。"泰朵拉说。

"的确很难。"米尔嘉承认，"但是，现在我们已经有整理好的数学术语了，只要用这些术语，伽罗瓦第一论文的主张就不难理解了。"

"我也可以理解吗？"

"你可以理解到某种程度，尤里。我准备的海报的展示思路，其论述顺序与深度仿照了伽罗瓦的第一论文，虽然抱着向历史致敬的态度，但有些表示方法和术语还是采用了现在熟悉的用法。虽然我做的海报不能完整地证明伽罗瓦理论，但至少能让人大致理解定理。"

"那个…… 第一论文探讨的是'以代数方式解方程的充分必要条件'吗?"

"没错,第一论文的标题是这样的。

Mémoire sur les conditions de résolubilité des équations par radicaux
(探讨能够用方根解方程的条件的论文)

论文中包含'以代数方式解方程的充分必要条件'的'原理'部分和'以代数方式解某种质数次方程的充分必要条件'的'应用'部分。我们要读的是原理部分。"

"好长啊。"泰朵拉的语气中带有不安。

"这篇论文其实很短,原文不到 20 页。原理中定义了几个术语,提出了 4 个引理和 5 个定理。到这部分为止他已经提出'能够以代数方式解方程的充分必要条件'了。"

米尔嘉翻开宣传册,指着分条列举的项目。

- 定义(可约与既约)
- 定义(置换群)
- 引理 1(既约多项式的性质)
- 引理 2(用根制作的 V)
- 引理 3(用 V 表示根)
- 引理 4(V 的共轭)
- 定理 1("方程的伽罗瓦群"的定义)
- 定理 2(缩小"方程的伽罗瓦群")
- 定理 3(添加辅助方程的所有的根)
- 定理 4(缩小的伽罗瓦群的性质)
- 定理 5(以代数方式解方程的充分必要条件)

"4 个引理与 5 个定理。"泰朵拉像是在回味什么。

"哥哥，引理是什么?"尤里问。

"是用于证明目标定理的定理。"我说。

"理解这 4 个引理与 5 个定理，就可以理解'以代数方式解方程的充分必要条件'了吧?"泰朵拉说。

"对。我们马上来读吧。"米尔嘉站起来。

我们收拾好餐具，跟随理纱走向展览室。

"只要跟米尔嘉大人在一起，即使困难也能搞定!"尤里说。

"只要跟尤里在一起，即使涉及逻辑问题也能搞定!"泰朵拉说。

"只要跟泰朵拉在一起，即使复杂也能搞定!"我说。

"只要跟你在一起……"米尔嘉说到一半就不说了。

"就没问题。"理纱说。

我们开启了伽罗瓦第一论文之旅。

米尔嘉要开始"讲课"了。

"顺着路线走。"理纱带领我们到第一个房间。

10.2 定义

10.2.1 定义（可约与既约）

"伽罗瓦首先定义了术语。"米尔嘉说。

（可约与既约）

假设域 K 为系数域，$f(x)$ 为域 K 的 x 的多项式。

在多项式 $f(x)$ 能用域 K 因式分解的情况下，$f(x)$ 在 K 的范围内称为**可约**。

若非可约，$f(x)$ 在 K 的范围内称为**既约**。

"伽罗瓦第一论文的原文并不是这么写的。伽罗瓦没有使用'域'这个词，而是用了'有理'来代替。他用有理这个词表达加减乘除可以得到的数。或许他当时并未想象出'域'这个概念，但他绝对意识到了域的元素。域的元素在伽罗瓦的论文中以'有理且已知的数'与'有理的量'这样的形式出现。现在我们用'域'这个术语吧。"

"我记得定义域的人是戴德金 [1]。"我说。

"没错，戴德金是使用 Körper（域）的第一人。"

"啊，所以域才用 K 表示呀。它是 Körper 的首字母。"泰朵拉说。

"总之，这里重要的是可约和既约。"米尔嘉说，"在讨论多项式能不能因式分解时，需要厘清用哪个域来思考。"

"用哪个域来思考？"尤里说。

"对。如果没有厘清，就没有办法确定多项式能不能因式分解了。比如下面这道题。"

多项式 $x^2 + 1$ 可以因式分解吗？

"不能因式分解！"尤里立刻回答。

"不对。"泰朵拉说，"这样做可以因式分解。"

---

[1] 德国数学家、理论家和教育家。——译者注

$$x^2 + 1 = (x + \mathrm{i})(x - \mathrm{i})$$

"怎么突然出现了 i?"尤里说。

"这就体现了'厘清域的必要性'。"米尔嘉说,"如果在有理数域 $\mathbb{Q}$ 的范围内考虑系数,$x^2 + 1$ 不能因式分解,也就是既约的;可是,如果在复数域 $\mathbb{C}$ 的范围内考虑系数,$x^2 + 1$ 能分解成两个多项式 $x + \mathrm{i}$ 与 $x - \mathrm{i}$,也就是可约的。"

- 在有理数域 $\mathbb{Q}$ 的范围内,$x^2 + 1$ 是既约的
- 在复数域 $\mathbb{C}$ 的范围内,$x^2 + 1$ 是可约的

"伽罗瓦在第一论文中写过类似的例子。如果能举出例子,就可以证明我们能理解伽罗瓦第一论文的主张。"

米尔嘉继续说:

"伽罗瓦接着思考的是**已知的数**,也就是已经知道的数。在整个有理数的集合中**添加**指定的数,用这些数的**有理式**可以得到的数称为已知的数。总而言之,伽罗瓦要考虑的是,添加数到某个域后所得到的新的域。"

"有理式是通过加减乘除运算形成的式子吧?"泰朵拉问。

"没错。"米尔嘉回答,"别把有理式与有理数搞错。假设 $\varphi(x) = \frac{x+1}{3}$,$\varphi(x)$ 是 x 的有理式。而 $\varphi(1) = \frac{2}{3}$ 是有理数。可是,$\varphi(\sqrt{2}) = \frac{\sqrt{2}+1}{3}$ 不是有理数。"

我们点头。

米尔嘉归纳说:"前面我们引入了可约、既约、有理式、已知的数和添加等词,这些术语是我们接下来深入了解代数学的基础。"

"伽罗瓦想制作的是扩域吧?"我说,"又是考虑有理数域 $\mathbb{Q}$,又是考虑在有理数域中添加系数的域 $\mathbb{Q}(a, b)$,有时还考虑添加了方根等数的域

$\mathbb{Q}(a, b, \sqrt{2}, \sqrt[3]{2})$ ……"

米尔嘉说:"你说的这些,伽罗瓦写成了'从某个数开始使用有理式表示'。以结果而言,他想表达的是域的概念。接下来我们要继续思考域的扩张。在扩张的各阶段可以当作系数使用的数称为已知的数。"

"我好像懂什么是已知的数了……"泰朵拉说。

"伽罗瓦接着引入了置换群。"米尔嘉说。

10.2.2 定义(置换群)

伽罗瓦接着引入了置换群,因为伽罗瓦想活用拉格朗日提出的暗示 —— 使用根的置换。

将有限个根排成一列的方法称为**排列**。

改变根的排列顺序的方法称为**置换**。

伽罗瓦考虑的是置换根的排列顺序。除了一个个单独的置换,他还考虑了置换的集合。伽罗瓦把这个置换的集合称为置换的 groupe,也就是**群**。

(**置换群**)

把置换想成一个最开始以某种顺序排列的群。因为我们只处理不按照起初顺序排列的问题,所以如果置换 S、T 属于群,置换 ST 也会属于这个群。

"这里出现的'不按照起初顺序排列'让人有些难以理解,伽罗瓦在这里思考的是置换群,用现在的话来说,就是对称群的子群。"米尔嘉说。

"米尔嘉大人,可以把置换群想成鬼脚图的群吧?"尤里小心翼翼地说。

"没错。"米尔嘉点头。

◎　◎　◎

没错。整个 n 条竖线的鬼脚图的群是对称群 S_n，它的子群称为置换群。

对称群 S_n　　n 条竖线的鬼脚图组成的群

置换群　　　　对称群的子群

伽罗瓦考虑的是置换方程的解(多项式的根)。我们试着把四次方程的解 α_1、α_2、α_3、α_4 排成一列。

$$\alpha_1\,\alpha_2\,\alpha_3\,\alpha_4$$

这是一种排列方式。假设我们把这个顺序改成下面这样。

$$\alpha_1\,\alpha_3\,\alpha_4\,\alpha_2$$

将 $\alpha_1\alpha_2\alpha_3\alpha_4$ 替换成 $\alpha_1\alpha_3\alpha_4\alpha_2$，是一个置换，因为下标 1 换成了 1，2 换成了 3，3 换成 4，4 换成了 2。像下图这样。

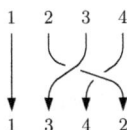

按照尤里的写法，这个置换是 $[1342]$。

$$\alpha_1\,\alpha_2\,\alpha_3\,\alpha_4\ \xrightarrow{[1342]}\ \alpha_1\,\alpha_3\,\alpha_4\,\alpha_2$$

让置换作用于根的有理式，使有理式产生变化。

$$\frac{\alpha_1+\alpha_2\,\alpha_3}{\alpha_1\,\alpha_4}\ \xrightarrow{[1342]}\ \frac{\alpha_1+\alpha_3\,\alpha_4}{\alpha_1\,\alpha_2}$$

$[1342]$ 的置换会成为 4 次对称群 S_4 的一个元素。假设这个置换是 σ，则

$$\sigma = [1\,3\,4\,2] = \begin{pmatrix} 1\,2\,3\,4 \\ 1\,3\,4\,2 \end{pmatrix}$$

此时，让 σ 作用于 $\frac{\alpha_1 + \alpha_2\,\alpha_3}{\alpha_1\,\alpha_4}$，置换根的值。

$$\sigma\left(\frac{\alpha_1 + \alpha_2\,\alpha_3}{\alpha_1\,\alpha_4} \right) = \frac{\alpha_1 + \alpha_3\,\alpha_4}{\alpha_1\,\alpha_2}$$

这代表有理函数 $\frac{x_1 + x_2 x_3}{x_1 x_4}$ 的下标通过 σ 进行置换并代入根。

$$\frac{x_1 + x_2\,x_3}{x_1\,x_4} \xrightarrow{\ \text{用}\,\sigma\,\text{置换}\ } \frac{x_1 + x_3\,x_4}{x_1\,x_2} \xrightarrow{\ \text{代入根}\ } \frac{\alpha_1 + \alpha_3\,\alpha_4}{\alpha_1\,\alpha_2}$$

伽罗瓦所思考的排列与置换如上所示。

10.2.3　两个世界

"原来如此。也就是说置换在有理式中使用的根，从而得到其他有理式。"泰朵拉点头。

"看起来很难的伽罗瓦理论跟鬼脚图有关？"尤里说。

"对。"米尔嘉说，"伽罗瓦把鬼脚图，也就是置换群的理论与方程的可解性连接了起来。"

"可算是觉得有底气了。"泰朵拉说。

"尤里对鬼脚图非常拿手！"

"你们有发现两个世界吗？"米尔嘉说。

"两个世界吗？"泰朵拉说。

"在伽罗瓦的第一论文中，思考多项式的可约和既约，可以看见域的世界，思考置换群，可以看见群的世界。伽罗瓦理论是架在这两个世界的桥梁。

　　域的世界与群的世界

这两个世界因为第一论文而浮现。"

米尔嘉说着，眨眼示意。

"我们往下读第一论文吧。"

"顺着路线走。"理纱带领我们到下一个房间。

10.3 引理

10.3.1 引理1（既约多项式的性质）

引理1 →引理 2 →引理 3 →引理 4 →定理 1 →定理 2 →定理 3 →定理 4 →定理 5

"接着，伽罗瓦的第一论文中讲述引理。这些引理是之后需要用到的辅助定理。"

> **引理1（既约多项式的性质）**
>
> 　　假设 $f(x)$ 为域 K 范围内的多项式，$p(x)$ 为域 K 范围内的既约多项式。
>
> 　　如果 $f(x)$ 与 $p(x)$ 有共同的根，$f(x)$ 可以被 $p(x)$ 整除。

"看不懂。"尤里说，"哥哥，什么是域 K 范围内的多项式？"

"这是指系数属于域 K 的多项式。"我回答，"假设有多项式 $x^2 + 5x + 3$，因为它的系数 1、5、3 都属于有理数域 $\mathbb{Q}$，所以多项式 $x^2 + 5x + 3$ 是域 $\mathbb{Q}$ 范围内的多项式。"

"啊，系数吗？我懂了。"

"同样，多项式也可以视为域 $\mathbb{Q}(\sqrt{2})$ 范围内的多项式，重要的是意识到系数域。"米尔嘉说，"此外，这个引理 1 与和整数有关的以下命题类似。"

设 N 为整数，P 为质数。

N 与 P 若有共同的质因数，N 可以被 P 整除。

"N 是整数，P 是质数，而 N 与 P 有共同的质因数？"尤里思考了一会儿，"啊，没错！因为 P 是质数不能分割，所以质因数是 P 本身！"

"你这么说明别人听不懂。泰朵拉来举个例子。"

米尔嘉一指到泰朵拉，泰朵拉就立刻回答：

"假设 $N = 12$，$P = 3$，共同的质因数是 3。$N = 12$ 可以被 $P = 3$ 整除……的确与引理 1 类似。既约多项式对应于质数，可约多项式对应于合数。"

多项式的世界	←----→	整数的世界
多项式	←----→	整数
既约多项式	←----→	质数
可约多项式	←----→	合数
有共同的根	←----→	有共同的质因数

"对，既约多项式和质数非常像。正如质数不能分解成多个质因数一样，既约多项式也不能分解成多个因式。因此，对与既约多项式拥有共同的根的多项式而言，这个既约多项式就是它的因式。"

"我懂了。"泰朵拉说。

米尔嘉继续说："换句话说，只要多项式 $f(x)$ 与既约多项式 $p(x)$ 有一个共同的根，多项式 $f(x)$ 便拥有既约多项式 $p(x)$ 的所有的根。"

"多项式与整数的确很像。"我说。

"因为二者都拥有质因数分解的唯一性。"米尔嘉说，"多项式也称为整式。"

"整数我还能懂，多项式我就不懂喵。"尤里说。

"我来举个例子。"泰朵拉说,"假设有理数域 $\mathbb{Q}$ 的范围内的多项式为 $f(x) = x^4 - 1$,既约多项式为 $p(x) = x^2 + 1$。"

尤里默默地听泰朵拉说话。

"$f(x)$ 与 $p(x)$ 拥有共同的根 i,因为 $f(\mathrm{i}) = \mathrm{i}^4 - 1 = 0$,$p(\mathrm{i}) = \mathrm{i}^2 + 1 = 0$。此外,$f(x)$ 可以在域 $\mathbb{Q}$ 的范围内因式分解。

$$f(x) = \underbrace{(x^2 + 1)}(x + 1)(x - 1)$$

由此可知,$f(x)$ 的确拥有 $\underset{\sim}{x^2 + 1}$ 这个因式,也就是说,整个 $p(x)$ 是 $f(x)$ 的因式。"

"泰朵拉同学,为什么你能马上举出例子呢?"

"这是我在学分圆多项式时知道的例子,米尔嘉学姐说过

分圆多项式对 $x^{12} - 1$ 发挥了质数的作用

而 $p(x) = x^2 + 1$ 又是前面既约的定义中出现的例子⋯⋯"泰朵拉喘了口气,自言自语地说,"我的脑海中有许多事情连起来了。"

- 方程 $f(x) = 0$ 有 $x = \alpha$ 这个解
- 多项式 $f(x)$ 有 α 这个根
- 把 $x = \alpha$ 代入多项式 $f(x)$ 会得到 $f(\alpha) = 0$
- 多项式 $f(x)$ 有 $x - \alpha$ 这个因式

"是啊。"我说,"因式分解的时候,要意识到 α 所属的域是 $\mathbb{Q}$,还是 $\mathbb{Q}(\sqrt{2})$,还是 $\mathbb{R}$,还是 $\mathbb{C}$⋯⋯"

"说到这个。"米尔嘉灵光一闪,"第一论文中处理的域是包含所有有理数域的域,是不考虑有限元素数的域(有限域)。"

"泰朵拉同学,上高中后老师会教这么难的数学吗?我能听懂吗?"尤里说。

"我觉得比起上高中后让老师教,不如自己好好学。"端起姐姐架子的泰朵拉说,"重要的是自己学习。"

米尔嘉总结说:"通过引理 1,我们知道了只要多项式和既约多项式有一个共同的根,就会共同拥有这个既约多项式的所有的根。在引理 2 中,这会构成颇有意思的有理式 V。"

"顺着路线走。"理纱带领我们到下一个房间。

10.3.2 引理 2(用根制作的 V)

引理 1 → 引理 2 → 引理 3 → 引理 4 → 定理 1 → 定理 2 → 定理 3 → 定理 4 → 定理 5

引理 2(用根制作的 V)

假设 $f(x)$ 是 K 范围内没有重根的多项式,$f(x)$ 的根为 $\alpha_1, \alpha_2, \alpha_3, \cdots, \alpha_m$。

此时,根的有理式 V 会根据根的排列顺序得到不同的值。这可以表示成以下形式。

$$V = \varphi(\alpha_1, \alpha_2, \alpha_3, \cdots, \alpha_m)$$

但须假设 $\varphi(x_1, x_2, x_3, \cdots, x_m)$ 是 K 范围内的有理函数。而且,这个有理函数可以用整数系数 $(k_1, k_2, k_3, \cdots, k_m)$ 的线性组合来写。

$$\varphi(x_1, x_2, x_3, \cdots, x_m) = k_1 x_1 + k_2 x_2 + k_3 x_3 + \cdots + k_m x_m$$

"哥哥,好难啊……"尤里的语气中充满了担忧。

"你只是因为它被写成了一般式才觉得很难。"我说。

"示例是理解的试金石。"泰朵拉说,"设 $m = 2$,我来举一个引理 2 的例子吧!"

◎　◎　◎

我来举一个引理 2 的例子吧!

设 $\mathbb{Q}$ 的范围内的多项式 $f(x)$ 为 $x^2 + 1$。

此时，$f(x)$ 的根为 $\alpha_1 = \mathrm{i}$ 和 $\alpha_2 = -\mathrm{i}$，$m = 2$。

根的排列方式只有

$$\alpha_1 \alpha_2 \text{和} \alpha_2 \alpha_1$$

这 2 种，所以现在只要得到交换根后值不同的式子即可。嗯，让我想一想……有了! 比方说

$$V = \alpha_1 - \alpha_2$$

也就是说

$$\varphi(x_1, x_2) = x_1 - x_2$$

这样便完成了"泰朵拉的例子"!

◎　◎　◎

"这样便完成了'泰朵拉的例子'!"泰朵拉说。

"很好。"米尔嘉说。

"哇!"尤里说，"这样就可以吗?"

"通过泰朵拉举的例子，我们知道了引理 2 到底在讲什么。下面我来补充说明。"米尔嘉说。

◎　◎　◎

我来补充说明。

用根得出的有理式 V 会依据根的排列顺序得到不同的值其实就是说 σ 与 τ 作为对称群的元素，若 $\sigma \neq \tau$，则 $\sigma(V) \neq \tau(V)$。

我们用泰朵拉举的例子来确认。假设 $\sigma_1 = [\,1\,2\,]$，$\sigma_2 = [\,2\,1\,]$。

$$\sigma_1(V) = [\,1\,2\,](V) = [\,1\,2\,](\varphi(\alpha_1, \alpha_2)) = \varphi(\alpha_1, \alpha_2) = \alpha_1 - \alpha_2 = \mathrm{i} - (-\mathrm{i}) = +2\mathrm{i}$$
$$\sigma_2(V) = [\,2\,1\,](V) = [\,2\,1\,](\varphi(\alpha_1, \alpha_2)) = \varphi(\alpha_2, \alpha_1) = \alpha_2 - \alpha_1 = (-\mathrm{i}) - \mathrm{i} = -2\mathrm{i}$$

因为可以像上面的式子这样写，所以 $\sigma_1(V) \neq \sigma_2(V)$ 成立。

◎　◎　◎

"我理解 V 与 φ 是什么了。"泰朵拉说。

"V 与对称多项式相反。"米尔嘉说，"根的对称多项式是置换根后值不变的式子。这个 V 是置换根后值一定发生改变的式子。"

"原来如此，但是伽罗瓦为什么会想到 V 呢？"

"V 在后面的定理中会作为域的添加元素使用。这是域的观点。此外，V 是影响置换根的关键。这是群的观点。"米尔嘉说，"理解引理 2 后，我们往引理 3 前进吧。"

"顺着路线走。"理纱带领我们到下一个房间。

10.3.3　引理 3（用 V 表示根）

引理 1 → 引理 2 → 引理3 → 引理 4 → 定理 1 → 定理 2 → 定理 3 → 定理 4 → 定理 5

引理 3（用 V 表示根）

　可以用引理 2 的 V 表示 $f(x)$ 的根 $\alpha_1, \alpha_2, \alpha_3, \cdots, \alpha_m$。也就是说，

$$\alpha_1 = \varphi_1(V), \ \alpha_2 = \varphi_2(V), \ \alpha_3 = \varphi_3(V), \cdots, \alpha_m = \varphi_m(V)$$

存在满足上述式子的 K 范围内的有理函数 $\varphi_1(x), \varphi_2(x), \varphi_3(x), \cdots, \varphi_m(x)$。

"用引理 2 中的泰朵拉举的例子来思考吧。"米尔嘉说。

"$f(x) = x^2 + 1$，$\alpha_1 = \mathrm{i}$，$\alpha_2 = -\mathrm{i}$。"泰朵拉说。

"$V = \varphi(\alpha_1, \alpha_2) = \alpha_1 - \alpha_2 = 2\mathrm{i}$"我说。

接着，米尔嘉、泰朵拉和我同时看向尤里。

"咦？咦？我该考虑什么？"尤里很着急。

"用 V 表示 α_1 与 α_2 啊。"我说。

"呃……"尤里思考，"啊，对了。刚才是用 α_1 和 α_2 表示 V，这次相反，要用 V 表示 α_1 和 α_2！"

"对对对。"我鼓励她。

过了一会儿，尤里给出答案。

$$\alpha_1 = \frac{V}{2}, \quad \alpha_2 = -\frac{V}{2}$$

"$\alpha_1 = \mathrm{i}$，$\alpha_2 = -\mathrm{i}$，$V = 2\mathrm{i}$，答案马上出来！"尤里说。

"不错。"米尔嘉说，"用根表示 V，V 的有理式可以反过来表示根。$\varphi_1(x)$ 与 $\varphi_2(x)$ 就是这样的。"

$$\varphi_1(x) = \frac{x}{2}, \quad \varphi_2(x) = -\frac{x}{2}$$

泰朵拉叹了口气说："关于用根可以表示 V，用 V 可以表示根，我已经理解了，但是我完全不明白其中的意义。这还只是第一论文的引理吧？"

"一说用有理式表示就只注意式子的话，会丧失全局的观点。"米尔嘉说，"把注意力放在域上比较好。如果只思考扩域，引理 3 的主张便能用一行表示。"

$$K(\alpha_1, \alpha_2, \alpha_3, \cdots, \alpha_m) = K(V)$$

"啊！原来如此。"我发出声音。

"怎么回事？"泰朵拉说。

"只要在 K 中添加 V，就能得到 $K(\alpha_1, \alpha_2, \alpha_3, \cdots, \alpha_m)$。"

"呃……是域 $K(\alpha_1, \alpha_2, \alpha_3, \cdots, \alpha_m)$ 吗？"

"在系数域 K 中添加 $f(x)$ 的所有根所形成的域 $K(\alpha_1, \alpha_2, \alpha_3, \cdots, \alpha_m)$ 是非常重要的域。"米尔嘉说，"这是为什么呢？"

尤里与泰朵拉摇头。

"因为域 $K(\alpha_1, \alpha_2, \alpha_3, \cdots, \alpha_m)$ 能把 $f(x)$ 因式分解成一次式的积。"我回答米尔嘉，"若最高次项的系数是 1，就是下面这样。"

$$f(x) = (x-\alpha_1)(x-\alpha_2)(x-\alpha_3)\cdots(x-\alpha_m)$$

"没错，域 $K(\alpha_1, \alpha_2, \alpha_3, \cdots, \alpha_m)$ 是多项式 $f(x)$ 的**最小分裂域**。"

"啊，没错。"泰朵拉说。

米尔嘉继续说："根据 $K(\alpha_1, \alpha_2, \alpha_3, \cdots, \alpha_m) = K(V)$，最小分裂域可以通过把只有一个元素的 V 添加到域 K 中形成。"

"原来如此，所以必须注意 $K(V)$。"泰朵拉点头，"虽然我还没有完全弄明白，但已经大致理解了。"

"关于接下来的引理 4，我们要思考与 V 共轭的数。"米尔嘉说。

"顺着路线走。"理纱带领我们到下一个房间。

10.3.4 引理 4（ V 的共轭 ）

引理 1 → 引理 2 → 引理 3 → 引理4 → 定理 1 → 定理 2 → 定理 3 → 定理 4 → 定理 5

"前提与引理 1 至引理 3 相同。"米尔嘉说。

- $f(x)$ 是在域 K 的范围内没有重根的多项式
- $\alpha_1, \alpha_2, \alpha_3, \cdots, \alpha_m$ 是多项式 $f(x)$ 的根（方程 $f(x) = 0$ 的解）
- V 是用根 $\alpha_1, \alpha_2, \alpha_3, \cdots, \alpha_m$ 得出的在 K 的范围内的有理式，根据根的排列顺序，值有所不同（引理 2 ）

- $\varphi_1(x), \varphi_2(x), \varphi_3(x), \cdots, \varphi_m(x)$ 是在 K 的范围内的有理函数，$\alpha_k = \varphi_k(V)$ 成立（引理 3）

引理 4（ V 的共轭）

　　在域 K 的范围内创建一个以 V 为根的最小多项式 $f_V(x)$，设 $f_V(x)$ 的根是 $V_1, V_2, V_3, \cdots, V_n$。

　　此时，

$$\varphi_1(V_k), \quad \varphi_2(V_k), \quad \varphi_3(V_k), \quad \cdots, \quad \varphi_m(V_k)$$

是多项式 $f(x)$ 的根的排列顺序（ $k=1, 2, 3, \cdots, n$ ）。

　　"米尔嘉大人……"尤里的声音很小，"字母太多我看不懂。"

　　"没关系！"泰朵拉鼓励她，"耐心地反复读吧！"

　　"创建一个以 V 为根的最小多项式 $f_V(x)$。"米尔嘉说，"现在我们关注的是相当于最小分裂域的域 $K(V)$，所以要关注添加元素 V，也要关注与 V 共轭的元素。"

　　" $V_1, V_2, V_3, \cdots, V_n$ 和 V 共轭。"我说。

　　"对。"米尔嘉说，" $f_V(x)$ 是

$$f_V(x) = (x - V_1)(x - V_2)(x - V_3) \cdots (x - V_n)$$

这种形式。把这个式子展开后，系数全是 K 的元素。"

　　"原来是因为 $f_V(x)$ 是 K 范围内的多项式啊。"我说。

　　"因为 $V_1, V_2, V_3, \cdots, V_n$ 是 $f_V(x)$ 的根，所以其中有一个根等于 V。假设 $V = V_1$，根据引理 3，

$$\alpha_1 = \varphi_1(V_1), \quad \alpha_2 = \varphi_2(V_1), \quad \alpha_3 = \varphi_3(V_1), \quad \cdots, \quad \alpha_m = \varphi_m(V_1)$$

成立。也就是说，可以用 $f_V(x)$ 的根来表示 $f(x)$ 的根。"

"我有点懂了。"泰朵拉说。

米尔嘉继续说:"引理 4 主张即使用 $V_1, V_2, V_3, \cdots, V_n$ 中的任何一个根来取代 V,都能得出 $f(x)$ 的根 $\alpha_1, \alpha_2, \alpha_3, \cdots, \alpha_m$。也就是说,与 V 共轭的数代替了 V。"

"有这么方便吗?"泰朵拉提出疑问。

"先用前面泰朵拉举的例子来确认吧。"我提议,"设 $V = 2i$。在 $\mathbb{Q}$ 的范围内有 V 这个根的最小多项式是 $x^2 + 4$。$x^2 + 4$ 的 2 个根是 $V_1 = 2i$ 和 $V_2 = -2i$。我们只需对 $\varphi_1(x) = \frac{x}{2}$ 和 $\varphi_2(x) = -\frac{x}{2}$ 使用 $x = V_1$ 与 $x = V_2$,看看会不会出现 $f(x)$ 的根。"

- 当 $x = V_1$ 时,$\varphi_1(V_1) = \frac{2i}{2} = i$,$\varphi_2(V_1) = -\frac{2i}{2} = -i$,确实会出现 $f(x) = x^2 + 1$ 的根。不过,因为 $V = V_1$,所以出现这样的结果也是理所应当的

- 当 $x = V_2$ 时,$\varphi_1(V_2) = \frac{-2i}{2} = -i$,$\varphi_2(V_2) = -\frac{-2i}{2} = i$,也会出现 $f(x) = x^2 + 1$ 的根。引理 4 得到确认

"啊,我有点懂了。"泰朵拉说,"举例很重要。"

"仔细看刚才的例子吧。"米尔嘉说,"使用了 V_1 的 i 和 $-i$ 是 $\underline{\alpha_1, \alpha_2}$ 的排列顺序;使用了 V_2 的 i 和 $-i$ 是 $\underline{\alpha_2, \alpha_1}$ 的排列顺序,α_1 和 α_2 的排列顺序发生了置换。一般来说,只要使用 $V_1, V_2, V_3, \cdots, V_n$,便可以得到 n 组的根的排列方式。"

使用 V_1,根的排列顺序是 $\varphi_1(V_1), \varphi_2(V_1), \varphi_3(V_1), \cdots, \varphi_m(V_1)$

使用 V_2,根的排列顺序是 $\varphi_1(V_2), \varphi_2(V_2), \varphi_3(V_2), \cdots, \varphi_m(V_2)$

使用 V_3,根的排列顺序是 $\varphi_1(V_3), \varphi_2(V_3), \varphi_3(V_3), \cdots, \varphi_m(V_3)$

……

使用 V_n,根的排列顺序是 $\varphi_1(V_n), \varphi_2(V_n), \varphi_3(V_n), \cdots, \varphi_m(V_n)$

◎　◎　◎

"好复杂!"尤里说。

"伽罗瓦到底想用这个做什么?"泰朵拉说。

"伽罗瓦用 V 的共轭元素得出根的排列集合,想以此得到置换群。使用 V 的共轭元素,得到置换群的元素(各个置换)。"米尔嘉说,"看泰朵拉举的例子就能明白了。"

- 使用 V_1,根的排列顺序就是 α_1, α_2(对应于置换 [12])
- 使用 V_2,根的排列顺序就是 α_2, α_1(对应于置换 [21])

"好。到这里 4 个引理就全部介绍完毕了,我们朝着第一论文的定理 1 前进。"

"顺着路线走。"理纱正要带领我们到下一个房间⋯⋯

"理纱,等等。"米尔嘉说,"我们来回顾一下第一论文的主题吧。尤里,你还记得在这篇第一论文中,伽罗瓦想提出什么吗?"

"这个嘛。"尤里想了想,"能够解方程的条件。"

"对。准确来说是能够以代数的方式解方程的充分必要条件。"

"是的。"尤里点头。

"我们做了怎样的准备?"米尔嘉指我。

"可约、既约、置换群。"我回答,"类似于质数的既约多项式、用根得出置换后会改变值的 V、用 V 表示根、添加 V 能得到最小分裂域、以共轭的元素替代 V 来置换根⋯⋯"

"伽罗瓦是用这些来攻克方程的吧。"泰朵拉说。

"对。可是伽罗瓦并没有直接对方程发起进攻。"

"没有直接发起进攻?"泰朵拉侧首不解。

"伽罗瓦引入了'方程的伽罗瓦群'这一概念。"

米尔嘉用手指碰眼镜，一字一句慢慢地说：

"到这里能懂吗？理解这些非常重要。读伽罗瓦第一论文的人，对于能够解方程的充分必要条件有什么期待呢？"

没有人回答。

"大概会期待得到'以方程的系数组成的能判定可解性的式子'吧，就像方程的判别式那样。可是，伽罗瓦第一论文中并没出现那样的式子。不仅如此，他没有用系数，而是用解来判定可解性。审查者泊松也对此感到困惑。**伽罗瓦把能够以代数方式解方程的充分必要条件写成'方程的伽罗瓦群'**。"

"方程的伽罗瓦群……这个很重要吧？"泰朵拉说。

"对，定理1定义了'方程的伽罗瓦群'。"

"顺着路线走。"理纱带领我们到下一个房间。

10.4　定理

10.4.1　定理1（"方程的伽罗瓦群"的定义）

引理 1 → 引理 2 → 引理 3 → 引理 4 → 定理1 → 定理 2 → 定理 3 → 定理 4 → 定理 5

定理 1 陈述了"方程的伽罗瓦群"的定义。

我们想知道方程要在怎样的情况下才能用代数方式解开。伽罗瓦没有直接研究方程，也就是没有直接研究系数，而是先求"方程的伽罗瓦群"，再通过它研究方程。伽罗瓦把它称为"方程的群"，现在我们将其称为"方程的伽罗瓦群"。

我们现在开始要看的定理 1 是为了方程的伽罗瓦群而存在的定理，它的重点是方程的伽罗瓦群的定义。

定理的前提和之前一样：给定一个没有重根的多项式 $f(x)$，考虑方程 $f(x) = 0$，$f(x)$ 的根用 $\alpha_1, \alpha_2, \alpha_3, \cdots, \alpha_m$ 表示。

在定理 1 中，伽罗瓦关注的是"用根得出的有理式"。

- **这个有理式的值是已知的吗**
- **置换根的时候，这个有理式的值是不变的吗**

伽罗瓦关注这两点，定义"方程的伽罗瓦群"，然后试着具体构成这个"方程的伽罗瓦群"。

定理 1（"方程的伽罗瓦群"的定义）

用域 K 范围内的多项式 $f(x)$ 的根制作有理式 r 并注意其值。如果 r 的值属于域 K，r 的值就是**已知**的 $(r \in K)$。

在根的置换 σ 中，如果 r 的值不发生改变，r 的值就是**不变**的 $(\sigma(r) = r)$。

此时，对所有 r 而言，存在满足性质 1 与性质 2 的某个置换群 G。

性质 1（如果不变则已知）

有理式 r 的值如果在置换群 G 的所有置换中维持不变，则有理式 r 的值为已知。

性质 2（如果已知则不变）

有理式 r 的值如果是已知的，则有理式 r 的值在置换群 G 的所有置换中维持不变。

这个置换群 G 是域 K 范围内的方程 $f(x) = 0$ 的**伽罗瓦群**。

"我不懂……"泰朵拉忽然说，"方程、多项式、有理式、置换群、已知、不变……我觉得这些我都懂，但是这个定理 1 的主张我完全不能理解。"

"是吗？尤里呢？"米尔嘉问。

"我只懂性质 1 与性质 2。"

"意思是这之后的内容不懂？"米尔嘉表示明白，"你呢？"

"不举例我听不懂。"我说，"有例子的话我好像能懂。"

"举例是理解的试金石。"米尔嘉说。

我们围着海报旁的圆桌坐着。

桌上放着用来计算的文具和一沓纸。

10.4.2　方程 $x^2 - 3x + 2 = 0$ 的伽罗瓦群

"我们来思考方程 $x^2 - 3x + 2 = 0$ 的伽罗瓦群吧。"米尔嘉说，"假设系数域是有理数域。仿照定理 1，思考域 $K = \mathbb{Q}$ 范围内的多项式 $f(x) = x^2 - 3x + 2$。到这里为止可以懂吧？"

我们点头。

"从结论来说，$\mathbb{Q}$ 范围内的方程 $x^2 - 3x + 2 = 0$ 的伽罗瓦群是单位群。也就是说，用单位元素组成的群满足方程的伽罗瓦群的性质。"米尔嘉说。

"为什么？"尤里问。

"我们来确认一下吧。多项式 $x^2 - 3x + 2$ 的根是什么？"米尔嘉说。

"$x^2 - 3x + 2 = (x - 1)(x - 2)$，根是 1 和 2 ！"

"我们把根命名为 $\alpha_1 = 1$ 和 $\alpha_2 = 2$。尤里，性质 1 是什么？"

"是'如果不变则已知'，呃……"

▶ 确认性质 1（如果不变则已知）

有理式 r 的值如果在置换群 G 的所有置换中维持不变，则有理式 r 的值为已知。

"请思考在用单位群 $E_2 = \{[12]\}$ 进行置换的情况下，值不会发生改

变的根为 $\alpha_1 = 1$ 和 $\alpha_2 = 2$ 的有理式。"

米尔嘉指着纸。

"好。"尤里马上看向纸,"用单位群置换根……奇怪?米尔嘉大人,只有'扑通向下'属于单位群!"

"对。"米尔嘉点头,"自己试着举例子便能立刻发现。单位群 E_2 只有单位元素 $[12]$,所以根的排列顺序不变。因此,无论根是什么的有理式,其值都不变。我们试着让置换 $\sigma = [12]$ 作用于 $\alpha_1 - \alpha_2$ 吧。"

$$\sigma(\alpha_1 - \alpha_2) = [12](\alpha_1 - \alpha_2) = \alpha_1 - \alpha_2$$

"嗯!不变!"尤里说,"$\alpha_1 - \alpha_2 = 1 - 2 = -1$,$\sigma(\alpha_1 - \alpha_2) = \alpha_1 - \alpha_2 = 1 - 2 = -1$,所以值还是 -1!"

"性质 1'如果不变则已知'对于 E_2 也成立吗?"米尔嘉问。

"已知是指什么来着?"尤里说。

"我们已假设系数域是 $\mathbb{Q}$,所以如果值是有理数则为已知。"

"根的有理式是使用了 1 与 2 的有理式,也就是说,值是有理数。"尤里思考,"对,是已知的!性质 1 对于 E_2 也成立!"

"没错。"米尔嘉点头,"尤里,接着读性质 2。"

▶ 确认性质 2(如果已知则不变)

有理式 r 的值如果是已知的,则有理式 r 的值在置换群 G 的所有置换中维持不变。

"这次是如果已知则不变。呃……还是用 E_2 来思考吧。"尤里说,"如果 1 与 2 的有理式是已知的,也就是说,如果它的值是有理数,那么 1 与 2 的有理式的值一定是有理数。关于用 E_2 置换根,因为是'扑通向下',所以 1 与 2 的有理式的值不会置换,单位群 E_2 永远不变。因此,性质 2 对于 E_2 成立!"

"完成确认。"米尔嘉说,"因为性质 1 与性质 2 成立,所以单位群 E_2 是 $\mathbb{Q}$ 范围内的方程 $x^2 - 3x + 2 = 0$ 的伽罗瓦群。"

"米尔嘉,这不是理所当然的吗?"我插话,"无论是怎样的有理式,既然根是有理数,它的值就是已知的,而单位群不会置换根,所以有理式当然不变。"

"你指出了我们要实现的目标。"米尔嘉说,"'根是有理数'与'单位群不会置换根'是我们的目标。"

"目标?"我说。

"'根是已知的'表示'根属于系数域',而'根属于系数域'表示'根可以用系数的加减乘除运算来表示'。这时,方程能用代数的方式解开。如果方程的伽罗瓦群是单位群,方程就能以代数的方式解开。我们先把这一点记在心里吧。"

我默默地听着米尔嘉说话。

"方程 $x^2 - 3x + 2 = 0$ 的伽罗瓦群是单位群 E_2,这是伽罗瓦群最简单的例子。以域的用语来说,就是'因为根属于系数域,所以很简单';以群的用语来说,就是'因为是不会置换根的群,所以很简单'。我们接着来思考伽罗瓦群最复杂的例子吧。"

"最复杂的伽罗瓦群是什么?"泰朵拉问。

"是拥有所有根的置换的群,也就是对称群。若方程有 m 个根,此方程最复杂的伽罗瓦群就是对称群 S_m。我们来看看这个例子。"

10.4.3　方程 $ax^2 + bx + c = 0$ 的伽罗瓦群

"二次方程的一般形式 $ax^2 + bx + c = 0$ 的伽罗瓦群是对称群 S_2。"

"二次方程的一般形式是什么?"泰朵拉举手。

"指系数不是用数,而是用符号来表示的二次方程。我们一般会把二次方程写成 $ax^2 + bx + c = 0$。这时,系数 a、b、c 通常代表数,但我们可以试着直接把它们当成符号。a、b、c 虽然可以形成 $2a$ 或 $b^2 - 4ac$ 这种与其他数进行四则运算的形式，但符号可以一直以符号的形式保留。例如，求根公式 $\frac{-b\pm\sqrt{b^2-4ac}}{2a}$ 中就直接放入了符号 a、b、c。这时，我们可以将系数域当作在有理数域 $\mathbb{Q}$ 中添加了符号 a、b、c 的域，即 $\mathbb{Q}(a,b,c)$ 这个系数域。"

"$\mathbb{Q}(a,b,c)$ 好像葡萄干面包。"泰朵拉说，"就像在 $\mathbb{Q}$ 这种面包里加入了葡萄干 a、b、c。即使乱揉面包，葡萄干还是会留在面包里。"

"这个比喻很有趣。"米尔嘉笑着说，"a、b、c 是符号，在计算时互不相关。在系数域中拥有葡萄干面包的二次方程是二次方程的一般形式。"

"我懂了。"泰朵拉说。

"二次方程的一般形式 $ax^2 + bx + c = 0$ 的解，可以用求根公式写成

$$\alpha_1 = \frac{-b + \sqrt{b^2 - 4ac}}{2a}, \ \alpha_2 = \frac{-b - \sqrt{b^2 - 4ac}}{2a}$$

二次方程的一般形式 $ax^2 + bx + c = 0$ 的伽罗瓦群是对称群 S_2。用尤里的写法来表示就是

$$S_2 = \{[1\,2], [2\,1]\}$$

我们来确认一下 S_2 是否为二次方程的一般形式的伽罗瓦群吧。只要确认性质1和性质2即可。"

▶ **确认性质 1（如果不变则已知）**

性质 1 是如果不变则已知。置换根后值不变的有理式，若不置换根，有理式的值当然不变，所以只要用 S_2 的元素 $[2\,1]$ 来思考不变的有理式即可。用 $[2\,1]$ 置换两个根而值不变的有理式，应该是两个根的对称多项式。对称多项式可以用基本对称多项式来表示，所以要调查基本对称多项式的和与积是否是已知的。我们只要利用根与系数的关系即可。

（和）$\alpha_1 + \alpha_2 = -\frac{b}{a}$ 因为属于系数域 $\mathbb{Q}(a,b,c)$，所以是已知的。

（积）$\alpha_1\alpha_2 = \frac{c}{a}$ 因为属于系数域 $\mathbb{Q}(a,b,c)$，所以是已知的。

对称多项式可以用基本对称多项式来表示，因为基本对称多项式是已知的，所以对称多项式也是已知的。

因此，S_2 满足性质 1。

▶ 确认性质 2（如果已知则不变）

性质 2 是如果已知则不变。用 α_1 和 α_2 创建的有理式 r 的值是已知的表示 r 的值属于系数域 $\mathbb{Q}(a,b,c)$。根据根与系数的关系，r 可以说是"能用 α_1 和 α_2 的基本对称多项式表示的有理式"。也就是说，r 是"α_1 和 α_2 的对称多项式"，即使用 [21] 置换 α_1 和 α_2，r 的值依旧不变。当然，用 [12] 置换也不变。

因此，S_2 满足性质 2。

根据上述内容，我们知道 S_2 是伽罗瓦群。

◎　◎　◎

"我不懂喵！"尤里说，"我已经对定理 1 投降了。"

"定理 1 的重点用一句话表示就是存在方程的伽罗瓦群。"米尔嘉说，"那么方程的伽罗瓦群是怎样的群？"

"啊，这是伽罗瓦群的定义！对，刚才做过！是满足性质 1 和性质 2 的群！"

"没错。"

"我还没和伽罗瓦群成为朋友……"泰朵拉说。

"嗯。我们从其他角度来看吧。"米尔嘉说，"二次方程的解可以用判别式 $D = b^2 - 4ac$ 来分类。"

"没错。"泰朵拉说。

"当系数域为 K 时，解属于扩域 $K(\sqrt{D})$。因为系数与 $\sqrt{D}$ 的四则运算能表示解。"

"我明白。这是二次方程的求根公式吧。"

"没错。我们来对比系数域 K 与扩域 $K(\sqrt{D})$，看看解属于哪个域吧。"

- 当解不属于系数域 K 时，伽罗瓦群不是单位群。而且，添加 $\sqrt{D}$ 后，域会发生扩张

- 当解属于系数域 K 时，伽罗瓦群是单位群。而且，添加 $\sqrt{D}$ 后，域不会发生扩张

"啊……"泰朵拉缓缓点头。

"我们关心的是方程能不能以代数方式解开。这与方程的解属于什么域有关。'解属于什么域'相当于'方程的伽罗瓦群是什么样的群'。这是思考伽罗瓦群的意义。"

"我有点懂了。"泰朵拉说，"但是'方程的伽罗瓦群'是一个很重要的概念。我想再多了解一些，特别是性质 1 与性质 2！"

泰朵拉真有耐心啊。

"嗯。"米尔嘉把眼睛闭上几秒钟后说，"我们来谈一谈'方程的伽罗瓦群'的两个性质是如何体现方程的本质的。不过，我只会从直观的角度来讲解。"

◎　　◎　　◎

假设域 $K = \mathbb{Q}(a, b, c)$ 范围内的方程 $ax^2 + bx + c = 0$ 的伽罗瓦群为 G，G 的一个元素为 $\sigma (\sigma \in G)$。于是，以下式子成立。

$$\sigma(a) = a, \quad \sigma(b) = b, \quad \sigma(c) = c$$

因为 $K = \mathbb{Q}(a, b, c)$，所以 a、b、c 都是已知的。根据性质 2，属于伽罗

瓦群的置换 σ 会让 a、b、c 保持不变。

此外，如果把 $ax^2 + bx + c$ 的根设为 α_1 和 α_2，则以下式子成立。

$$a\alpha_1^2 + b\alpha_1 + c = 0$$

试着在等号两边让 σ 起作用。

$$\sigma(a\alpha_1^2 + b\alpha_1 + c) = \sigma(0)$$

因为 σ 使系数保持不变，所以我们稍微思考一下便会明白以下式子成立。

$$a\sigma(\alpha_1^2) + b\sigma(\alpha_1) + c = 0$$

我们也能因此明白 $\sigma(\alpha_1^2) = \sigma(\alpha_1\alpha_1) = \sigma(\alpha_1)\sigma(\alpha_1) = \sigma(\alpha_1)^2$。

$$a\sigma(\alpha_1)^2 + b\sigma(\alpha_1) + c = 0$$

任意根的有理式可以实现相同的内容。比如下面这个式子。

$$\sigma\left(\frac{a\alpha_1 + b\alpha_2\alpha_1}{c\alpha_1^2\alpha_2}\right) = \frac{a\sigma(\alpha_1) + b\sigma(\alpha_2)\sigma(\alpha_1)}{c\sigma(\alpha_1)^2\sigma(\alpha_2)}$$

因为伽罗瓦群拥有"如果已知则不变"与"如果不变则已知"的性质，所以当置换 σ 是伽罗瓦群的元素并作用于根的有理式时，σ 能顺利进入有理式的内部，显示哪个根与哪个根是可以置换的。伽罗瓦群拥有这些信息。方程的伽罗瓦群用于告诉我们"方程的形式"。

再进一步研究的话，就会和"将伽罗瓦群定义为域的自同构群"这一阿廷 [1] 的构思连接起来。阿廷使用线性空间重新整理了伽罗瓦理论。

◎　◎　◎

---

[1] 奥地利数学家。——编者注

"啊!"泰朵拉拍手大叫,"我想起来了!尤里谈到 S_3 的时候,我看出了正三角形的形状,和这个很像!通过转动或翻转可以看出正三角形的形状。同样,伽罗瓦群通过表示哪个根与哪个根可以置换来描绘出方程的形式!"

"没错。"米尔嘉说。

"伽罗瓦群体现了方程的解的相互关系。关于这一点,我明白一些。"泰朵拉表情畅快地说,"我们该如何找出方程的伽罗瓦群呢?"

"去问伽罗瓦吧。伽罗瓦在第一论文中写了伽罗瓦群的做法。"

10.4.4 伽罗瓦群的制作方法

伽罗瓦在第一论文中写了伽罗瓦群的制作方法。

假设 $f(x)$ 是在 K 的范围内没有重根的多项式,$f(x)$ 的根是 $\alpha_1, \alpha_2, \alpha_3, \cdots, \alpha_m$。用这个根构成 V(引理 2)。

接着,重新思考在 K 的范围内根为 V 的最小多项式,假设这个多项式为 $f_V(x)$。假设 $f_V(x)$ 的根为 $V_1, V_2, V_3, \cdots, V_n$。注意不要混淆 $f(x)$ 与 $f_V(x)$ 这两个多项式。

$f(\mathrm{x})$	在 K 的范围内没有重根的多项式,根是 $\alpha_1, \alpha_2, \alpha_3, \cdots, \alpha_m$
$f_V(x)$	在 K 的范围内的最小多项式,根是 $V_1, V_2, V_3, \cdots, V_n$ ($V = V_1$)

接着,$\alpha_1, \alpha_2, \alpha_3, \cdots, \alpha_m$ 可以用 V 来表示(引理 3)。

$$\alpha_1 = \varphi_1(V), \alpha_2 = \varphi_2(V), \alpha_3 = \varphi_3(V), \cdots, \alpha_m = \varphi_m(V)$$

而且,V 变为 $V_1, V_2, V_3, \cdots, V_n$ 后,可以形成 n 组的根的排列(引理 4)。

使用 V_1,根的排列顺序是 $\varphi_1(V_1), \varphi_2(V_1), \varphi_3(V_1), \cdots, \varphi_m(V_1)$

使用 V_2，根的排列顺序是 $\varphi_1(V_2), \varphi_2(V_2), \varphi_3(V_2), \cdots, \varphi_m(V_2)$

使用 V_3，根的排列顺序是 $\varphi_1(V_3), \varphi_2(V_3), \varphi_3(V_3), \cdots, \varphi_m(V_3)$

……

使用 V_n，根的排列顺序是 $\varphi_1(V_n), \varphi_2(V_n), \varphi_3(V_n), \cdots, \varphi_m(V_n)$

假设产生这个 n 组排列顺序的置换群为 G，这个 G 是在 K 的范围内的方程 $f(x) = 0$ 的伽罗瓦群。也就是说，按照 $f(x)$ 的根构成的 V 的共轭元素来排列根，产生一定排列顺序的置换群就是伽罗瓦群。

我们来确认 G 是否拥有伽罗瓦群的两个性质吧。

▶ 确认性质 1（如果不变则已知）

用上述置换群 G 把值不变的有理式设为 $F(\alpha_1, \alpha_2, \alpha_3, \cdots, \alpha_m)$ 后，这个有理式就等于 $F(\varphi_1(V), \varphi_2(V), \varphi_3(V), \cdots, \varphi_m(V))$，因为 $\alpha_k = \varphi_k(V)$。V 支配这个有理式，我们来重新定义有理式 $F'(V)$ 吧。

$$F'(V) = F(\varphi_1(V), \varphi_2(V), \varphi_3(V), \cdots, \varphi_m(V))$$

因为有理式 $F(\alpha_1, \alpha_2, \alpha_3, \cdots, \alpha_m)$ 的值不变，所以不管用 $V_1, V_2, V_3, \cdots, V_n$ 中的哪一个代入 V，有理式 $F'(V)$ 的值都一样。

$$F'(V) = F'(V_1) = F'(V_2) = F'(V_3) = \cdots = F'(V_n)$$

从这里开始，$F'(V)$ 就可以用 $V_1, V_2, V_3, \cdots, V_n$ 来表示了。

$$F'(V) = \frac{1}{n}\Big(F'(V_1) + F'(V_2) + F'(V_3) + \cdots + F'(V_n)\Big)$$

$F'(V)$ 成了 $V_1, V_2, V_3, \cdots, V_n$ 的对称多项式，所以我们只要确认 $V_1, V_2, V_3, \cdots, V_n$ 的基本对称多项式是已知的即可。

$V_1, V_2, V_3, \cdots, V_n$ 是最小多项式 $f_V(x)$ 的根，因此以下式子成立。

$$f_V(x) = (x - V_1)(x - V_2)(x - V_3) \cdots (x - V_n)$$

展开这个式子后，系数是关于 $V_1, V_2, V_3, \cdots, V_n$ 的基本对称多项式，而且 $f_V(x)$ 是 K 范围内的多项式，所以系数是 K 的元素。因此，$V_1, V_2,$ $V_3, \cdots, V_n$ 的基本对称多项式属于 K。也就是说，值是已知的。

综上所述，$F'(V)$ 的值是已知的，所以我们可以说 $F(\alpha_1, \alpha_2, \alpha_3, \cdots, \alpha_m)$ 的值是已知的。

由此可知，性质 1 成立。

▶ 确认性质 2（如果已知则不变）

反之，假设有理式 $F(\alpha_1, \alpha_2, \alpha_3, \cdots, \alpha_m)$ 的值是已知的（也就是 K 的元素）。把这个值设为 $R(R \in K)$。假设 $F'(V)$ 为以下形式。

$$F'(V) = F(\varphi_1(V), \varphi_2(V), \varphi_3(V), \cdots, \varphi_m(V)) - R$$

因为 $F'(V) = 0$，所以有理函数 $F'(x)$ 有 V 这个根。消去方程 $F'(x) = 0$ 的分母，让左边变成多项式，再把这个多项式设为 $F''(x)$。于是 V 也变成了 $F''(x)$ 的根。

多项式 $F''(x)$ 与最小多项式 $f_V(x)$ 共同拥有根 V。因为最小多项式是既约多项式，所以 $F''(x)$ 拥有 $f_V(x)$ 的所有的根 $V_1, V_2, V_3, \cdots, V_n$（引理 1）。

因此，以下式子成立。

$$F''(V) = F''(V_1) = F''(V_2) = F''(V_3) = \cdots = F''(V_n) = 0$$

用 $V_1, V_2, V_3, \cdots, V_n$ 产生的排列形成置换群 G，所以上面的式子表示 $F''(V)$ 若是置换群 G，值则恒等于 0。因此，$F'(V)$ 的值在置换群 G 中维持不变（值为 0），$F(\alpha_1, \alpha_2, \alpha_3, \cdots, \alpha_m)$ 的值在置换群 G 中维持不变（值为 R）。

由此可知，性质 2 成立。

综上所述，置换群 G 是伽罗瓦群。

◎　　◎　　◎

"用 V 的共轭元素 $V_1, V_2, V_3, \cdots, V_n$ 制作伽罗瓦群……" 我说，"也就是说，一个个共轭元素可以构成置换群的元素。用既约多项式 $f_V(x)$ 这个轭进行连接就是指创造伽罗瓦群 G 的结构吗？"

"嗯，可以这么说。"米尔嘉说。

"米尔嘉大人，好难啊。"尤里说。

"米尔嘉学姐，用这个方法可以做出伽罗瓦群吧？"泰朵拉说。

"对。"黑发才女回答，"我们来实际制作一个简单的伽罗瓦群吧。"

10.4.5　方程 $x^3 - 2x = 0$ 的伽罗瓦群

我们来实际制作一个简单的伽罗瓦群吧。

假设 $K = \mathbb{Q}$，$m = 3$。

假设 $f(x) = x^3 - 2x$ 是在 $\mathbb{Q}$ 的范围内没有重根的多项式。

$f(x)$ 的根马上能求出来。将 $f(x)$ 因式分解，式子会变成

$$x^3 - 2x = x(x - \sqrt{2})(x + \sqrt{2})$$

再将根设为 α_1、α_2、α_3，则以下式子成立。

$$\alpha_1 = 0, \quad \alpha_2 = +\sqrt{2}, \quad \alpha_3 = -\sqrt{2}$$

接着，用根构成 V（引理 2）。用 3 个根的置换构成值不同的 V。除了可以用有理式 $\varphi(x_1, x_2, x_3)$，还可以用其他方法。

$$\varphi(x_1, x_2, x_3) = 1x_1 + 2x_2 + 4x_3$$

为了强调系数，我们把 x_1 写成 $1x_1$。

我们来确认一下将 α_1、α_2、α_3 的 6 种置换代入 $\varphi(x_1, x_2, x_3)$ 所得到的有理式的值是否都不同。将 6 个值分别设为 V_1、V_2、V_3、V_4、V_5、V_6，就能像下面这样进行计算了。由此可知，6 个值的确不同。

$$V_1 = \varphi(\alpha_1, \alpha_2, \alpha_3) = 1\alpha_1 + 2\alpha_2 + 4\alpha_3 = 0 + 2\sqrt{2} - 4\sqrt{2} = -2\sqrt{2}$$

$$V_2 = \varphi(\alpha_1, \alpha_3, \alpha_2) = 1\alpha_1 + 2\alpha_3 + 4\alpha_2 = 0 - 2\sqrt{2} + 4\sqrt{2} = +2\sqrt{2}$$

$$V_3 = \varphi(\alpha_2, \alpha_1, \alpha_3) = 1\alpha_2 + 2\alpha_1 + 4\alpha_3 = +\sqrt{2} + 0 - 4\sqrt{2} = -3\sqrt{2}$$

$$V_4 = \varphi(\alpha_2, \alpha_3, \alpha_1) = 1\alpha_2 + 2\alpha_3 + 4\alpha_1 = +\sqrt{2} - 2\sqrt{2} + 0 = -\sqrt{2}$$

$$V_5 = \varphi(\alpha_3, \alpha_1, \alpha_2) = 1\alpha_3 + 2\alpha_1 + 4\alpha_2 = -\sqrt{2} + 0 + 4\sqrt{2} = +3\sqrt{2}$$

$$V_6 = \varphi(\alpha_3, \alpha_2, \alpha_1) = 1\alpha_3 + 2\alpha_2 + 4\alpha_1 = -\sqrt{2} + 2\sqrt{2} + 0 = +\sqrt{2}$$

接着，重新思考在 K 的范围内根为 V 的最小多项式，假设这个多项式为 $f_V(x)$。V_1、V_2、V_3、V_4、V_5、V_6 中的任意一个值都可以当作 V。这里我们使用 $V = V_1 = -2\sqrt{2}$。也就是说，求在 $\mathbb{Q}$ 的范围内有 $-2\sqrt{2}$ 这个根的最小多项式 $f_V(x)$。这并不难。我们只要求出在拥有 $-2\sqrt{2}$ 这个根的 $\mathbb{Q}$ 系数多项式中，次数最低、最高次项系数是 1 的多项式即可。接着使用 V_1 和 V_2 进行以下运算。

$$\begin{aligned} f_V(x) &= (x - V_1)(x - V_2) \\ &= \big(x - (-2\sqrt{2})\big)\big(x - (+2\sqrt{2})\big) \\ &= x^2 - 8 \end{aligned}$$

关于在 $\mathbb{Q}$ 范围内的多项式 $x^2 - 8$，以下内容成立。

- 在 $\mathbb{Q}$ 的范围内是既约的
- 是拥有 $V_1 = -2\sqrt{2}$ 这个根的最低次数的多项式
- 最高次项的系数是 1

因此，

$$f_V(x) = x^2 - 8$$

是 $V_1 = -2\sqrt{2}$ 的最小多项式。在伽罗瓦使用的方法中，n 是 $f_V(x)$ 的次数，也就是 2（$n = 2$）。

α_1、α_2、α_3 可以用 V 来表示（引理 3）。此时，将使用的有理函数分别设为 $\varphi_1(x)$、$\varphi_2(x)$、$\varphi_3(x)$，$\varphi_1(x)$、$\varphi_2(x)$、$\varphi_3(x)$ 就可以写成以下形式。

$$\varphi_1(x) = 0, \quad \varphi_2(x) = -\frac{x}{2}, \quad \varphi_3(x) = \frac{x}{2}$$

我们来验算当 $x = V_1$ 时是否可以得到根 α_1、α_2、α_3 吧。

$$\alpha_1 = \varphi_1(V_1) = 0, \quad \alpha_2 = \varphi_2(V_1) = +\sqrt{2}, \quad \alpha_3 = \varphi_3(V_1) = -\sqrt{2}$$

如上所示，确实可以。把 V_1 与 V_2 代到 x 中，得到 2 组根的排列（引理 4）。这些排列顺序会变成伽罗瓦群。

使用 V_1，根的排列顺序是 $\varphi_1(V_1), \varphi_2(V_1), \varphi_3(V_1)$，
也就是 0、$\sqrt{2}$、$-\sqrt{2}$，即排列顺序为 $\alpha_1, \alpha_2, \alpha_3$。
使用 V_2，根的排列顺序是 $\varphi_1(V_2), \varphi_2(V_2), \varphi_3(V_2)$，
也就是 0、$-\sqrt{2}$、$\sqrt{2}$，即排列顺序为 $\alpha_1, \alpha_3, \alpha_2$。

根据 $\alpha_1, \alpha_2, \alpha_3$ 与 $\alpha_1, \alpha_3, \alpha_2$ 这两种排列顺序，对 $\mathbb{Q}$ 范围内的方程 $x^3 - 2x = 0$ 的伽罗瓦群 G 而言，可得到以下式子。

$$G = \{[123], [132]\}$$

用标准的写法就是下面这样。

$$G = \left\{ \left(\begin{smallmatrix} 1 & 2 & 3 \\ 1 & 2 & 3 \end{smallmatrix} \right), \left(\begin{smallmatrix} 1 & 2 & 3 \\ 1 & 3 & 2 \end{smallmatrix} \right) \right\}$$

换句话说，由"单位元素"与"α_2 和 α_3 的置换"这 2 个元素组成的置换群，是 $\mathbb{Q}$ 范围内的方程 $x^3 - 2x = 0$ 的伽罗瓦群。

◎　　◎　　◎

"这样啊。"我说，"我稍微明白一些什么是方程的伽罗瓦群了。置换群 $G = \{[123], [132]\}$ 是可以在 3 个根中置换 α_2 和 α_3 的置换群。伽罗瓦群 G 知道 $x^3 - 2x = 0$ 这个方程的形式。"

"原来如此！"泰朵拉说。

"什么意思？"尤里问。

我说："当用 α_1、α_2、α_3 得出值是有理数的有理式时，可以置换 $\alpha_2 = +\sqrt{2}$ 与 $\alpha_3 = -\sqrt{2}$。也就是说，即使置换 α_2 与 α_3，有理式的值也不会发生改变。置换群 G 体现的是 'α_2 与 α_3 组成一对' 的信息。"

"虽然有点主观，但这个构思是正确的。"米尔嘉说，"伽罗瓦群可以体现根的对称性。方程 $x^3 - 2x = 0$ 虽然只表现出 α_2 与 α_3 的对称性，但更复杂的方程会体现出更加复杂的对称性。"

"体现根的对称性的伽罗瓦群。"泰朵拉嘀咕。

"体现方程的形式的伽罗瓦群。"尤里嘀咕。

"我们一边往下读第一论文，一边进一步学习伽罗瓦群的性质吧。"米尔嘉说，"只要在系数域中添加元素，对域进行扩张，既约的 $f_V(x)$ 就会变成可约的。若 V 的最小多项式发生变化，伽罗瓦群也会随之发生变化。在定理 2 中我们来思考如何缩小伽罗瓦群吧。"

"顺着路线走。"理纱带领我们到下一个房间。

10.4.6 定理2(缩小"方程的伽罗瓦群")

引理1 → 引理2 → 引理3 → 引理4 → 定理1 → 定理2 → 定理3 → 定理4 → 定理5

我们巡视伽罗瓦节的会场,停在写着定理2的海报前。米尔嘉竖起食指。

"在介绍定理2的内容之前,我们先回顾一下第一论文的主题吧。"

"以代数方式解方程的充分必要条件!"尤里立刻回答。

"没错。"米尔嘉点头,"对于以代数方式解方程,卡尔达诺、拉格朗日和欧拉老师都寻找了辅助方程。通过解辅助方程,添加到系数域中的元素就能求出来。"

"二次方程有辅助方程吗?"尤里问我。

"有啊。"我回答,"我们解过 (某个式子)$^2 = b^2 - 4ac$。"

"对啊!"尤里说,"也就是 (包含 x 的式子)^2 = (不包含 x 的式子)。它是目标形式!"

"为了解开求 $b^2 - 4ac$ 的 2 次方根的辅助方程,把得到的 $\sqrt{b^2 - 4ac}$ 添加到系数域。"米尔嘉说,"这是添加 $\sqrt{判别式}$ 的意思。二次方程可以用 $K(\sqrt{判别式})$ 这个域的四则运算来表示解,这一点从求根公式来看也成立。"

"原来如此。"尤里说。

"如果能以代数方式解开方程,就会存在应该添加的元素。"米尔嘉说,"可是,不能以代数方式解开的方程不存在那样的元素,所以应添加的元素在什么样的情况下存在是一个重要的问题。"

我们点头。

"关于这点,伽罗瓦的构思大放异彩。"米尔嘉继续说,"伽罗瓦注意到在系数域中添加辅助方程的解会使伽罗瓦群产生变化。我们接下来要看的定理2描述了这个变化,即在添加辅助方程的解以扩张系数域时,方程的伽罗瓦群会缩小。"

"添加辅助方程的解以扩张系数域。"我说。

"方程的伽罗瓦群会缩小。"尤里说。

"我不懂缩小的意思。"泰朵拉说,"缩小的群是什么?"

"简而言之,缩小的群就是子群。"米尔嘉回答,"如果系数域扩张后发生变化,已知的值也会发生变化,所以伽罗瓦群也会发生变化。新的伽罗瓦群会成为原伽罗瓦群的子群。"

"啊······ 原来是子群。"泰朵拉说。

"伽罗瓦群是满足性质 1 和性质 2 的群。"米尔嘉说,"有理式的值是否已知取决于有理式的系数是否属于系数域,这是'域的世界'中的概念。有理式的值在置换群的所有置换中是否保持不变则是'群的世界'中的概念。伽罗瓦在定理 1 中提出的两个性质显示了域与群的对应关系。方程的伽罗瓦群把这两个世界连接起来。"

两个世界······ 米尔嘉以前好像说过两个世界连接起来的时候总是感到很开心。

"接下来要讲的定理 2 则显示了域的扩张与群的缩小的对应关系。令人惊讶的是,域的扩张与群的缩小完全对应。域扩张,群就会缩小;群缩小,域就扩张。这种对应关系让我们可以利用'缩小群'的可能性来探索'扩张域'的可能性。我们的目标是调查域扩张到可以包含方程的所有解的可能性。因此,这种对应关系非常宝贵。"

"原来如此。"我说。

"我们再次确认定理 2 的前提吧。"米尔嘉说。

◎　◎　◎

我们再次确认定理 2 的前提吧。

- $f(x)$ 是在域 K 的范围内没有重根的多项式

- $\alpha_1, \alpha_2, \alpha_3, \cdots, \alpha_m$ 是多项式 $f(x)$ 的根 (方程 $f(x) = 0$ 的解)
- $f_V(x)$ 是在 K 的范围内有 V 这个根的最小多项式

此处，我们思考一下在域 K 范围内的既约辅助多项式 $g(x) = 0$。设 $g(x)$ 的根为 $r_1, r_2, r_3, \cdots, r_p$，设 $r = r_1$，然后回答问题：

与<u>域 K 范围内</u>的方程 $f(x) = 0$ 的伽罗瓦群相比，

<u>域 $K(r)$ 范围内</u>的方程 $f(x) = 0$ 的伽罗瓦群有什么不同呢？

域 K 范围内的多项式 $f(x)$ 也可以视为域 $K(r)$ 范围内的多项式。系数域从 K 扩张到 $K(r)$ 表示已知的值发生改变，所以伽罗瓦群或许也会发生改变。

定理 2 回答了这个问题。

定理 2 (缩小方程的伽罗瓦群)

假设对于域 K 范围内的方程 $f(x) = 0$，伽罗瓦群为 G。

假设对于域 $K(r)$ 范围内的方程 $f(x) = 0$，伽罗瓦群为 H。

假设 r 为域 K 范围内的既约辅助方程 $g(x) = 0$ 的一个解，设 $g(x)$ 的根为 $r_1, r_2, r_3, \cdots, r_p$，$r = r_1$。

此时，以下的其中一个条件会成立。

- $G = H$ (伽罗瓦群不因 r 的添加而改变)
- $G \supset H$ (伽罗瓦群会因 r 的添加而缩小成子群)

缩小的时候，群 G 会被子群 H 分割成 p 个陪集。

$$G = \sigma_1 H \cup \sigma_2 H \cup \sigma_3 H \cup \cdots \cup \sigma_p H$$

因为 $\sigma_1, \sigma_2, \sigma_3, \cdots, \sigma_p \in G$，所以令 σ_1 等于单位元素 e。

陪集的个数等于 $g(x)$ 的根的个数。

其实，伽罗瓦在定理 2 中写的是"被分割成 p 个群"。不过，用现在的话来说，"陪集"一词较合适。

$f_V(x)$ 是在 K 的范围内有 V 这个根的最小多项式。如果在 $K(r)$ 的范围内 $f_V(x)$ 是既约的，伽罗瓦群就不会发生变化；如果 $f_V(x)$ 是可约的，$f_V(x)$ 就是同一次数的 p 个因式的积。伽罗瓦并没有写这一点的证明。

$$f_V(x) = f_V'(x, r_1) \times f_V'(x, r_2) \times f_V'(x, r_3) \times \cdots \times f_V'(x, r_p)$$

$f_V'(x, r_k)$ 在 $K(r_k)$ 的范围内是既约的因式。这里我们要注意的是 $f_V'(x, r_1)$。假设 $V_1, V_2, V_3, \cdots, V_q$ 是 $f_V'(x, r_1)$ 的根。也就是说，在 $K(r)$ 的范围内 V 的最小多项式是

$$f_V'(x, r_1) = (x - V_1)(x - V_2)(x - V_3) \cdots (x - V_q)$$

只不过构成 $f_V'(x, r_1)$ 的 V，其共轭的下标要重新注上小的编号。

符号有很多，大家理解起来会不会比较困难？

举例来说，若 $n = 12$，$p = 3$，$q = 4$，$f_V(x)$ 会变成下面这样。

$$f_V(x) = \underbrace{(x - V_1)(x - V_2)(x - V_3)(x - V_4)}_{\text{在 } K(r_1) \text{ 的范围内既约的 } f_V'(x, r_1)}$$

$$\times \underbrace{(x - V_5)(x - V_6)(x - V_7)(x - V_8)}_{\text{在 } K(r_2) \text{ 的范围内既约的 } f_V'(x, r_2)}$$

$$\times \underbrace{(x - V_9)(x - V_{10})(x - V_{11})(x - V_{12})}_{\text{在 } K(r_3) \text{ 的范围内既约的 } f_V'(x, r_3)}$$

在域 K 的范围内，方程的伽罗瓦群 G 由 $V_1, V_2, V_3, \cdots, V_n$ 构成（定理 1）。添加 r 后，在域 $K(r)$ 范围内的方程的伽罗瓦群 H 由 $V_1, V_2, V_3, \cdots, V_q$ 构成。

G 的基数是 n，H 的基数是 q。

以上面的例子来说，用 $V_1, V_2, V_3, \cdots, V_{12}$ 构成的伽罗瓦群 G 在添

加 r 后，会缩小成用 V_1、V_2、V_3、V_4 构成的伽罗瓦群 H，H 是 G 的子群。

10.4.7 伽罗瓦的错误

"其实第一论文的定理 2 有一个小错误。"米尔嘉说。

"错误？"我说。

"伽罗瓦在决斗的前一天还在修改这篇第一论文。而且他把之前在定理 2 中写过的 'p 是质数' 的记述删掉了。这个修改严格来说是错误的，因为陪集的个数有可能不是 p，而是 p 的约数。虽然以方程的可解性为目的，让 p 是质数没有什么关系，但推敲第一论文，伽罗瓦大概发现了放宽 p 是质数这个条件才能进行讨论吧。可是，他没有仔细修改第一论文的时间了，毕竟第二天就要决斗。孤单的夜晚，他在第一论文的空白处潦草写下几句话。"

Il y a quelque chose à compléter dans cette démonstration.

这个证明不够完整。

Je n'ai pas le temps.

我没有时间了。

"我没有时间了……"泰朵拉的声音有些颤抖。

"伽罗瓦发现自己的证明需要补充。"米尔嘉说，"可惜他没有时间了。"

"……"

"进一步说，他的脑中还有很多没写出来的数学研究，然而那些数学研究没有成形的时间了。命运没有给伽罗瓦时间。我觉得很遗憾！"

米尔嘉狠狠地踢了一下墙壁。

我们屏息。

她马上恢复冷静的声调，继续说：

"那天晚上，伽罗瓦写信给好友舍瓦利耶。伽罗瓦在信中说自己的方程论可以写成三篇论文，并简述了一下自己的研究。可是，接下来的研究只能托付给未来的数学家了。"

米尔嘉闭眼片刻，继续说：

"值得庆幸的是，伽罗瓦留下了以代数方式解方程的充分必要条件。第一论文是伽罗瓦理论的第一颗果实。"

我们在沉默中为 20 岁的伽罗瓦哀悼片刻。

"我们回到数学吧。"米尔嘉说，"定理 1 定义了方程的伽罗瓦群，定理 2 谈到了添加一个辅助方程的解 r 后，伽罗瓦群是如何缩小的。通过添加拥有 p 个共轭元素的 r，我们可以得到 $f_V(x)$ 较小的既约因式 $f_V'(x,r)$，将构成伽罗瓦群的 V 的共轭元素个数减为 p 分之一。伽罗瓦群的基数由 n 变成 $q = \frac{n}{p}$。在定理 3 中，伽罗瓦将讨论若在系数域中添加辅助方程的所有的根，伽罗瓦群会变成什么样。而这对添加方根很有用。"

"顺着路线走。"理纱带领我们到下一个房间。

10.4.8 定理 3（添加辅助方程的所有的根）

引理 1 → 引理 2 → 引理 3 → 引理 4 → 定理 1 → 定理 2 → 定理 3 → 定理 4 → 定理 5

"原来如此。"我说，"我们巡视双仓图书馆的房间，看展示的海报，其实就是在浏览伽罗瓦的第一论文吧。"

米尔嘉说："在定理 2 中，我们了解到将既约辅助方程的一个根添加到系数域后，伽罗瓦群会缩小。若添加所有的根到系数域中，会发生什么事呢？定理 3 研究的就是这方面的内容。"

定理 3（添加辅助方程的所有的根）

　　假设对于域 K 范围内的方程 $f(x) = 0$，伽罗瓦群为 G。

　　假设在域 K 范围内 r 的最小多项式 $g(x)$ 的根为 $r_1, r_2, r_3, \cdots, r_p$。

　　若将方程 $f(x) = 0$ 视为域 $K(r_1, r_2, r_3, \cdots, r_p)$ 范围内的方程，方程的伽罗瓦群会缩小成 G 的正规子群 H。

　　"这里，域 K 会扩张成域 $K(r_1, r_2, r_3, \cdots, r_p)$。"米尔嘉说。

　　"嗯？"我灵光一闪，"包含最小多项式所有根的扩域……是正规扩张？"

　　"没错。"米尔嘉点头，"添加最小多项式所有的根后形成的扩域属于正规扩张。"

　　"奇怪，为什么又说到域了，我们本来要谈的不是伽罗瓦群吗？"泰朵拉抱头。

　　"泰朵拉。"米尔嘉说，"现在我们站在连接两个世界的桥梁上，所以既能看见域的世界，又能看见群的世界。定理 3 主张正规扩张与正规子群有对应关系。"

$$K \quad \subset \quad K(r_1, r_2, r_3, \cdots, r_p) \quad K(r_1, r_2, r_3, \cdots, r_p) \text{ 是 } K \text{ 的正规扩张}$$

$$\vdots \qquad \vdots$$

$$G \quad \triangleright \quad H \qquad\qquad\qquad H \text{ 是 } G \text{ 的正规子群}$$

- 定理 2 的主张

　　添加辅助方程的一个根，域会扩张，

　　方程的伽罗瓦群会缩小成子群。

- 定理 3 的主张

　　添加辅助方程的所有根，域会进行正规扩张，

　　方程的伽罗瓦群会缩小成正规子群。

"为什么会有这么完美的对应呢，真不可思议！"

"的确很完美，很不可思议。"米尔嘉说，"不仅仅是正规扩张与正规子群的对应关系，正规扩张形成的扩张次数也相当于正规子群形成的指数，即'域因为正规扩张变大多少'与'除以正规子群后，群会缩小多少'是一致的。若 K 正规扩张后的域是 L，那么正规扩张 L/K 的扩张次数就等于商群 G/H 的基数。也就是说，以下式子成立。

$$[L:K] = (G:H)$$

虽然这种写法是后来的数学家整理而成的，但多亏这种对应关系，我们才得以研究群，探索域的性质。"

"米尔嘉大人……"本来保持沉默的尤里说，"米尔嘉大人所说的内容我还有很多地方不懂。但是，你的意思是研究群比研究域要轻松吗？"

"嗯。"米尔嘉将手指贴在嘴唇上，"未必总是比较轻松，但在方程的可解性方面，研究群比较轻松。"

"为什么？"

"在域的世界思考方程，需要找辅助方程。从无数个候选的辅助方程中找出合适的方程很难，而且这种合适的辅助方程或许根本不存在。"米尔嘉对尤里说，"如果是群的世界，我们只要思考方程的伽罗瓦群就可以了。因为伽罗瓦群是有限基数的置换群，所以正规子群是有限的。从原则上来说，找正规子群比找辅助方程要容易许多。当然，一个不漏地找会耗费许多时间和精力，所以我们需要找一些窍门。"

10.4.9 重复缩小

"我们来归纳一下前面的推演过程吧。"米尔嘉说。

- 想研究域 K 范围内的方程 $f(x) = 0$ 是否能以代数方式解开

- 使用 $f(x)$ 的根 $\alpha_1, \alpha_2, \alpha_3, \cdots, \alpha_m$ 构成 V
- 用 V 来表示根 $\alpha_1, \alpha_2, \alpha_3, \cdots, \alpha_m$
- 思考域 K 范围内有 V 这个根的最小多项式 $f_V(x)$，关注 V 的共轭元素 $V_1, V_2, V_3, \cdots, V_n$
- 思考辅助方程 $g(x) = 0$
- 把 $g(x)$ 的根 $r_1, r_2, r_3, \cdots, r_p$ 添加到域 K 后，$f(x) = 0$ 的伽罗瓦群 G 会缩小成 G 的正规子群
- $f_V(x)$ 在域 $K(r_1, r_2, r_3, \cdots, r_p)$ 的范围内因式分解成相同次数的 p 个既约因式

"这样就到因式分解这一步了！"泰朵拉说。

"不，还没到终点。"米尔嘉说。

"咦？"

"$f_V(x)$ 已经因式分解了，但它未必能因式分解成一次式的积。我们必须重复缩小伽罗瓦群。能否重复缩小群，是方程的代数可解性的判定条件。"米尔嘉说。

"要重复到什么程度？"理纱说。我们对沉默少女的提问很是惊讶。

"单位群。"米尔嘉回答理纱，"看来理纱很在意重复到什么程度呀。伽罗瓦群变成单位群后便可停止重复。单位群是终点。理纱，你知道为什么单位群是终点吗？"

"因为解是已知的。"理纱说。

"没错。"米尔嘉点头，"方程的伽罗瓦群是单位群表示不管怎么置换根，有理式的值都不变，也就是各个 α_k 不变。因为'如果不变则已知'，所以 α_k 是已知的。如果所有的解都是已知的，给定的方程就能以代数的方式解开。也就是说，如果方程的伽罗瓦群是单位群，方程就能以代数方式解开。为了判定方程的可解性，我们求出方程的伽罗瓦群，然后调

查伽罗瓦群能否缩小，缩小后的伽罗瓦群是否可以继续缩小……如此重复下去，直到伽罗瓦群变成单位群。"

"米尔嘉大人，虽然我不懂，但我还是有一个问题想问你。"尤里说，"不是 $f_V(x)$ 因式分解成一次式的积，而是 $f(x)$ 才对吧?"

"都一样。"米尔嘉说，"$f(x)$ 的根可以由 V 构成（引理 3）。因为 $\alpha_k = \varphi_k(V)$，所以如果 V 是已知的，α_k 也是已知的，那么 $f(x)$ 能因式分解成一次式的积。"

"这样啊。米尔嘉大人，尤里好累。"

"再撑一下，我们快到终点了。"米尔嘉说。

"顺着路线走。"理纱带领我们到下一个房间。

10.4.10 定理 4（缩小的伽罗瓦群的性质）

引理 1→引理 2→引理 3→引理 4→定理 1→定理 2→定理 3→ 定理4 →定理 5

> **定理 4（缩小的伽罗瓦群的性质）**
>
> 假设域 $K(\alpha_1, \alpha_2, \alpha_3, \cdots, \alpha_m)$ 的任意元素为 r。
>
> 假设域 K 范围内的方程 $f(x) = 0$ 的伽罗瓦群为 G，域 $K(r)$ 范围内的方程 $f(x) = 0$ 的伽罗瓦群为 H。
>
> 只有让 r 的值不变的置换才能组成伽罗瓦群 H。

"在定理 4 中，根 $\alpha_1, \alpha_2, \alpha_3, \cdots, \alpha_m$ 构成有理式 r。把 r 的根添加到系数域后，伽罗瓦群会缩小，缩小后的伽罗瓦群则变成让有理式 r 的值不变的置换的集合。定理 5 利用定理 4，构成让伽罗瓦群缩小的添加元素。定理 5 是第一论文的高峰——以代数方式解方程的充分必要条件。"

"终于……"泰朵拉说。

"真不容易……"尤里筋疲力尽地说。

"顺着路线走。"理纱带领我们到下一个房间。

10.5　定理5（以代数方式解方程的充分必要条件）

引理 1 → 引理 2 → 引理 3 → 引理 4 → 定理 1 → 定理 2 → 定理 3 → 定理 4 → 定理 5

10.5.1　伽罗瓦提出的问题

"我们抵达第一论文的核心部分。"米尔嘉环视我们，"伽罗瓦提出了下面这个问题。"

> **问题：方程在什么情况下可以用代数方式解开？**

"其实伽罗瓦在第一论文中是这样描述问题的。"

Dans quels cas une équation est-elle soluble par de simples radicaux?

（方程在什么情况下可以用方根解开？）

"如果限定为一次方程到四次方程，我们可以立刻回答伽罗瓦。"

问题：一次方程在什么情况下可以用代数方式解开？

解答：恒可解。

问题：二次方程在什么情况下可以用代数方式解开？

解答：恒可解。

问题：三次方程在什么情况下可以用代数方式解开？

解答：恒可解。

问题：四次方程在什么情况下可以用代数方式解开？

解答：恒可解。

"尤里，为什么可以断定恒可解呢？"米尔嘉问。

"因为有求根公式？"尤里回答。

"没错。一次方程到四次方程存在求根公式。因为存在求根公式，所以我们能立刻回答恒可解。可是——"

米尔嘉继续说：

"可是，鲁菲尼与阿贝尔证明了五次方程的求根公式不存在。给定的五次方程未必永远可解。虽说如此，也并非都不能解，高斯就证明了方程 $x^p = 1$ 可以用代数方式解开。因此，关于五次方程，答案是这样的。"

问题：五次方程在什么情况下可以用代数方式解开？

解答：有可以解的情况，也有不能解的情况。

"有可以解的情况，也有不能解的情况……这种模棱两可的答案不能满足数学家。"米尔嘉说，"阿贝尔证明方程的任意一个解 α_k 能用其中一个解为 α 的有理式 $\varphi_k(\alpha)$ 表示，而且 $\varphi_k(\varphi_j(\alpha)) = \varphi_j(\varphi_k(\alpha))$ 成立的方程可以用代数方式解开。顺带一提，这是'方程的伽罗瓦群满足交换法则'的条件，是将满足交换法则的群称为阿贝尔群的原因。"

"啊！原来是这样啊！"泰朵拉大叫。

米尔嘉说："总之，伽罗瓦之前的数学家完成的是'某种形式的方程能以代数方式解开'。也就是说，数学家找出了能用代数方式解开方程的个别充分条件。"

"充分条件？"尤里说。

"充分条件是指'方程若为这种形式便能解开'的条件。但这并不代表不是这种形式的方程就无法解开,说不定有其他形式的方程也能用代数方式解开。"

米尔嘉再次指向海报。

问题:方程在什么情况下可以用代数方式解开?

"在人类的历史中,第一个完全解答这个问题的人是伽罗瓦。不管是五次方程还是六次方程,即使是一百次方程也适用。总之,伽罗瓦找到了方程能够用代数方式解开的充分必要条件。"

"充分必要条件?"尤里问。

"对,也就是'方程若为这种形式就能解开,若不是这种形式就不能解开'的条件。伽罗瓦找到了方程能以代数方式解开的充分必要条件的完整答案。伽罗瓦学习拉格朗日的方法,关注根的置换,架设从域的世界通往群的世界的桥梁。"

米尔嘉脸颊涨红,滔滔不绝地说:

"伽罗瓦把不完整的域与群当成工具,书写论文,这是第一论文让人难以读懂的原因之一。伽罗瓦之后的许多数学家对域的世界和群的世界进行了整理。现在我们手上所需的工具已经齐全,我们一边沿着伽罗瓦的道路前进,一边使用域的语言与群的语言,学习以代数方式解方程的充分必要条件吧。"

10.5.2 何谓"以代数方式解方程"

米尔嘉继续"讲课"。

◎ ◎ ◎

"以代数方式解方程"的说法多种多样。

- 以代数方式解方程
- 方程能以代数方式解开
- 方程能用方根解开
- 方程的解可以只用系数的四则运算与方根表示

用"域的语言"表示就是下面这样。

> **用"域的语言"表示"以代数方式解方程"**
>
> 以代数方式解方程是指从方程的系数域开始,通过添加方根来扩张域,直到所有的解都变成已知的。

用"群的语言"表示就是下面这样。

> **用"群的语言"表示"以代数方式解方程"**
>
> 以代数方式解方程是指重复缩小方程的伽罗瓦群,直到伽罗瓦群变成单位群,但必须满足某个条件,伽罗瓦群才可以缩小成单位群。

我们想知道在什么情况下能以代数方式解方程。因此我们要思考在什么样的情况下,方程的伽罗瓦群能够缩小为单位群。

不论是域的扩张还是群的缩小,一定要注意循序渐进。

我们要建造两座塔。它们分别是域塔与群塔。

S..

系

在系数域中添加方根来扩张域。我们重复此步骤，把域扩张到方程的所有解都属于这个域。这就是域的世界。

缩小方程的伽罗瓦群，让缩小的伽罗瓦群进一步缩小。我们重复此步骤，希望最终将伽罗瓦群缩小成只拥有单位元的群，也就是单位群。不过，必须满足某个条件。这就是群的世界。

泰朵拉，你有问题？

10.5.3　泰朵拉的问题

"泰朵拉，你有问题？"米尔嘉问。

"对。在系数域中添加方根来扩张域，这一点我明白。"泰朵拉十分谨慎地说，"我想确认的是，把域扩张到方程的所有解都属于这个域，是因为重复扩张的域可以因式分解，对吗？"

"对。"

"既然这样，为什么不一开始就用复数域 $\mathbb{C}$ 这种非常大的域来进行思考呢？用复数域 $\mathbb{C}$ 来思考就能因式分解了。"

$$f(x) = (x - \alpha_1)(x - \alpha_2)(x - \alpha_3) \cdots (x - \alpha_m)$$
$$\alpha_1, \alpha_2, \alpha_3, \cdots, \alpha_m \in \mathbb{C}$$

"当然。"米尔嘉点头，"如果一开始就思考复数域 $\mathbb{C}$，多项式会瞬间变成一次式的积。泰朵拉的这个主张是正确的，可是，这样就无从得知能否只用方根来解开方程了。"

"啊……"

"高斯已经证明如果用复数域来思考，方程一定有解，但他证明的是存在解。拉格朗日、鲁菲尼、阿贝尔、伽罗瓦，还有当时的数学家所挑战的不是证明解的存在，而是找出用方根表示解的条件。用方根表示解，也就是以代数方式解方程，需要重复扩张域。"

"是我想错了。"泰朵拉点头。

"米尔嘉大人！"尤里大叫，"这和三等分角问题很像！"

"怎么说？"米尔嘉温柔地问。

"你看，

- 存在三等分的角。

  可是，这个角未必可以有限次使用直尺与圆规画出来。

- 存在五次方程的解。

  可是，这个解未必可以用方根和系数的四则运算表示。

这两个非常像啊！"

"你理解得很正确。"米尔嘉高兴地说，"尤里很了解问题的逻辑。三等分角问题与方程的代数可解性之间有几个相似点，尤里发现了其中一个。"

相似点……我想起了米尔嘉写给我的信。

"米尔嘉大人……"尤里说，"解方程的充分必要条件究竟是什么？缩小伽罗瓦群时的某个条件是什么？"

"这是我们接下来要探讨的内容，尤里。"米尔嘉微笑，"伽罗瓦架起从域的世界通往群的世界的桥梁。但是，如果问题在群的世界无法得到解决，这个桥梁就白白架起了。我们回到正题吧。"

10.5.4　添加 p 次方根

我们在方程的系数域中添加方根来扩张域。可是，要添加什么样的方根呢？2 次方根、3 次方根、4 次方根……

伽罗瓦在第一论文中提到，添加元素只要考虑 p 次方根即可，其中 p 是质数。比如，在想添加 6 次方根时，我们只需依序添加 2 次方根与 3 次方根就可以，因为 $\sqrt[6]{\ } = \sqrt[3]{\sqrt[2]{\ }}$。

假设添加的元素是 r。将满足 $r^p \in K$ 的 r 添加到 K，构成扩域 $K(r)$。

这时方程的伽罗瓦群可能会因为 r 的添加而缩小，当然也可能不会缩小。如果不管添加怎样的 r，方程的伽罗瓦群都不会缩小，那么这个方程不能以代数方式解开。

假设 1 的原始 p 次方根 ζ_p 原本就是系数域 K 的元素。也就是说，

$$\zeta_p \in K$$

如此一来，添加一个方根后，所有的方根都会自动添加进来。比如添加 $r = \sqrt[3]{2}$ 构成 $K(\sqrt[3]{2})$，此时，1 的原始 3 次方根 $\zeta_3 = \omega$ 是系数域 K 的元素。也就是说，$\omega \in K$。这样一来，$\sqrt[3]{2}\omega \in K(\sqrt[3]{2})$ 且 $\sqrt[3]{2}\omega^2 \in K(\sqrt[3]{2})$。只要添加 $\sqrt[3]{2}$，$\sqrt[3]{2}$、$\sqrt[3]{2}\omega$、$\sqrt[3]{2}\omega^2$ 就会同时添加进来。

（泰朵拉，怎么了？……嗯，$\sqrt[3]{2}$ 不再是孤零零的了。）

ζ_p 可以用比 p 还小的方根获取。这一点高斯先于伽罗瓦证明了。因此将 $\zeta_p \in K$ 作为前提并无不妥。

我们使用定理 2 与定理 3。

根据定理 2，在系数域中添加一个辅助方程的解（p 次方根）后，G 会被分割成 p 个陪集。

根据定理 3，添加辅助方程的所有解后，伽罗瓦群会缩小为正规子群。

这里考虑以下辅助方程。

$$x^p - r^p = 0 \qquad (r^p \in K)$$

这是用来求 r^p 的 p 次方根的辅助方程。因为 $\zeta_p \in K$，所以只要添加此方程的一个解 r，所有 p 个根都会添加进来。换句话说，$K(r)/K$ 是正规扩张。而且，伽罗瓦群 G 会缩小为正规子群 H，商群 G/H 的基数会变为质数 p。

总之，

如果能在方程的<u>系数域中添加方根</u>，让伽罗瓦群缩小，

形成这个伽罗瓦群的<u>商群的基数就是质数</u>。

反过来也成立。

如果存在让<u>商群的基数变为质数</u>的正规子群，

就可以在方程的<u>系数域中添加方根</u>，让伽罗瓦群缩小。

某个条件是指**商群的基数是质数**。

接着，重复即可。

为了让大家进一步了解重复，我们给伽罗瓦群编号吧。

- 假设给定的方程的伽罗瓦群 G 为 G_0
- 找出让商群 G_0/G_1 的基数变为质数的 G_0 的正规子群 G_1
- 找出让商群 G_1/G_2 的基数变为质数的 G_1 的正规子群 G_2
- 找出让商群 G_2/G_3 的基数变为质数的 G_2 的正规子群 G_3
- …… 不断重复，直到正规子群等于单位群 E

换句话说，要找出让商群 G_k/G_{k+1} 的基数变为质数的连锁正规子群。

$$G = G_0 \triangleright G_1 \triangleright G_2 \triangleright G_3 \triangleright \cdots \triangleright G_n = E$$

如果能形成这样的连锁形式，方程便能以代数方式解开。如果不能，则表示不存在应该添加的方根，不存在应该解的辅助方程，方程不能以代数方式解开。

归纳上述内容的是伽罗瓦的定理 5—— **可解性定理**。

定理5（以代数方式解方程的充分必要条件）

以代数方式解方程的充分必要条件是方程的伽罗瓦群 G 拥有以下这种正规子群的连锁形式。

$$G = G_0 \triangleright G_1 \triangleright G_2 \triangleright G_3 \triangleright \cdots \triangleright G_n = E$$

这里假设

- $G_k \triangleright G_{k+1} \iff G_{k+1}$ 是 G_k 的正规子群
- 商群 G_k/G_{k+1} 的基数是质数
- E 是单位群

此时伽罗瓦群 G 称为**可解群**。

因此，"方程的伽罗瓦群是可解群"可以说是以代数方式解方程的充分必要条件。

定理5（以代数方式解方程的充分必要条件）

以代数方式解方程 $\iff$ 方程的伽罗瓦群是可解群

终于出现令人满意的回答了。

问题：方程在什么情况下可以用代数方式解开？

解答：在方程的伽罗瓦群是可解群的情况下！

"总算找到答案了！"我说。

10.5.5 伽罗瓦的添加元素

我以为已经到达终点了。

尤里与泰朵拉却同时举手。

少女们要提问！

"米尔嘉大人，'反过来也成立'是真的吗？"尤里问。

"到底要添加什么样的元素呢？"泰朵拉问。

"伽罗瓦统一回答了你们的疑问。"米尔嘉说，"因为伽罗瓦在第一论文中指出，若商群的基数是质数 p，便能构成添加的 p 次方根。"

◎　◎　◎

伽罗瓦在第一论文中定义了由给定的方程 $f(x)=0$ 的解构成的有理式 θ。设方程的伽罗瓦群为 G，缩小的正规子群为 H。有理式 θ 拥有以下性质。

- 对于置换 σ，若 $\sigma \in G$ 且 $\sigma \in H$，则有理式 θ 的值在置换下不变（$\sigma(\theta) = \theta$）

- 对于置换 σ，若 $\sigma \in G$ 且 $\sigma \notin H$，则有理式 θ 的值在置换下会发生改变（$\sigma(\theta) \neq \theta$）

如果求得置换后仍属于 H 的对称多项式，便能构成有理式 θ。

让 $\sigma \in G$ 且 $\sigma \notin H$ 的置换 σ 作用于有理式 θ，改变根的排列顺序，然后将新的有理式表示为 $\sigma(\theta)$。接着假设

$$\theta_0 = \theta, \ \theta_1 = \sigma(\theta_0), \ \theta_2 = \sigma(\theta_1), \ \theta_3 = \sigma(\theta_2), \cdots$$

θ_k 用于让 σ 在有理式 θ 上起 k 次作用。

此时，$\theta_0, \theta_1, \theta_2, \theta_3, \cdots$ 这种排列不会无限继续下去。商群 G/H 的元素数是质数 p，因此 σ 只要起 p 次作用，有理式 θ 就能恢复原状。

$$\theta_p = \theta_0 = \theta$$

伽罗瓦提出将下面的元素 r 作为向域 K 添加的元素。

$$r = \zeta_p^1 \theta_1 + \zeta_p^2 \theta_2 + \zeta_p^3 \theta_3 + \cdots + \zeta_p^{p-1} \theta_{p-1} + \zeta_p^p \theta_p$$

这里的 ζ_p 表示 1 的原始 p 次方根。

你们觉得 r 的定义很唐突吗?

不,你们对这个 r 应该有印象。

方程的解与 1 的原始 p 次方根的积与和 —— 这是拉格朗日预解式。

伽罗瓦学习拉格朗日的研究,在第一论文中把拉格朗日预解式当成了添加元素。

现在我们为了让伽罗瓦群从 G 缩小成 H,需要求出应该添加到域 K 中的元素 r。这里有一个令人在意的问题。

r^p 真的属于域 K 吗?

因为我们希望通过添加已知元素的 p 次方根来建造域塔,所以若 $r^p \in K$ 不成立,我们就会很伤脑筋。

伽罗瓦在第一论文中,关于 $r^p \in K$,写了 "il est clair"(显然的)。

我们也很想说 "显然的",那就来挑战伽罗瓦吧。

问题 10-1（伽罗瓦的添加元素）

伽罗瓦的添加元素 r 定义如下。

$$r = \zeta_p^1\theta_1 + \zeta_p^2\theta_2 + \zeta_p^3\theta_3 + \cdots + \zeta_p^{p-1}\theta_{p-1} + \zeta_p^p\theta_p$$

- p 是质数，是商群 G/H 的基数
- ζ_p 是1的原始 p 次方根
- K 是已经添加了 ζ_p 的系数域
- σ 是满足 $\sigma \in G$ 且 $\sigma \notin H$ 的置换
- θ 是根的有理式，在正规子群 H 中值不变，但在方程的伽罗瓦群 G 的其他置换中值会改变
- θ_k 是能用 σ 将有理式 θ 中的根置换 k 次的有理式（$\theta_{k+1}=\sigma(\theta_k)$，$\theta_p = \theta_0 = \theta$）

此时，

$$r^p \in K$$

成立吗？

我们来证明 $r^p \in K$ 成立吧。

证明 $r^p \in K$ 成立，就是证明 r^p 的值是已知的，所以只要证明伽罗瓦群 G 经过置换，r^p 的值仍然不变即可。也就是说，我们只需证明以下式子成立。

$$\sigma(r^p)=r^p \qquad r^p \text{ 的值在置换 } \sigma \text{ 下不变}$$

要证明 r^p 的值在置换 σ 下不变，我们需要从 r 的定义式开始。

$$r = \zeta_p^1\theta_1 + \zeta_p^2\theta_2 + \zeta_p^3\theta_3 + \cdots + \zeta_p^{p-1}\theta_{p-1} + \zeta_p^p\theta_p$$

让置换 σ 作用于等号两边。

$$\sigma(r) = \sigma\big(\zeta_p^1\theta_1 + \zeta_p^2\theta_2 + \zeta_p^3\theta_3 + \cdots + \zeta_p^{p-1}\theta_{p-1} + \zeta_p^p\theta_p\big)$$

因为 ζ_p 是已知的,所以置换 σ 可以使 ζ_p 维持不变。因此,以下式子成立。

$$\sigma(r) = \zeta_p^1\sigma(\theta_1) + \zeta_p^2\sigma(\theta_2) + \zeta_p^3\sigma(\theta_3) + \cdots + \zeta_p^{p-1}\sigma(\theta_{p-1}) + \zeta_p^p\sigma(\theta_p)$$

使用 $\theta_{k+1}=\sigma(\theta_k)$,下面的式子成立。

$$\sigma(r) = \zeta_p^1\theta_2 + \zeta_p^2\theta_3 + \zeta_p^3\theta_4 + \cdots + \zeta_p^{p-1}\theta_p + \zeta_p^p\theta_{p+1}$$

关于最后的项,$\zeta_p^p\theta_{p+1} = \theta_1$ 成立。

$$\sigma(r) = \zeta_p^1\theta_2 + \zeta_p^2\theta_3 + \zeta_p^3\theta_4 + \cdots + \zeta_p^{p-1}\theta_p + \underset{\sim}{\theta_1}$$

把最后的项移到最前面(绕圈圈)。

$$\sigma(r) = \underset{\sim}{\theta_1} + \zeta_p^1\theta_2 + \zeta_p^2\theta_3 + \zeta_p^3\theta_4 + \cdots + \zeta_p^{p-1}\theta_p$$

在等号两边乘以 ζ_p^1 使指数一致。

$$\zeta_p^1\sigma(r) = \zeta_p^1\theta_1 + \zeta_p^2\theta_2 + \zeta_p^3\theta_3 + \zeta_p^4\theta_4 + \cdots + \zeta_p^p\theta_p$$

由此可知,右边等于 r。

$$\zeta_p^1\sigma(r) = r$$

等号两边除以 ζ_p^1,得到以下式子。

$$\sigma(r) = \frac{r}{\zeta_p^1}$$

在等号两边取 p 次方。

$$\big(\sigma(r)\big)^p = \frac{r^p}{\zeta_p^p}$$

因为 $\zeta_p^p = 1$，所以以下式子成立。

$$\big(\sigma(r)\big)^p = r^p$$

因为 $\big(\sigma(r)\big)^p = \sigma(r^p)$，所以以下式子成立。

$$\sigma(r^p) = r^p$$

我们在最后一步中使用了 $\big(\sigma(r)\big)^p = \sigma(r^p)$。这个式子之所以成立，是因为"置换根后把 r 变成 p 次方"相当于"把 r 变成 p 次方后置换根"。于是我们得到下面这个式子。

$$\sigma(r^p) = r^p$$

这个式子表明，伽罗瓦群在置换 σ 下 r^p 的值不变。因为不变，所以已知。因此，$r^p \in K$ 成立。

这是应该证明的地方。

Quod Erat Demonstrandum——证明结束。

因为 $r^p \in K$，所以 r 是 $x^p - r^p = 0$ 这个域 K 范围内的辅助方程的解。只要求出把 r 添加到域 K 中的扩域 $K(r)$，再根据定理 3 与定理 4，方程的伽罗瓦群 G 便会缩小成正规子群 H，而商群 G/H 的基数就是质数 p。

这个 r 是伽罗瓦所思考的添加元素。

好的，我们完成了一项工作。

解答10-1（伽罗瓦的添加元素）

伽罗瓦的添加元素 r 定义如下。

$$r = \zeta_p^1 \theta_1 + \zeta_p^2 \theta_2 + \zeta_p^3 \theta_3 + \cdots + \zeta_p^{p-1} \theta_{p-1} + \zeta_p^p \theta_p$$

此时，

$$r^p \in K$$

成立。

10.5.6 手忙脚乱的尤里

"米尔嘉大人！"尤里手忙脚乱，"我不能理解喵！"

"很难吗？"米尔嘉问尤里。

"对。"尤里一脸正经，"对不起。"

"不用道歉。"米尔嘉说，"要不要证明得更详细一些？"

"我不是这个意思。"尤里畏畏缩缩地说，"我不太明白某个条件中出现的'商群的基数是质数'这一点。"

"原来是这个啊。理纱！昨天的凯莱图在哪里？"

"在这里。"理纱带领我们到下一个房间……不对，是带领我们往通道走。

10.6 两座塔

10.6.1 三次方程的一般形式

在狭窄通道的墙壁上，贴着几张海报。

"那个！"尤里大叫，"那不是昨天做的海报嘛！"

那是我们昨天做的 S_3 与商群的图。

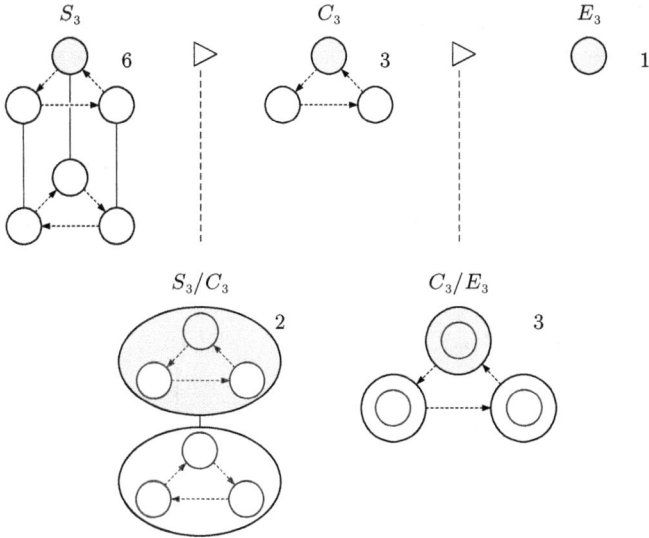

三次方程一般形式的伽罗瓦群 S_3 的分解（$S_3 \triangleright C_3 \triangleright E_3$）

米尔嘉指着图说明。

"由左到右是正规子群的连锁形式，

$$S_3 \triangleright C_3 \triangleright E_3$$

它的下面有两个商群 S_3/C_3 与 C_3/E_3。商群的基数为 2 和 3，它们都是质数。这是'商群的基数是质数'的例子。"

"这样啊！"尤里说。

"三次方程一般形式的伽罗瓦群是对称群 S_3。这个群缩小成单位群的过程中会形成正规子群的连锁形式，而商群的基数是质数。因此 S_3 是可解群。"

"伽罗瓦也想象过这样的图吗？"泰朵拉说。

"确切来说，比起这张图，他看穿了更复杂的结构。当然，真实情况我们不得而知。"米尔嘉说，"这里出现的质数列 2 与 3 也会出现在三次方程的求根公式中。解开二次方程后求 3 次方根，这是为了添加 2 次方根与 3 次方根。"

"的确是 2 和 3 呢……"泰朵拉说。

"我们来建造三次方程的一般形式 $ax^3 + bx^2 + cx + d = 0$ 的域塔与群塔吧。当 $K = \mathbb{Q}(a, b, c, d, \zeta_2, \zeta_3)$ 时，图如下所示。$\sqrt{}$ 明确标成了 2 次方根 $\sqrt[2]{}$。"

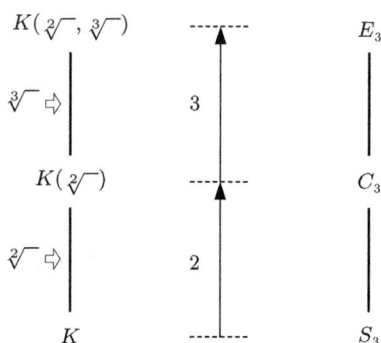

三次方程一般形式的域塔与群塔

泰朵拉与尤里看着这张图说：

"在域塔中，域会扩张，往上升到最上方的最小分裂域。"

"在群塔中，群会缩小，往上升到最上方的单位群。"

10.6.2　四次方程的一般形式

"我们用同样的方法思考四次方程的一般形式吧。"米尔嘉说。

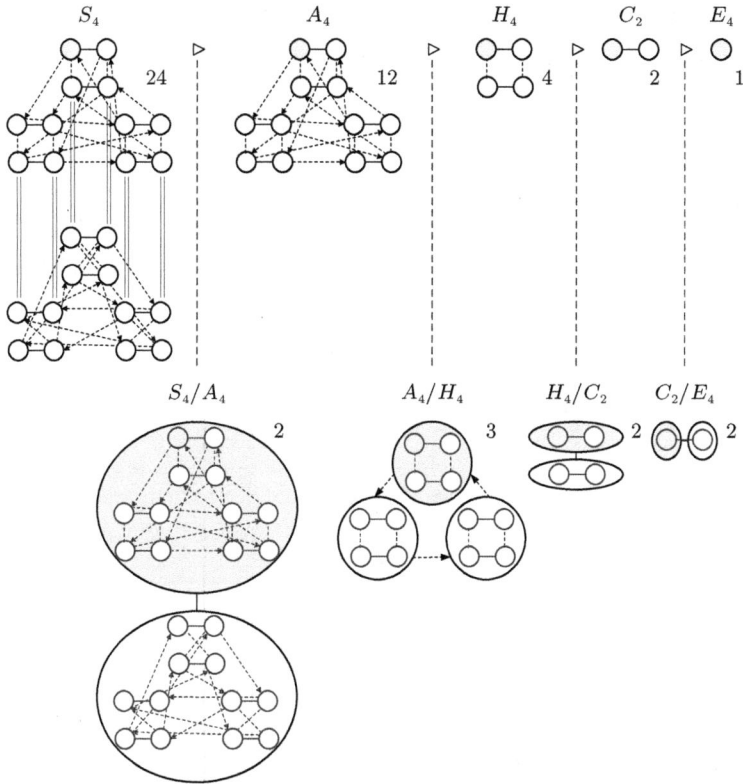

四次方程一般形式的伽罗瓦群 S_4 的分解（$S_4 \triangleright A_4 \triangleright H_4 \triangleright C_2 \triangleright E_4$）

"S_4/A_4、A_4/H_4、H_4/C_2、C_2/E_4 的基数是……"泰朵拉说。

"2、3、2、2 都是质数！"尤里说。

"四次方程一般形式的伽罗瓦群是对称群 S_4。"米尔嘉说，"伽罗瓦群的缩小过程如刚才那张图所示，形成正规子群的连锁形式。

$$S_4 \triangleright A_4 \triangleright H_4 \triangleright C_2 \triangleright E_4$$

基数的变化则是

$$24 \xrightarrow{\frac{1}{2}} 12 \xrightarrow{\frac{1}{3}} 4 \xrightarrow{\frac{1}{2}} 2 \xrightarrow{\frac{1}{2}} 1$$

解一般形式的四次方程时，按照2次方根→3次方根→2次方根→2次方根的顺序添加方根，能使人发现添加 p 次方根与基数变化 $\frac{1}{p}$ 的对应关系。"

"真的是这样……"泰朵拉说。

"这样就可以建造四次方程的一般形式 $ax^4 + bx^3 + cx^2 + dx + e = 0$ 的域塔与群塔了。$K = \mathbb{Q}(a, b, c, d, e, \zeta_2, \zeta_3)$ 的情况如下图所示。"

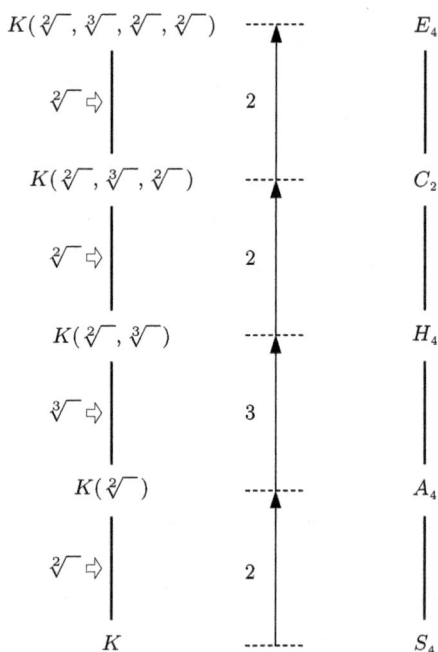

四次方程一般形式的域塔与群塔

"伽罗瓦在第一论文中记述了伽罗瓦群缩小的情况。"米尔嘉说，"可是他没有画前面那样的塔图。伽罗瓦用排列了根的表来表示伽罗瓦群的缩小。他试着把根改为 α_1、α_2、α_3、α_4，将 $\frac{1}{2} \to \frac{1}{3} \to \frac{1}{2} \to \frac{1}{2}$ 这种缩小的情况以浅显易懂的方式表示出来。"

S_4	→	A_4	→	H_4	→	C_2	→	E_4
$\alpha_1\ \alpha_2\ \alpha_3\ \alpha_4$		$\alpha_1\ \alpha_2\ \alpha_3\ \alpha_4$		$\alpha_1\ \alpha_2\ \alpha_3\ \alpha_4$		$\alpha_1\ \alpha_2\ \alpha_3\ \alpha_4$		$\alpha_1\ \alpha_2\ \alpha_3\ \alpha_4$
$\alpha_2\ \alpha_1\ \alpha_4\ \alpha_3$		$\alpha_2\ \alpha_1\ \alpha_4\ \alpha_3$		$\alpha_2\ \alpha_1\ \alpha_4\ \alpha_3$		$\alpha_2\ \alpha_1\ \alpha_4\ \alpha_3$		
$\alpha_3\ \alpha_4\ \alpha_1\ \alpha_2$		$\alpha_3\ \alpha_4\ \alpha_1\ \alpha_2$		$\alpha_3\ \alpha_4\ \alpha_1\ \alpha_2$				
$\alpha_4\ \alpha_3\ \alpha_2\ \alpha_1$		$\alpha_4\ \alpha_3\ \alpha_2\ \alpha_1$		$\alpha_4\ \alpha_3\ \alpha_2\ \alpha_1$				
$\alpha_1\ \alpha_3\ \alpha_4\ \alpha_2$		$\alpha_1\ \alpha_3\ \alpha_4\ \alpha_2$						
$\alpha_3\ \alpha_1\ \alpha_2\ \alpha_4$		$\alpha_3\ \alpha_1\ \alpha_2\ \alpha_4$						
$\alpha_4\ \alpha_2\ \alpha_1\ \alpha_3$		$\alpha_4\ \alpha_2\ \alpha_1\ \alpha_3$						
$\alpha_2\ \alpha_4\ \alpha_3\ \alpha_1$		$\alpha_2\ \alpha_4\ \alpha_3\ \alpha_1$						
$\alpha_1\ \alpha_4\ \alpha_2\ \alpha_3$		$\alpha_1\ \alpha_4\ \alpha_2\ \alpha_3$						
$\alpha_4\ \alpha_1\ \alpha_3\ \alpha_2$		$\alpha_4\ \alpha_1\ \alpha_3\ \alpha_2$						
$\alpha_2\ \alpha_3\ \alpha_1\ \alpha_4$		$\alpha_2\ \alpha_3\ \alpha_1\ \alpha_4$						
$\alpha_3\ \alpha_2\ \alpha_4\ \alpha_1$		$\alpha_3\ \alpha_2\ \alpha_4\ \alpha_1$						
$\alpha_2\ \alpha_1\ \alpha_3\ \alpha_4$								
$\alpha_1\ \alpha_2\ \alpha_4\ \alpha_3$								
$\alpha_4\ \alpha_3\ \alpha_1\ \alpha_2$								
$\alpha_3\ \alpha_4\ \alpha_2\ \alpha_1$								
$\alpha_3\ \alpha_1\ \alpha_4\ \alpha_2$								
$\alpha_1\ \alpha_3\ \alpha_2\ \alpha_4$								
$\alpha_2\ \alpha_4\ \alpha_1\ \alpha_3$								
$\alpha_4\ \alpha_2\ \alpha_3\ \alpha_1$								
$\alpha_4\ \alpha_1\ \alpha_2\ \alpha_3$								
$\alpha_1\ \alpha_4\ \alpha_3\ \alpha_2$								
$\alpha_3\ \alpha_2\ \alpha_1\ \alpha_4$								
$\alpha_2\ \alpha_3\ \alpha_4\ \alpha_1$								

"这是根的排列吧?"泰朵拉说。

"他收集根的排列顺序来表示置换群。我来说明一下伽罗瓦使用的表示方法吧。"米尔嘉说。

◎　◎　◎

比如,下图是由 4 种排列顺序组成的集合,它表示由 4 个元素组成的置换群。

$\alpha_1\ \alpha_2\ \alpha_3\ \alpha_4$
$\alpha_2\ \alpha_1\ \alpha_4\ \alpha_3$
$\alpha_3\ \alpha_4\ \alpha_1\ \alpha_2$
$\alpha_4\ \alpha_3\ \alpha_2\ \alpha_1$

从第 1 行的 $\alpha_1 \alpha_2 \alpha_3 \alpha_4$ 开始，收集构成这 4 种排列顺序的置换，便可以得到置换群。

从 $\alpha_1 \alpha_2 \alpha_3 \alpha_4$ 得到 $\alpha_1 \alpha_2 \alpha_3 \alpha_4$ 的置换 $\to [1\,2\,3\,4]$

从 $\alpha_1 \alpha_2 \alpha_3 \alpha_4$ 得到 $\alpha_2 \alpha_1 \alpha_4 \alpha_3$ 的置换 $\to [2\,1\,4\,3]$

从 $\alpha_1 \alpha_2 \alpha_3 \alpha_4$ 得到 $\alpha_3 \alpha_4 \alpha_1 \alpha_2$ 的置换 $\to [3\,4\,1\,2]$

从 $\alpha_1 \alpha_2 \alpha_3 \alpha_4$ 得到 $\alpha_4 \alpha_3 \alpha_2 \alpha_1$ 的置换 $\to [4\,3\,2\,1]$

不管从哪行开始，置换群都相同。比如我们从第 2 行的 $\alpha_2 \alpha_1 \alpha_4 \alpha_3$ 开始，收集构成这 4 种排列顺序的置换，这时即使顺序会发生改变，仍会构成相同的置换群。这是伽罗瓦定义置换群时使用的"不依赖最初的排列顺序"的意义。

从 $\alpha_2 \alpha_1 \alpha_4 \alpha_3$ 得到 $\alpha_1 \alpha_2 \alpha_3 \alpha_4$ 的置换 $\to [2\,1\,4\,3]$

从 $\alpha_2 \alpha_1 \alpha_4 \alpha_3$ 得到 $\alpha_2 \alpha_1 \alpha_4 \alpha_3$ 的置换 $\to [1\,2\,3\,4]$

从 $\alpha_2 \alpha_1 \alpha_4 \alpha_3$ 得到 $\alpha_3 \alpha_4 \alpha_1 \alpha_2$ 的置换 $\to [4\,3\,2\,1]$

从 $\alpha_2 \alpha_1 \alpha_4 \alpha_3$ 得到 $\alpha_4 \alpha_3 \alpha_2 \alpha_1$ 的置换 $\to [3\,4\,1\,2]$

如果把根的排列顺序的集合视为置换群，伽罗瓦在定理 2 中写出"被分割成 p 个群"的想法就很清晰了，因为被分割成 p 个的商群都可以视为置换群。

10.6.3 二次方程的一般形式

"二次方程的一般形式也可以用域塔与群塔表示吗？"尤里问。

"当然可以。"米尔嘉说，"虽然塔比较小，但商群的基数的确是质数 2。"

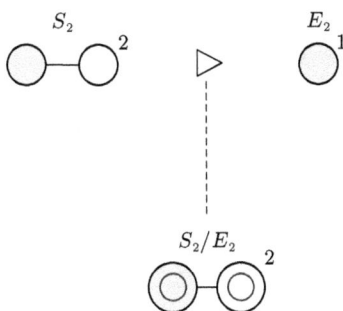

二次方程一般形式的伽罗瓦群 S_2 的分解（$S_2 \triangleright E_2$）

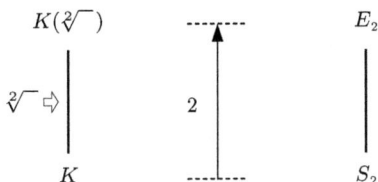

二次方程一般形式的域塔与群塔

"好可爱的塔。"泰朵拉说，"有两层楼。"

"尤里来做一道题。"米尔嘉说，"这里添加的 $\sqrt[2]{\ }$ 是什么？"

"呃……"尤里思考，"啊！刚才说过，是 $\sqrt{判别式}$？"

"没错。二次方程一般形式的解属于'将判别式的 2 次方根添加到系数域中的域'。"

$$\frac{-b \pm \sqrt{b^2 - 4ac}}{2a} \quad \in \quad \mathbb{Q}(a, b, c, \zeta_2, \sqrt{b^2 - 4ac})$$

"米尔嘉大人！"尤里发出兴奋的声音，"我总觉得求根公式看起来跟以前不一样了。"

"嗯？"米尔嘉说。

"以前，

2a 分之负 b 加减根号下 b 平方减 4ac

我只会像这样背诵。但是求根公式不只是字母与符号的排列，我觉得它还有更深层次的意义……虽然我没办法表达清楚。"

"你和求根公式变成朋友了。"泰朵拉说，"你已接收了数学家传达的信息！"

听到这句话，尤里露出非常开心的笑容。

10.6.4　五次方程不存在求根公式

"鲁菲尼与阿贝尔证明过的五次方程不存在求根公式，也可以用伽罗瓦理论来说明。"米尔嘉继续说。

◎　　◎　　◎

要说明五次方程不存在求根公式，只要证明五次方程一般形式的伽罗瓦群不是可解群即可。五次方程一般形式的伽罗瓦群是对称群 S_5，所以我们还是来看下表中 S_5 的正规子群那一列吧。为了容易看出指数，在这张表中，▷ 的上面加了数值 ①。若指数是质数，数值则加上了圆圈。

---

① 这里把10.6.1节的 C_3 表示为 A_3。

二次方程的一般形式　　　$S_2 \overset{②}{\rhd} E_2$

三次方程的一般形式　　　$S_3 \overset{②}{\rhd} A_3 \overset{③}{\rhd} E_3$

四次方程的一般形式　　　$S_4 \overset{②}{\rhd} A_4 \overset{③}{\rhd} H_4 \overset{②}{\rhd} C_2 \overset{②}{\rhd} E_4$

五次方程的一般形式　　　$S_5 \overset{②}{\rhd} A_5 \overset{60}{\rhd} E_5$

六次方程的一般形式　　　$S_6 \overset{②}{\rhd} A_6 \overset{360}{\rhd} E_6$

七次方程的一般形式　　　$S_7 \overset{②}{\rhd} A_7 \overset{2520}{\rhd} E_7$

八次方程的一般形式　　　$S_8 \overset{②}{\rhd} A_8 \overset{20160}{\rhd} E_8$

$$\vdots$$

如上表所示，若 $n = 2, 3, 4$，那么 n 次方程一般形式的伽罗瓦群 S_n 是可解群。若 $n \geqslant 5$，正规子群则是下面这样的连锁形式。

$$S_n \overset{②}{\rhd} A_n \overset{\frac{n!}{2}}{\rhd} E_n$$

若 $n \geqslant 5$，群 A_n 除了自身与单位群，没有其他的正规子群，基数也不是质数。所以，若 $n \geqslant 5$，对称群 S_n 就不是可解群。

◎　　◎　　◎

"米尔嘉大人……"尤里说，"虽然我有很多不懂的地方，但我发现很多地方非常有趣！但是，那个……"

"嗯？"米尔嘉看尤里。

"那个……差不多该吃午饭了吧？我肚子饿了。"

"而且你正长身体呢。"我说。

10.7　夏天结束

10.7.1　伽罗瓦理论的基本定理

"这个雪葩好好吃！"尤里说。

"这是黑加仑雪葩。"理纱说。

这里是双仓图书馆三楼的咖啡厅 Oxygen，现在是午餐后的甜点时间。原本筋疲力尽的尤里复活了。

"sorbet 是法语吧？"泰朵拉说，"英文是 sherbet。啊，为了配合伽罗瓦，连菜单都是法式风格的？"

理纱默默点头。

泰朵拉问正在吃巧克力蛋糕的米尔嘉：

"对了，伽罗瓦理论研究的是'域的扩张'与'群的缩小'的关系吗？"

"对。"米尔嘉回答，"人们把伽罗瓦理论的基本定理整理成了这种形式。"

伽罗瓦理论的基本定理

假设 K 范围内没有重根的多项式 $f(x)$ 的最小分裂域为 L。

假设 K 范围内的方程 $f(x) = 0$ 的伽罗瓦群为 G。

映射 Φ 与 Ψ 的定义如下。

Φ 是从 "L 的子域的集合" 到 "G 的子群的集合" 的映射，假设

$$\Phi(M) = 使 M 的元素不变的 G 的子群$$
$$= \{\sigma \in G \mid 对 M 的所有元素 a 而言，\sigma(a) = a\}$$

此外，Ψ 是从 "G 的子群的集合" 到 "L 的子域的集合" 的映射，假设

$$\Psi(H) = 因 H 而不发生改变的 L 的子域$$
$$= \{a \in L \mid 对 H 的所有元素 \sigma 而言，\sigma(a) = a\}$$

其中 H 是 G 的子群。

此时 Φ 与 Ψ 都是双射，是彼此的逆映射。

也就是说，以下式子成立。

$$\Psi(\Phi(M)) = M, \qquad \Phi(\Psi(H)) = H$$

使用 Φ 与 Ψ 所形成的子域与子群的对应称为**伽罗瓦对应**。

"伽罗瓦对应代表域塔与群塔的排列，二者完全吻合。"米尔嘉说，"此外，伽罗瓦对应也可以说是'让群不变的域'与'让域不变的群'的对应。"

请注意不变性，不变的东西有命名的价值。

"伽罗瓦真是天才。"泰朵拉说。

"伽罗瓦的确是天才。"米尔嘉回答，"可是，伽罗瓦也是站在巨人的肩上研究的。高斯研究了分圆多项式，拉格朗日研究了根的置换和拉

格朗日预解式。伽罗瓦学习了这些研究。在这层意义上，伽罗瓦与老师里夏尔的邂逅显得很重要。据说是里夏尔指导伽罗瓦学习拉格朗日的研究的。"

"原来如此。"泰朵拉点头。

米尔嘉吟唱般地说——

> 经由抽象化，发现变理论。
>
> 经由语言化，理论变论文。

受到她的影响，泰朵拉说——

> 经由隐喻，发现变故事。
>
> 经由旋律，故事变诗歌。

尤里注视着这两个人。

"伽罗瓦是天才。"米尔嘉继续说，"可贵的是，他写下了论文。伽罗瓦把自己的发现留给了后世。伽罗瓦写了几篇论文，并在决斗前夕给好友舍瓦利耶写了一封信。这封信在伽罗瓦死后出版，却没有引起反响。伽罗瓦死后 14 年，包含伽罗瓦第一论文的《伽罗瓦全集》才由刘维尔出版。"

"竟然过了 14 年！"尤里很惊讶。

"之后伽罗瓦的想法才一点一点地在数学家之间传开。"米尔嘉说，"若尔当出版了计算伽罗瓦群的图书《置换与代数方程》[①]；戴德金在大学第一次开伽罗瓦理论的课程；约 100 年后，阿廷暂且忘掉方程，用域的自同构群重新定义了伽罗瓦群。本来伽罗瓦群是以方程的可解性问题为契机进行定义的，但在现代，方程的可解性问题称为代数方程的伽罗瓦理论，它是伽罗瓦理论的应用场景之一。将数学发现抽象化，整理成理

---

① 原书名为 *Traite des substitutions et des equations algebriques*，暂无中文版。

——编者注

论，便能拓展应用范围。伽罗瓦活用群论的研究方式是非常合理的，这使伽罗瓦理论成为数学家研究数学的通用工具。伽罗瓦理论也和怀尔斯证明的费马大定理有关。伽罗瓦总结了复杂冗长的方程论，开辟了新的数学领域。这和通过哥德尔不完备定理展开新的数理逻辑学有点像。"

"原来如此。"我说。

"伽罗瓦盼望自己留下的东西能被解读。后世的数学家响应了他。思考的人、传达的人、学习的人、教导的人、传播的人……经过大家的努力，数学才得以成立。"

我们对这些人寄予崇高的敬意。

"好，我要说的结束了。"米尔嘉说。

"再多讲一些吧！"泰朵拉说。

"多告诉我一些伽罗瓦的事情吧！"尤里说。

"泰朵拉、尤里，你们好好想想——"米尔嘉张开双臂说。

书为何而存在？

"不管是群论，还是伽罗瓦理论，或是伽罗瓦的传记，从简单的内容到难度较大的内容，书都可以满足我们的要求。我们的学习已经开始了。

群与域的定义、线性空间与扩张次数、商群与指数、域与子域、群与子群、群与域的对应、域的扩张与群的缩小、正规扩张与正规子群、陪集与商群……

想读更多，想学更多，就去看书吧！书正在等着我们。"

米尔嘉的这番话让我们热血沸腾。

10.7.2 展览

下午，来参加双仓图书馆伽罗瓦节的人变多了。沙发上与桌子旁都有人在兴高采烈地讨论数学。

尤里和我们画的对称群 S_4 的凯莱图十分受欢迎。而尤里男朋友负责的角三等分问题所属的展览室也聚集了很多人。可以实际用直尺与圆规作图的专区，不管大人还是小孩都兴高采烈地画着图。

"三等分角问题容易被人误解。"

尤里正在对参观的人解说"三等分角问题"。

"'存在'与'可以作图'不可以混为一谈。"

我们的下午时光转瞬即逝。

10.7.3 夜晚的 Oxygen

我在双仓图书馆三楼的 Oxygen 一个人喝着咖啡。

两个世界。

从这个世界到那个世界架设桥梁。

在这个世界不容易解决的问题，可能在那个世界很容易解开。

数学真是奇妙。

伽罗瓦理论把数学以最美的形式展现给我们。

我忽然察觉，

外面的天色已暗。

我被米尔嘉动员来参加伽罗瓦节。

这个让我尽情享受伽罗瓦第一论文的活动已经结束。

假期也接近尾声。

为什么我们终将面临"结束"呢？

伽罗瓦。

伽罗瓦面对问题，

在 17 岁时写下论文。

但是我 ——

我有正视存在的问题吗？

"好痛！"

有人忽然往后拉我的耳朵。

一转头，发现是米尔嘉站在我的身后。

"原来你在这里啊。"她坐在我旁边，身上散发着柑橘的香气。

"嗯。"我搓着耳朵回答，"刚刚在发呆。"

"这样啊。"她喝了我剩下的咖啡。

我的身边有米尔嘉。

米尔嘉的身边有我…… 至少现在是。

但是我 ——

"你的兴趣是哭丧着脸吗？"

米尔嘉凑近脸庞。

"我才没有这种兴趣。"

我不自觉缩回身体。

"你总是用'但是我'来打击自己。"米尔嘉说。

"我只是觉得自己什么都没做成。"

"你不是伽罗瓦。"米尔嘉小声说。

"我又不是天才…… 好痛！"

我被她的手肘戳了一下。

"你不是其他任何人。"她小声说，"你是你自己。"

"即使我什么都不会?"我小声说。

"你不是在这里吗?"

"但只是在而已……"

这时我默不作声。

"他还不到 21 岁。"

决斗前夕。

伽罗瓦一边大叫着没时间了，一边拼命书写。

写给未来的数学家。

没有时间。但是我 ——

没有时间。所以我 ——

10.7.4　无可替代之物

咚!

窗外突然传来巨响。

怎么了?

我与米尔嘉赶紧走到三楼的阳台。

平常我们可以从阳台看见海滨，但现在天色很暗。

又是一声巨响，夜空中出现大片光晕。

是烟花!

海滨的方向传来欢呼声与掌声。

另一枚烟花发射，散发蓝、白、红三色。

烟花瞬间扩散为放射状的光芒,又转瞬即逝。

"烟花真大啊。"我说。

"其实是球形吧。"米尔嘉回应。

"啊,是吗?"

"下一枚烟花怎么还不发射。"

米尔嘉盯着夜空。

我盯着她的侧脸。

我想起尤里问的问题。

哥哥的"无可替代之物"是什么?

无法与其他东西交换的重要之物是什么?

无可替代之物是什么?

"你在看哪里?"她转向我。

我看着她。

米尔嘉也看着我。

一阵漫长的沉默。

"夏、夏天要结束了呢。"我打破这份沉默。

"无论什么都有结束的一天。"米尔嘉说,"可是 ——"

米尔嘉竖起手指。

$$1, 1, 2, 3, \cdots$$

"可是?"我张开右手回应她的斐波那契手势。

$$\cdots, 5$$

"可是，结束是新的开始。"

她看着我说。

露出珍贵的、无可替代的笑容。

我期待有人能解开我在这里书写的潦草又难以理解的一切，

并让它进一步发展。

——埃瓦里斯特·伽罗瓦 [17]

尾 声

"躲也没用。"

空荡荡的教室回响着我的声音。

几个学生从展览品的后面现身。

"老师，再等一下！"领头的少女大声说。

"时间到了，放学时间早过了。"

"再等一个小时！"少女坚持到底。

其他成员也在她背后异口同声地请求着。

"拜托再给点时间吧。"

"只有今天能准备了。"

"明天就正式开幕了。"

……

"你们不是已经准备完了吗？"

我环视整个教室。

教室布置着明天校园文化节要用的海报与模型。

"还得收尾。"少女回答。

"马上就完成了。"

"只剩一点点了。"

"时间不够。"

……

"这次数学同好会的主题是伽罗瓦理论吗?"

"对。这将是历届最棒的成果展示!"少女挺起胸膛。

"历届最棒的成果展示啊,那请负责人来说明一下吧。"

"没问题。"少女胸有成竹。

"太好了!"

"过了这一关就能延长时间了。"

"加油!"

……

"这个式子是什么?"我指向其中一张海报。

$$\cos\frac{2\pi}{17} = -\frac{1}{16} + \frac{1}{16}\sqrt{17} + \frac{1}{16}\sqrt{2(17-\sqrt{17})}$$
$$+ \frac{2}{16}\sqrt{17 + 3\sqrt{17} - \sqrt{2(17-\sqrt{17})} - 2\sqrt{2(17+\sqrt{17})}}$$

"这个式子表示正十七边形可以用直尺与圆规作图。"少女立刻回答,"右边使用的运算只有加减乘除和 $\sqrt{}$,所以我们可以用直尺与圆规作图。高斯发现了这个作图法,从而决心钻研数学。1796 年 3 月 30 日,高斯在自己 18 岁的那年春天,聚焦于 16 和 17 这两个数,写下了这个式子。彼时，他与我们同龄。"

"嗯。正十七边形可以作图是因为 17 是质数吗？"

"不是。"少女回答，"正十七边形可以作图，是因为它是

$$17 = 2^{2^2} + 1$$

这种形式的质数。"

"这样啊。"

"正 n 边形可以作图的充分必要条件是 n 必须是这种形式。

$$n = 2^r p_1 p_2 p_3 \cdots p_s$$

r 是大于等于 0 的整数，$p_1, p_2, p_3, \cdots, p_s$ 是相异的、个数大于等于 0 的费马质数。费马质数是把 m 设为大于等于 0 的整数，这个质数必须是

$$2^{2^m} + 1$$

这种形式。"

"这样啊。那么这边的正十二面体是什么？"

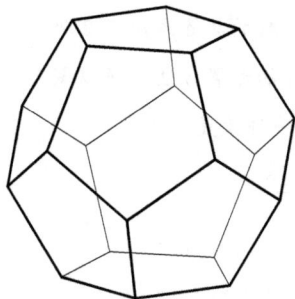

"正十二面体的放置方式共有 60 种。"少女把展示在教室中央的正十二面体模型拿在手上，一圈圈地转动着，"因为底面的选法有 12 种，对应底面的每种选法，其方向有 5 种，所以是 $12 \times 5 = 60$ 种。如果以循环群来算，就是

- **一开始的放置方法**有 1 种。
- **通过对面的中心的旋转轴**有 6 条。

  让物体围绕该轴旋转的放置方法有 5 种，

  但其中一种是原始的放置方法，所以剩下 4 种。

  6 条旋转轴各有 4 种放置方法，

  因此是 $6 \times 4 = 24$ 种。

- **通过对面顶点的旋转轴**有 10 条。

  让物体围绕该轴旋转的放置方法有 3 种，

  但其中一种是原始的放置方法，所以剩下 2 种。

  10 条旋转轴各有 2 种放置方法，

  因此是 $10 \times 2 = 20$ 种。

- **通过相对的两边中点的旋转轴**有 15 条。

  让物体围绕该轴旋转的放置方法有 2 种，

  但其中一种是原始的放置方法，所以剩下 1 种。

  15 条旋转轴各有一种放置方法，

  因此是 $15 \times 1 = 15$ 种。

一共有 $1 + 24 + 20 + 15 = 60$ 种。"

"这和伽罗瓦理论有什么关系？"

"正十二面体放置方法的群 —— 正十二面体群，与交错群 A_5 同构。"少女回答，"交错群 A_5 是 5 次对称群 S_5 的正规子群，是通过偶数个互

换而形成的置换群。正十二面体的 60 种放置方法对应于 A_5 的 60 个元素。A_5 的正规子群只有自身与单位群，所以 A_5 不存在用来求'质数基数的商群'的正规子群。也就是说，A_5 并非可解群。用这个事实与伽罗瓦理论能证明五次方程的求根公式不存在。老师，这种程度的问题我们数学同好会的人可以立刻回答。"

"干得好！"

"负责人太给力了！"

"成了！"

……

"那么，可以请你用这里的足球来进行说明吗？"

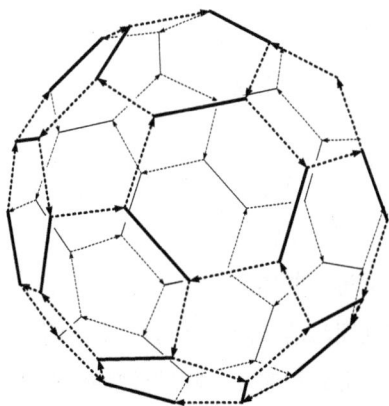

"这是交错群 A_5 的形式之一，是凯莱图！"少女高兴地说，"足球的 60 个顶点对应 A_5 的 60 个元素。实线相当于形成 2 阶循环群的元素，虚线的箭头相当于形成 5 阶循环群的元素。实线与虚线这 2 个元素形成交错群 A_5。"

"嗯……"

"老师，怎么样？"少女问。

"好，这次就给你们延长时间吧。一小时后到办公室报告。"

"太好了！"

"老师真帅！"

"快点准备吧！"

"不愧是负责人。"

……

所有成员鼓掌，再次展开布置工作。

◎　　◎　　◎

一小时后，少女进入办公室。

"老师，多亏你多给了我们些时间，布置工作顺利完成！"

"天黑了，你们能自己回家吗？"

"没问题，大家会一起走。"

"你们数学同好会的成员感情很好啊。"

"是啊。老师，你怎么了？"

"没什么，就是觉得有些怀念。"

"老师也参加过社团活动或同好会吗？"少女问。

"曾在放学后的图书室和朋友一起做数学题。"

"老师！你说的是那张照片里的女生吗？就是之前给我看过的那张照片。"

"记性真好。你刚才讲得很有趣。"

"是吗？"

"希望你可以进一步研究，跟老师说一些更有趣的事情。"

"老师，您倒像是个学生。"少女呵呵地笑。

ototo oto to_

"是啊，角色调换过来了。"

"角色调换？"

"老师和学生的角色有时会'迅速转换'。"

"迅速转换？"

"好了，大家在等你吧？"

"对啊！老师，您明天来看我们的发表吧！"

少女挥挥手，转头离去。

我陷入沉思。

最后的夜晚，
他孤零零地写下信息。

而现在，
喜爱数学的无数伙伴，通过他给的信息连在一起。

年纪轻轻就创造了新的数学领域的他。
年纪轻轻便离开人世的他。

他的故事，
我绝对不会忘记。
我们绝对不会忘记。

命运不允许我活到让我的国家记住我的名字，
所以请你们记住我吧。
我会作为你们的朋友死去。
——埃瓦里斯特·伽罗瓦[10]

后 记

狂乱地哭泣是因为无法与人分享悲伤，

毕竟人类的悲欢并不相通。

虽然在悲伤时，人们无法追求喜悦，

但能调整悲伤。

悲伤时，从悲伤的情绪中跳出来是一种礼节。

那是一种歌。

—— 小林秀雄《语言》①

我是作者结城浩。

不才拙笔，为各位献上《数学女孩 5：伽罗瓦理论》一书。

本书是

- 《数学女孩》(2007 年 ②)

- 《数学女孩 2：费马大定理》(2008 年)

- 《数学女孩 3：哥德尔不完备定理》(2009 年)

---

① 原书名为『言葉』，暂无中文版。——编者注

② 此处年份是《数学女孩》日文原书出版时间，并非中译本出版时间。接下来三行同
此说明。——编者注

•《数学女孩 4：随机算法》（2011 年）

的续篇，属于《数学女孩》系列的第五部作品。出场人物包括"我"、米尔嘉、泰朵拉、表妹尤里和理纱。数学与青春的故事一如既往地围绕着他们五个人展开。在上一部作品中缺席的钢琴少女盈盈也在本书中登场。

　　执笔过程中最令我苦恼的是第 10 章。我希望由米尔嘉来介绍伽罗瓦的第一论文，让她完成伽罗瓦第一论文省略处的补充证明。可如此一来，书的分量就会增加，难度也会一下子提高。因此，我将重点放在了第一论文的主张上。于是就变成一边巡视伽罗瓦节的会场，一边沿着伽罗瓦第一论文前进的模式了。

　　希望读者能通过本书大致理解商群、扩域、指数、扩张次数、正规子群、正规扩张、可解群以及伽罗瓦对应。不知读者读完本书后掌握得怎么样。

　　想进一步学习伽罗瓦理论或想了解具体证明过程的读者，可以看一下本书最后列出来的参考文献。

　　本书和《数学女孩》系列的前四本一样，都使用 LaTeX2ε 和 Euler 字体（AMS Euler）排版。排版方面，多亏了奥村晴彦老师的《LaTeX2ε 精美文章制作入门》[1]一书，在这里对奥村晴彦老师深表感谢。版式采用了 Microsoft Visio 以及由大熊一弘老师（tDB 老师）设计的用于制作初级数学印刷品的宏 emath 制作，在此表示感谢。

　　在本书执笔过程中，日本漫画版《数学女孩 2：费马大定理》和《数学女孩 3：哥德尔不完备定理》已由 Media Factory 出版。非常感谢扩展了数学女孩世界的漫画家春日旬与茉崎美由纪，还有编辑部的各位老师。

　　此外，英语版《数学女孩》已由 Bento Books 出版。感谢译者 Tony

----

[1] 原书名为『LaTeX2ε 美文書作成入門』，暂无中文版。——编者注

Gonzalez 与编辑部的各位老师。

　　另外，我还想对那些阅读我写作过程中完成的原稿，并发表宝贵意见的以下的各位，以及匿名人士致以诚挚的谢意。当然，本书中若有错误，均为我疏漏所致，以下人士不负任何责任。

　　赤泽凉、五十岚龙也、池渊未来、稻叶一浩、上原隆平、冈田健、镜弘道、川岛稔哉、木村严、工藤淳、毛塚和宏、上泷佳代、花田启明、林彩、平井洋一、藤田博司、前原正英、三宅喜义、村冈佑辅、山口健史。

　　感谢各位读者、各位经常访问我的网站的朋友，以及经常为我祈祷的教友。

　　感谢一直为《数学女孩》系列加油并建议我写伽罗瓦理论的龟书房的龟井哲治郎。

　　感谢一直支持我写完本书的野泽喜美男总编。还要感谢无数喜爱《数学女孩》系列的读者，你们的鼓励对我来说无比宝贵。

　　感谢我最爱的妻子和两个儿子。

　　谨以此书献给总是积极给我建议的母亲。

　　最后，感谢一直把本书读完的您。

　　我们有缘再会。

结城浩

2012 年，伽罗瓦诞生 201 周年

参考文献和导读

"高中会学群论吗?"

"不会。"我说,"你得自学。"

"自学……"

——《数学女孩5:伽罗瓦理论》

参考文献使用指南

虽然本书将伽罗瓦群定义为根的置换群,但在现代数学中,伽罗瓦群大多被定义为域的同构群。

另外,本书中并未介绍有限域(伽罗瓦域)的相关内容,但其实有限域也通常包含在伽罗瓦理论中。此时,可分扩张和正规扩张一样都是非常重要的概念。由正规扩张和可分扩张组成的域扩张叫作伽罗瓦扩张。

希望使用参考文献学习伽罗瓦理论的读者可以将以上内容牢记在心。

已出版的《数学女孩》系列

[1] 结城浩. 数学女孩 [M]. 朱一飞,译. 北京:人民邮电出版社,2016.

该书是《数学女孩》系列的第一部作品,描写了"我"、米尔嘉、泰朵拉三人的邂逅和故事。三个高中生在放学后的图书室、教室以及咖啡厅挑战与学校所学内容略有不同的数学。

[2] 结城浩. 数学女孩 2：费马大定理 [M]. 丁灵，译. 北京：人民邮电出版社，2016.

　　　该书是《数学女孩》系列的第二部作品。在这本书中，初中生尤里加入了高中生三人组，他们为了求整数的"真实的样子"而踏上旅途。该书描写的是从简单的数字谜题来切入，通过群、环、域到达费马大定理的整个过程。

[3] 结城浩. 数学女孩 3：哥德尔不完备定理 [M]. 丁灵，译. 北京：人民邮电出版社，2017.

　　　该书是《数学女孩》系列的第三部作品。书中描写了高中生三人组与尤里利用形式系统"把数学数学化"的故事。在这本书中，主人公们向因"不完备"这一名字饱受误解的哥德尔不完备定理发起挑战。

[4] 结城浩. 数学女孩 4：随机算法 [M]. 丛熙，江志强，译. 北京：人民邮电出版社，2019.

　　　该书是《数学女孩》系列的第四部作品。出场人物迎来了新的学年，计算机少女理纱登场。在这本书中，主人公们使用概率论探索随机算法的可能性，学习如何定量解析算法。

读物

[5] 山下純一. ガロアのレクイエム [M]. 京都：現代数学社，1986.

　　　《伽罗瓦的安魂曲》介绍了与伽罗瓦有关的各种话题。其中包括比向法国科学院提交的论文更早的伽罗瓦的研究成果，以及方程论以外的伽罗瓦的思想。

[6] 中村亨. ガロアの群論 [M]. 東京：講談社，2010.

　　　《伽罗瓦的群论》。作者使用置换群对伽罗瓦群进行说明，通过将添加方根的次数和缩小伽罗瓦群的次数限制在一次来介绍伽罗瓦群的结构。书中包含许多内容，读者需要有足够的耐心去阅读。

[7] 小島寛之. 天才ガロアの発想力 [M]. 東京: 技術評論社，2010.

《天才伽罗瓦的发散性思维》。作者用域的同构群介绍了伽罗瓦群，通过清晰易懂的方式用四边形解释了伽罗瓦对应。另外，关于伽罗瓦定理的证明过程，书中分别用超简版、简易版、原版这三个版本进行了说明。

[8] 金重明. 13歳の娘に語るガロアの数学 [M]. 東京: 岩波書店，2011.

在《讲给13岁女儿听的伽罗瓦的数学知识》一书中，作者给上初一的女儿讲解了伽罗瓦理论。从求根公式、置换群、商群、正规子群，到 n 次方程的一般形式的解法，作者通过讲解这些内容来介绍伽罗瓦理论。图示丰富，简单易懂。书中还使用了魔方对群论进行讲解。

[9] 矢野健太郎. 角の三等分 [M]. 東京: 筑摩書房，2006.

《三等分角》初版发行于20世纪40年代，是一本关于三等分角问题的历史性读物。除了使用尺规作图的普通解法，书中还介绍了使用特殊工具的解法。第二部分的内容中添加了一松信的详细证明和解说。卷末附上了龟井哲治郎就"三等分角家"写的一篇随笔（"三等分角家"指自称发现了三等分角的作图法的非专业研究者）。

[10] 彌永昌吉. ガロアの時代　ガロアの数学<第1部>時代篇 [M]. 東京: シュプリンガー・フェアラーク東京，1999.

《伽罗瓦的时代：伽罗瓦的数学（第1部 时代篇）》结合政治和数学的时代背景讲述了伽罗瓦的一生。《伽罗瓦的时代：伽罗瓦的数学（第2部 数学篇）》中对数学的详细内容进行了介绍。

[11] 加藤文元. ガロア [M]. 東京: 中央公論新社，2010.

《伽罗瓦》是一本简述伽罗瓦一生的图书。内容简单，生动描绘出伽罗瓦生活时代的场景。另外，伽罗瓦没有完成的著作的序文部分也被完整地翻译了出来。

代数学和伽罗瓦理论

[12] 志賀浩二. 線形代数 30 講 [M]. 東京: 朝倉書店, 1988.

《线性代数30讲》是一本手把手教你学习线性代数的数学书。内容包括联立方程组、向量空间、线性变换、行列式、固有值问题等。

[13] 志賀浩二. 群論への 30 講 [M]. 東京: 朝倉書店, 1989.

《群论30讲》是一本手把手教你学习群论的数学书。通过阅读该书，读者可以了解如何使用群来理解形式。

[14] 志賀浩二. 方程式　数学が育っていく物語 5[M]. 東京: 岩波書店, 1994.

《方程：数学发展历程5》围绕"解方程"这一问题意识来介绍代数学。书中介绍了四次方程各种各样的解法。关于五次方程用代数方式不可解的问题，作者介绍了克罗内克的证明方法。每章中出现的"历史的波涛""与老师的对话"以及"休息时间"等版块向读者传达了数学的美好。这是一本非常不错的书。该书也以一种简单易懂的方式介绍了伽罗瓦理论的结构。

[15] 矢ヶ部厳. 数 III 方式ガロアの理論 [M]. 京都: 現代数学社, 1976.

《伽罗瓦理论（高中数学 III）》以对话的形式介绍了伽罗瓦理论，使用了具体的算式进行说明，简单易懂，但读者要注意不要被大量的算式打败。

[16] 上野健爾. ガロアの夢——ガロアの考えたこと [J]. 数学文化, No.15. 東京: 日本評論社, 2011.

"伽罗瓦的梦想——伽罗瓦的思想"是一篇简要介绍伽罗瓦成就的数学解说文章。

[17] Ian Stewart. Galois Theory[M]. London: Chapman and Hall/CRC, 2003.

《伽罗瓦理论》通过大量示例和问题来介绍伽罗瓦理论。

[18] David A.Cox. Galois Theory[M]. Hoboken: Wiley, 2004.

《伽罗瓦理论》是一本介绍伽罗瓦理论的数学书。作者按照历史进程讲述了数学方面的内容。

[19] 雪江明彦. 代数学1群論入門 [M]. 東京：日本評論社，2010.

《代数学1：群论入门》是一本介绍群论的数学书。其中对于良定义等数学初学者容易弄混的部分进行了补充说明。

[20] 雪江明彦. 代数学2環と体とガロア理論 [M]. 東京：日本評論社，2010.

《代数学2：环、域和伽罗瓦理论》是一本介绍环与域的理论以及伽罗瓦理论的数学书。

[21] 埃米尔·阿廷. Galois 理论 [M]. 哈尔滨：哈尔滨工业大学出版社，2011.

在《Galois理论》一书中，埃米尔·阿廷使用线性代数的理论重新整理了伽罗瓦理论。

[22] 岩波数学入門辞典 [M]. 東京：岩波書店，2005.

《岩波数学入门词典》以简单易懂的方式对数学术语进行了解释。

[23] 原田耕一郎. 群の発見 [M]. 東京：岩波書店，2001.

《群的发现》从图形的对称性开始讲起，然后介绍了方程的解法，最后讲解了伽罗瓦理论的相关内容。

[24] 中島匠一. 代数方程式とガロア理論 [M]. 東京：共立出版，2006.

《代数方程与伽罗瓦理论》。作者从多项式开始讲起，介绍了域扩张、线性空间，最后是伽罗瓦理论，内容循序渐进。书中，作者在代数方程的求根公式方面对伽罗瓦理论进行了应用。步骤与步骤之间也进行了详细的说明，适合初学者阅读。

[25] Joseph Rotman. Galois Theory [M]. Berlin: Springer-Verlag, 1990.

《伽罗瓦理论》是一本简要介绍伽罗瓦理论的数学书。附录中介绍了使用置换群的伽罗瓦理论。

伽罗瓦第一论文

[26] Évariste Galois. Mémoire sur les conditions de résolubilité deséquations par radicaux[D]. Journal de Mathématiques Pures et Appliquées, 1831: 417-433.

这是伽罗瓦第一论文。其中包含用代数方式解方程的充分必要条件的"原理"部分，以及用代数方式解某种质数次方程的充分必要条件的"应用"部分。

[27] 倉田令二朗. ガロアを読む——第1論文研究[M]. 東京: 日本評論社，1987.

《解读伽罗瓦：第一论文研究》。作者在讲解伽罗瓦理论时排除了不稳定的要素，结合伽罗瓦时代的数学与现代数学对第一论文进行了讲解。另外，针对拉格朗日对伽罗瓦的影响，作者分别从不同的角度进行了阐述。

[28] 彌永昌吉. ガロアの時代 ガロアの数学<第2部>数学篇[M]. 東京: シュプリンガー・フェアラーク東京，2002.

《伽罗瓦的时代：伽罗瓦的数学（第2部 数学篇）》是同一系列图书《伽罗瓦的时代：伽罗瓦的数学（第1部 时代篇）》的续作，是一本介绍数学相关内容的书。第3章有伽罗瓦第一论文的译文和说明。

[29] N. H. Abel, E. Galois. 群と代数方程式(現代数学の系譜11)[M]. 守屋美賀雄，訳. 東京: 共立出版，1975.

《群和代数方程》翻译并介绍了阿贝尔的"高于四次的代数方程不可解的证明"，以及伽罗瓦的"使用方根解方程的条件"（第一论文）。

[30] Harold M. Edwards. Galois Theory[M]. Berlin: Springer, 1984.

　　《伽罗瓦理论》是一本介绍伽罗瓦理论并将伽罗瓦第一论文翻译成英语的数学书。4.2.7节泰朵拉对 cyclotomic 一词的解释就源自这本书。

我们把辽阔的数学领域当作研究对象，

不可因为自己微不足道的想法而失去一起钻研数学的伙伴。

——《数学女孩5：伽罗瓦理论》

版 权 声 明